经全国职业教育教材审定委员会审定

现代通信系统导论

（第3版）

主编 岳 欣

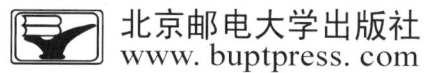

内 容 简 介

本书从通信基本概念和通信系统基本理论入手,由浅入深全面、系统地介绍了目前广泛应用的各种典型的现代通信系统及系统中所使用的关键技术,较好地反映了现代通信技术最新进展。在介绍现代通信系统及关键技术时,着重基本概念的阐述,通过各种类比,使内容更加通俗易懂。主要内容包括通信系统理论基础、交换技术基础、公用电话交换网及电信支撑网、数据通信、移动通信、无线网络规划与优化等。

本书既可作为高等学校非通信类专业学生学习信息技术的教材和参考书,也可作为从事信息产业的有关技术及管理人员的培训和参考用书。

图书在版编目(CIP)数据

现代通信系统导论 / 岳欣主编. --3 版. --北京:北京邮电大学出版社,2023.7(2024.12重印)
ISBN 978-7-5635-6780-5

Ⅰ.①现… Ⅱ.①岳… Ⅲ.①通信系统 Ⅳ.①TN914

中国版本图书馆 CIP 数据核字(2022)第 196745 号

策划编辑：彭　楠　　责任编辑：刘　颖　　责任校对：张会良　　封面设计：七星博纳

出版发行：北京邮电大学出版社
社　　址：北京市海淀区西土城路 10 号
邮政编码：100876
发 行 部：电话 010-62282185　传真 010-62283578
E-mail：publish@bupt.edu.cn
经　　销：各地新华书店
印　　刷：保定市中画美凯印刷有限公司
开　　本：787 mm×1 092 mm　1/16
印　　张：16.75
字　　数：392 千字
版　　次：2012 年 1 月第 1 版　2017 年 6 月第 2 版　2023 年 7 月第 3 版
印　　次：2024 年 12 月第 2 次印刷

ISBN 978-7-5635-6780-5　　　　　　　　　　　　　　　　定价：48.00 元

・如有印装质量问题,请与北京邮电大学出版社发行部联系・

前　　言

大数据时代,信息资源已成为重要的生产要素、无形资产和社会财富。信息技术正在改变着人类生产生活的方方面面:数字化的生产工具与消息终端广泛应用;智能化的综合网络遍布社会各个角落……这一切的改变均源于现代通信技术及其应用。

在信息社会中,无论是否从事通信技术工作,都有必要掌握一定的通信基础知识,从而更好地投入工作和生活。为此,作者在多年现代通信技术原理及现代通信网教学的基础上,从通信的基本概念及通信系统基本理论入手,系统地介绍了目前广泛应用的各种典型的现代通信系统的组成、功能、工作原理、体制和技术指标,反映了现代通信技术最新进展。

《现代通信系统导论(第3版)》共分7章,在介绍现代通信系统及关键技术时,着重基本概念的阐述,突出专业理论的结论及相关应用领域,精简理论推演,通过各种类比使内容更加通俗易懂。

第1章从通信发展史入手,在明确了通信的概念之后,对通信系统和通信网进行了简要的介绍。

第2章介绍了通信系统理论基础,包括模/数转换、信源编码、信道编码、以及调制等。

第3章介绍了常用的交换技术,包括电路交换、报文交换、分组交换、帧中继、ATM交换以及其他交换技术(如IP交换、光交换、软交换、IMS等)。

第4章介绍了公用电话交换网以及电信支撑网中的信令网、数字同步网和电信管理网。

第5章介绍了数据通信系统构成、功能、评价指标以及通信网络的体系结构,进而着重介绍了局域网、广域网等结构和关键技术。

第6章从无线通信入手,在介绍了四种常用的无线通信技术(微波通信、卫星通信、红外通信和移动通信)的基础上,着重探讨了第二代、第三代、第四代、第五代移动通信的关键技术。

第7章介绍了无线资源管理、无线网络规划和优化问题。

在本书的编写过程中,有关专家、学者提出了宝贵意见,在此一并表示衷心的感谢!由于编者水平和视野所限,书中的错误和不足之处在所难免,敬请读者不吝指正。

作　者

目 录

第1章　绪论 ……………………………………………………………………………… 1

1.1　通信发展简史 …………………………………………………………………… 2
　　1.1.1　古代通信 ………………………………………………………………… 2
　　1.1.2　近代通信 ………………………………………………………………… 3
　　1.1.3　现代通信 ………………………………………………………………… 4
　　1.1.4　未来通信 ………………………………………………………………… 6
1.2　通信的基本概念 ………………………………………………………………… 7
1.3　通信系统概述 …………………………………………………………………… 8
　　1.3.1　通信系统的模型 ………………………………………………………… 8
　　1.3.2　通信系统的分类 ………………………………………………………… 8
　　1.3.3　通信系统的质量评价 …………………………………………………… 9
　　1.3.4　通信行业的技术标准 …………………………………………………… 10
1.4　通信网概述 ……………………………………………………………………… 11
　　1.4.1　通信网的组成 …………………………………………………………… 11
　　1.4.2　通信网的特性 …………………………………………………………… 12
　　1.4.3　通信网的网络结构 ……………………………………………………… 13
　　1.4.4　通信网的分类 …………………………………………………………… 14
　　1.4.5　国内现有的通信网络 …………………………………………………… 15
本章小结 ………………………………………………………………………………… 16
习题 ……………………………………………………………………………………… 17

第2章　通信系统理论基础 …………………………………………………………… 18

2.1　模/数转换 ………………………………………………………………………… 20
　　2.1.1　抽样 ……………………………………………………………………… 20
　　2.1.2　量化 ……………………………………………………………………… 21
　　2.1.3　编码 ……………………………………………………………………… 22
2.2　信源编码 ………………………………………………………………………… 23
　　2.2.1　脉冲编码调制 …………………………………………………………… 24
　　2.2.2　增量调制 ………………………………………………………………… 25
　　2.2.3　霍夫曼编码 ……………………………………………………………… 26
　　2.2.4　信源编码的应用 ………………………………………………………… 28

- 2.3 信道编码 ·· 31
  - 2.3.1 差错控制的概念 ·· 31
  - 2.3.2 常用的信道编码 ·· 33
- 2.4 数字信号的基带传输 ··· 37
  - 2.4.1 常用的数字PAM信号波形 ···································· 37
  - 2.4.2 常用线路码型 ··· 39
- 2.5 数字信号的频带传输 ··· 42
  - 2.5.1 二进制振幅键控 ·· 42
  - 2.5.2 二进制移频键控 ·· 43
  - 2.5.3 二进制移相键控 ·· 44
- 2.6 传输媒质 ·· 44
  - 2.6.1 有线传输媒质 ··· 45
  - 2.6.2 无线信道 ·· 50
- 2.7 信道复用 ·· 51
  - 2.7.1 信道复用概述 ··· 51
  - 2.7.2 常用的多路复用技术 ·· 52
  - 2.7.3 多路复接技术 ··· 61
- 本章小结 ·· 64
- 习题 ·· 65

第3章 交换技术基础 ·· 66

- 3.1 交换概念的引入 ··· 67
- 3.2 电路交换 ·· 68
  - 3.2.1 电路交换技术的发展历程 ······································ 68
  - 3.2.2 电路交换的基本过程 ··· 69
  - 3.2.3 电路交换的作用 ·· 71
  - 3.2.4 电路交换的特点 ·· 72
  - 3.2.5 数字程控交换机 ·· 73
- 3.3 报文交换 ·· 75
  - 3.3.1 报文交换的基本原理 ··· 75
  - 3.3.2 报文交换的信息格式 ··· 76
  - 3.3.3 报文交换的特点 ·· 77
- 3.4 分组交换 ·· 77
  - 3.4.1 分组交换的基本原理 ··· 78
  - 3.4.2 分组交换的工作方式 ··· 78
  - 3.4.3 分组交换的特点 ·· 81
- 3.5 帧中继 ·· 81
- 3.6 ATM交换 ··· 82

- 3.6.1 ATM 交换的基本原理 ... 82
- 3.6.2 ATM 交换的特点 ... 83
- 3.6.3 常用交换技术的比较 ... 84
- 3.7 其他交换技术 ... 84
  - 3.7.1 IP 交换 ... 85
  - 3.7.2 光交换 ... 85
  - 3.7.3 软交换 ... 87
  - 3.7.4 IMS ... 88
- 本章小结 ... 89
- 习题 ... 90

第4章 公用电话交换网及电信支撑网 ... 91

- 4.1 PSTN 概述 ... 92
  - 4.1.1 PSTN 的组成 ... 92
  - 4.1.2 PSTN 的等级结构 ... 93
  - 4.1.3 PSTN 的编号规则 ... 95
- 4.2 路由选择 ... 96
  - 4.2.1 路由的含义及分类 ... 96
  - 4.2.2 路由的设置 ... 97
  - 4.2.3 路由的选择 ... 98
- 4.3 信令与信令系统 ... 99
  - 4.3.1 信令的基本类型 ... 100
  - 4.3.2 No.7 信令系统概述 ... 101
  - 4.3.3 我国信令网的网络结构 ... 105
- 4.4 数字同步网 ... 107
  - 4.4.1 同步技术概述 ... 107
  - 4.4.2 数字同步网的实现方式 ... 110
  - 4.4.3 数字同步网的同步设备 ... 112
  - 4.4.4 我国数字同步网 ... 113
- 4.5 电信管理网 ... 114
  - 4.5.1 通信网络管理概述 ... 114
  - 4.5.2 通信网络管理的演变 ... 116
  - 4.5.3 电信管理网的基本概念 ... 117
  - 4.5.4 电信管理网的功能 ... 117
  - 4.5.5 电信管理网的体系结构 ... 118
  - 4.5.6 我国电信管理网发展现状及趋势 ... 120
- 本章小结 ... 120
- 习题 ... 121

第5章 数据通信 ·· 122

5.1 数据通信概述 ·· 123
5.1.1 数据通信的基本概念 ·· 123
5.1.2 数据通信的特点 ·· 123
5.1.3 数据传输方式 ·· 123
5.2 数据通信系统模型 ··· 125
5.2.1 数据通信系统的构成 ·· 125
5.2.2 数据通信系统的功能 ·· 125
5.2.3 数据通信系统的评价指标 ··· 126
5.3 数据通信网 ··· 127
5.4 局域网 ·· 129
5.4.1 网络拓扑结构 ·· 129
5.4.2 局域网技术 ·· 131
5.4.3 网络互联 ··· 133
5.4.4 以太网 ··· 135
5.5 广域网 ·· 135
5.5.1 广域网概述 ·· 135
5.5.2 广域网关键技术 ·· 137
5.6 互联网 ·· 140
5.6.1 互联网概述 ·· 140
5.6.2 互联网的关键技术 ··· 140
5.6.3 因特网 ··· 143
5.7 综合业务和多媒体通信 ··· 147
5.7.1 综合业务数字网 ·· 147
5.7.2 宽带综合业务数字网 ·· 148
5.7.3 多媒体通信 ·· 148
本章小结 ·· 149
习题 ··· 150

第6章 移动通信 ·· 152

6.1 无线通信概述 ··· 153
6.1.1 无线通信的特点 ·· 153
6.1.2 微波通信 ··· 154
6.1.3 卫星通信 ··· 156
6.1.4 红外通信 ··· 159
6.2 移动通信概述 ··· 159
6.2.1 移动通信及其分类 ··· 159

6.2.2　移动通信系统组成 ·· 160
　　6.2.3　移动通信与有线通信的区别 ·································· 161
　　6.2.4　编号技术 ·· 164
6.3　移动通信发展历程 ·· 166
　　6.3.1　第一代移动通信 ··· 167
　　6.3.2　第二代移动通信 ··· 168
　　6.3.3　第三代移动通信 ··· 169
　　6.3.4　第四代移动通信 ··· 171
　　6.3.5　第五代移动通信 ··· 172
6.4　GSM 移动通信系统 ·· 172
　　6.4.1　GSM 系统概述 ··· 172
　　6.4.2　GSM 系统呼叫建立的基本过程 ······························· 182
　　6.4.3　GSM 系统演进历程 ··· 184
6.5　窄带 CDMA 移动通信系统 ··· 186
　　6.5.1　CDMA 技术特点 ·· 187
　　6.5.2　窄带 CDMA 系统的组成及工作原理 ······················· 188
　　6.5.3　窄带 CDMA 系统通信的基本过程 ·························· 194
　　6.5.4　窄带 CDMA 系统的技术体制 ································ 195
6.6　第二代移动通信典型系统比较 ·· 196
6.7　WCDMA 移动通信系统 ··· 198
　　6.7.1　WCDMA 系统概述 ·· 198
　　6.7.2　WCDMA 演进历程 ·· 201
　　6.7.3　通用移动通信系统 ·· 202
6.8　cdma2000 移动通信系统 ·· 205
　　6.8.1　cdma2000 的技术体制 ··· 206
　　6.8.2　cdma2000 演进历程 ·· 206
　　6.8.3　cdma2000 系统的组成 ··· 209
6.9　TD-SCDMA 移动通信系统 ··· 211
　　6.9.1　TD-SCDMA 的发展历程 ······································ 211
　　6.9.2　TD-SCDMA 系统的组成及工作原理 ······················· 212
　　6.9.3　TD-SCDMA 系统的关键过程 ································ 218
　　6.9.4　WCDMA、cdma2000 和 TD-SCDMA 技术对比 ········ 221
6.10　WiMAX 移动通信系统 ··· 221
　　6.10.1　WPAN ·· 222
　　6.10.2　WLAN ·· 225
　　6.10.3　WiMAX 技术概述 ··· 225
　　6.10.4　WiMAX 系统的组成及网络拓扑结构 ···················· 226
　　6.10.5　WiMAX 相关技术 ··· 227

- 6.11 第四代移动通信系统 230
  - 6.11.1 4G 内涵 230
  - 6.11.2 3GPP 的长期演进 230
  - 6.11.3 3GPP2 的超移动宽带 232
  - 6.11.4 WiMAX2 232
- 6.12 第五代移动通信系统 233
  - 6.12.1 5G 内涵 233
  - 6.12.2 5G 关键技术 233
- 本章小结 234
- 习题 235

第 7 章 无线网络规划与优化 237

- 7.1 无线资源管理 238
  - 7.1.1 信道分配 238
  - 7.1.2 调度技术 239
  - 7.1.3 呼叫准入控制 240
  - 7.1.4 负载控制 241
  - 7.1.5 端到端 QoS 241
  - 7.1.6 自适应编码调制 242
- 7.2 无线网络规划 243
  - 7.2.1 网络规划的指标 243
  - 7.2.2 网络规划需求分析 245
  - 7.2.3 传播模型测试与校正 245
  - 7.2.4 网络规模估算 245
  - 7.2.5 网络预规划设计 246
  - 7.2.6 网络规划站点勘查 246
  - 7.2.7 网络仿真验证 247
  - 7.2.8 网络规划设计 247
- 7.3 无线网络优化 248
  - 7.3.1 网络优化流程 249
  - 7.3.2 2G 网络优化指标体系 250
  - 7.3.3 3G 网络优化指标体系 250
  - 7.3.4 4G 网络优化指标体系 251
  - 7.3.5 5G 网络优化的指标体系 252
- 本章小结 252
- 习题 253

参考文献 254

第1章 绪 论

思政天地

全面建设社会主义现代化国家的政治宣言

习近平总书记在党的二十大报告中指出,这次大会的主题是:"高举中国特色社会主义伟大旗帜,全面贯彻新时代中国特色社会主义思想,弘扬伟大建党精神,自信自强、守正创新,踔厉奋发、勇毅前行,为全面建设社会主义现代化国家、全面推进中华民族伟大复兴而团结奋斗。"这个主题,思想深邃,意义明确,吹响了奋进新征程的进军号,明确宣示了党在新征程上举什么旗、走什么路、以什么样的精神状态、朝着什么样的目标继续前进。

奋进新征程,我们要"高举中国特色社会主义伟大旗帜"。中国特色社会主义是旗帜,是道路,是方向,我们要坚定中国特色社会主义的道路自信、理论自信、制度自信、文化自信,我们要高举旗帜,谱写新时代中国特色社会主义更加绚丽的华章。

奋进新征程,我们要"全面贯彻新时代中国特色社会主义思想"。习近平新时代中国特色社会主义思想是当代中国马克思主义、二十一世纪马克思主义,是中华文化和中国精神的时代精华,实现了马克思主义中国化时代化新的飞跃。我们要用习近平新时代中国特色社会主义思想武装头脑、指导实践、推动工作。我们要坚定地把中国特色社会主义这条道路走下去,行稳致远。

奋进新征程,我们要"弘扬伟大建党精神"。伟大建党精神是中国共产党的精神之源,是共产党人精神谱系的根和魂,是我们党的宝贵精神财富,跨越时空、历久弥新,我们要坚持和发展、继承和弘扬。我们党之所以历经百年而风华正茂、饱经磨难而生生不息,就是因为有这样一股精气神。

奋进新征程,我们要"自信自强、守正创新,踔厉奋发、勇毅前行,为全面建设社会主义现代化国家、全面推进中华民族伟大复兴而团结奋斗"。全面建设社会主义现代化国家,是一项伟大而艰巨的事业,中华民族伟大复兴不是轻轻松松、敲锣打鼓就能实现的,需要我们去奋斗、去拼搏,撸起袖子加油干、风雨无阻向前行。我们要务必不忘初心、牢记使命,务必谦虚谨慎、艰苦奋斗,务必敢于斗争、善于斗争,坚定历史自信,增强历史主动,迈上全面建设社会主义现代化国家新征程,向第二个百年奋斗目标进军。

——冯俊

节选自:冯俊. 二十大精神关键词解读①|全面建设社会主义现代化国家的政治宣言[EB/OL]. (2022-10-31)[2022-12-6]. https://export.shobserver.com/baijiahao/html/544442.html.

头脑风暴

结合本章内容,如何理解"全面建设社会主义现代化国家的政治宣言"?

1.1 通信发展简史

几千年来,人类通过不同的方式进行着信息的传输与交流。通信已成为人们生产、生活中不可或缺的一个重要组成部分。尽管在不同的时期、不同的地域,基于不同的经济和技术发展程度,通信的手段千差万别,但其传递信息的基本功能却始终如一。简单来说,可以将通信漫长的发展过程分为四个阶段:古代通信、近代通信、现代通信和未来通信。

1.1.1 古代通信

古代通信的基本特征是利用自然界的基本规律和人的基础感官建立简单的通信系统。在我国,早在三千多年前的商代,信息传递就已见诸记载。其中,较为常见的古代通信方式如下。

- 烽火狼烟——"烽火"是我国古代用以传递边疆军事情报的一种通信方法,始于商周,延至明清,相习几千年之久,其中尤以汉代的烽火组织规模为大。在边防军事要塞,每隔一定距离建筑一个高台,俗称烽火台,亦称烽燧、墩堠、烟墩等。高台上有驻军守候,发现敌人入侵,白天燃烧柴草以"燔烟"报警,夜间燃烧薪柴以"举烽"(火光)报警。一台燃起烽烟,邻台见之也相继举火,逐台传递,须臾千里,以达到报告敌情、调兵遣将、求得援兵、克敌制胜的目的。
- 鸿雁传书——该典故出自《汉书·苏武传》中"苏武牧羊"的故事。据载,汉武帝天汉元年(公元前 100 年),汉朝使臣中郎将苏武出使匈奴被鞮侯单于扣留,他英勇不屈,单于便将他流放到北海(今贝加尔湖)无人区牧羊。19 年后,汉昭帝继位,汉匈和好,结为姻亲。汉朝使节来匈奴,要求放苏武回去,但单于不肯,却又说不出口,便谎称苏武已经死去。后来,汉昭帝又派使节到匈奴。和苏武一起出使匈奴并被扣留的副使常惠,通过禁卒的帮助,在一天晚上秘密会见了汉使,把苏武的情况告诉了汉使,并想出一计。常惠让汉使对单于讲:"汉朝天子在上林苑打猎时,射到一只大雁,足上系着一封写在帛上的信,上面写着苏武没死,而是在一个大泽中。"汉使听后非常高兴,就按照常惠的话来责备单于。单于听后大为惊奇,却又无法抵赖,只好把苏武放回。鸿雁传书的真实性尽管无法考证,但飞鸽传书却是古代常用的一种通信方式。五代王仁裕《开元天宝遗事》一书中有"传书鸽"

的记载:"张九龄少年时,家养群鸽,每与亲知书信往来,只以书系鸽足上,依所教之处飞往投之。九龄目为'飞奴'。时人无不爱讶。"张九龄是唐朝政治家和诗人,他不但用信鸽来传递书信,还给信鸽起了一个美丽的名字——"飞奴"。

- 马上飞递——中国古代公文传递靠的是驿站,驿站是古代供传递官府文书和军事情报的人或来往官员途中食宿、换马的场所。一般每隔二十里(1里=0.5千米)就有一个驿站,一旦要传递的公文注明了"马上飞递"的字样,按规定用快马每天三百里进行递送,如遇紧急情况,可每天四百里、六百里甚至八百里。唐代诗人岑参在《初过陇山途中呈宇文判官》中写道:"一驿过一驿,驿骑如星流。平明发咸阳,暮及陇山头。"

1.1.2 近代通信

近代通信以电磁技术的引入为特征。19世纪30年代,有线电报通信试验成功后,利用电磁系统传递信息的电信事业便迅速发展起来。它的兴起与发展,大致可以用表1-1来描述。

表1-1 近代通信发展简史

年 份	事 件
1838	摩尔斯发明了有线电报
1864	麦克斯韦提出了电磁辐射方程
1876	贝尔发明了电话
1896	马可尼发明了无线电报
1906	发明了真空管
1918	调幅无线电广播、超外差接收机问世
1925	开始采用三路明线载波电话、多路通信
1936	调频无线电广播开播
1937	发明了脉冲编码调制原理
1938	电视广播开播了
1940—1945	第二次世界大战刺激了雷达和微波通信系统的发展
1948	发明了晶体管;香农提出了信息论,通信统计理论开始建立
1949	时分多路通信应用于电话
1956	铺设了越洋电缆
1957	发射了第一颗人造卫星
1958	发射了第一颗通信卫星
1960	发明了激光
1961	发明了集成电路
1962	发射了第一颗同步通信卫星;脉冲编码调制进入使用阶段
1960—1970	彩色电视机问世;阿波罗宇宙飞船登月;数字传输的理论和技术得到了迅速发展;出现了高速数字电子计算机
1970—1980	大规模集成电路、商用卫星通信、程控数字交换机、光纤通信系统、微处理机等迅速发展
1980年以后	超大规模集成电路、长波长光纤通信系统广泛应用;综合业务数字网崛起

1.1.3 现代通信

现代通信以移动通信技术和互联网技术的广泛应用为标志。

1. 现代移动通信

移动通信可以说从无线电通信发明之日就产生了。现代移动通信技术的发展始于20世纪20年代,大致经历了五个发展阶段。

第一阶段从20世纪20年代至40年代,为早期发展阶段。在这期间,首先在短波几个频段上开发出专用移动通信系统,典型代表是美国底特律市警察使用的车载无线电系统。该系统工作频率为2 MHz,到40年代提高到30~40 MHz。这个阶段是现代移动通信的起步阶段,特点是专用移动通信系统开发,且其工作频率较低。

第二阶段从20世纪40年代中期至60年代初期。在此期间内,公用移动通信业务开始问世。1946年,根据美国联邦通信委员会(Federal Communications Commission,FCC)的计划,贝尔系统在圣路易斯城建立了世界上第一个公用汽车电话网,称为"城市系统"。当时使用三个频段,间隔为120 kHz,通信方式为单工。随后,德国(1950年)、法国(1956年)、英国(1959年)等相继研制了公用移动电话系统。美国贝尔实验室完成了人工交换系统的接续问题。这一阶段的特点是从专用移动网向公用移动网过渡,接续方式为人工,网络的容量较小。

第三阶段从20世纪60年代中期至70年代中期。在此期间,美国推出了改进型移动电话系统(IMTS),使用150 MHz和450 MHz频段,实现了无线频道自动选择并能够自动接续到公用电话网。德国也推出了具有相同技术水平的B网。可以说,这一阶段是移动通信系统改进与完善的阶段,其特点是采用大区制、中小容量,实现了自动选频与自动接续。

第四阶段从20世纪70年代中期至80年代中期。这是移动通信蓬勃发展时期。1978年年底,美国贝尔试验室研制成功先进移动电话系统(Advanced Mobile Phone System,AMPS),建成了蜂窝状移动通信网,大大提高了系统容量。1983年,首次在芝加哥投入商用。同年12月,在华盛顿也开始启用。之后,服务区域在美国逐渐扩大。到1985年3月已扩展到47个地区,约10万个移动用户。其他工业化国家也相继开发出蜂窝式公用移动通信网。日本于1979年推出800 MHz汽车电话系统(HAMTS),在东京、大阪、神户等地投入商用。瑞典等北欧四国于1980年开发出NMT-450移动通信网,并投入使用,频段为450 MHz。德国于1984年完成C网,频段为450 MHz。英国在1985年开发出全地址通信系统(TACS),首先在伦敦投入使用,以后覆盖了全国,频段为900 MHz。加拿大推出450 MHz移动电话系统MTS。这一阶段的特点是蜂窝状移动通信网成为实用系统,并在世界各地迅速发展。

第五阶段从20世纪80年代中期开始至今。这是数字移动通信系统发展和成熟时期。以AMPS和TACS为代表的第一代蜂窝移动通信网是模拟系统。模拟蜂窝网虽然取得了很大成功,但也暴露了一些问题。例如,频谱利用率低、移动设备复杂、费用较贵、业务种类受限以及通话易被窃听等,而其中最主要的问题是其容量已不能满足日益增长的移动用户需求。解决这些问题的方法是开发新一代数字蜂窝移动通信系统。数字无线传输的频谱利用率高,可大大地提高系统容量。另外,数字通信网能提供语音、数据等多种业务服务,并与ISDN等兼容。实际上,早在70年代末期,当模拟蜂窝系统还处于开发阶段时,一些发达国家就着手数字蜂窝移动通信系统的研究。到80年代中期,欧洲首先推出了泛欧数字移动通信网(GSM)的体系。随后,美国和日本也制定了各自的数字移动通信体制。与"第一代"模拟移动通信技术相对应,GSM和CDMA称为第二代移动通信技术;WCDMA、cdma2000、TD-SCDMA以及2007年年底加入的WiMAX称为第三代移动通信技术;LTE-Advanced和WirelessMAN-Advanced(IEEE 802.16m)称为第四代移动通信技术;目前第五代移动通信技术已进入高速发展期;第六代移动通信也迎来了关键技术窗口期,预计2025年前后启动相应标准化工作,2030年前后实现商用。

2. 互联网技术

互联网是美国高科技发展的结果,同时也是美国政府出于军事目的不得已而为之的产物。为了分散因遭遇外国核武器打击本国军事指挥控制系统所带来的危险(当网络中的某一物理层遭到破坏不至于影响整个网络系统的正常运行),美国国防部于1969年建立了一个实验型的网络架构ARPAnet,资金来源于美国国防部高级研究计划署(ARPA)。起初,只有几个著名大学院校、研究机构及军事设备承包商等单位被允许与ARPAnet连接。ARPAnet的建立虽然是出于军事目的,但在和平时期,这一网络却极大地方便了各部门的研究人员在该网络上进行信息及技术数据交流。20世纪80年代中期,美国国家科学基金会(National Science Foundation,NSF)又建立了一个更加庞大的网络架构NSFnet。1990年,ARPAnet终止了与非军事有关的营运活动,随即NSFnet便成为国际互联网初期的主干网。由于是政府出资,因而NSFnet只对大学院校及公共研究机构免费开放。许多大企业都对网络潜藏的巨大商业机会表示了极大的关注,并且出现了一些由企业自主兴建的主干网络。到了1992年,由于网络技术已日趋成熟,NSF为了推进国际互联网的商业化进程,宣布几年后将停止营运NSFnet,并开始积极鼓励和资助各类商业实体建立主干网。从此,国际互联网在基础设施领域的商业化进程进入了快速发展时期,NSFnet也于1995年正式退出。

为了更好地理解互联网,就需要了解互联网发展过程中出现的几个重要事件。国际互联网的发展与信息技术发展息息相关,技术标准的制定以及技术上的创新是决定国际互联网得以顺利发展的重要因素。网络的主要功能是交换信息,而采取什么样的信息交换方式则是网络早期研究人员面临的首要问题。1961年,MIT的克兰洛克(Kleinrock)教授在其发表的一篇论文中提出了包交换思想,并在理论上证明了包交换技术(Packet Switching)相对于电路交换技术在网络信息交换方面更具可行性。不久,包交换技术就获得了大多数研究人员的认同,当时ARPAnet采用的就是这种信息交换技术。由于包交换技术使网络上的信息传输在技术上更为便捷,在经济上更为可行,因此成为国际互联网发展史上的第一个具有里程碑意义的事件。

国际互联网发展中的第二个里程碑是信息传输协议（TCP/IP）的制定。网络在类型上有多种，如卫星传输网络、地面无线电传输网络等。信息的传输在同样类型的网络内部不存在任何问题，而要在不同类型的网络之间进行信息传输却会在技术上存在很大困难。为了解决这个问题，研究人员卡恩（Kahn）在1972年提出了开放式网络架构思想，并根据这一思想设计出沿用至今的传输控制协议/网际协议（TCP/IP）。在TCP/IP中，"网络"是一个高度抽象的概念，即任何一个能传输数据分组的通信系统都可以被视为网络。这样，只要采用包交换技术，任何类型的数据传输网络都可相互对接。由于兼容性是技术上一个重要的特征，因而标准的制定对于国际互联网的顺利发展具有重要的意义。同时，TCP/IP标准中的开放性理念也是网络能够发展成为如今的"网中网"——Internet的一个决定性因素。

第三个里程碑事件是互联网页（World Wide Web，WWW，又称万维网）技术的出现。早期在网络上传输数据信息或者查询资料需要在计算机上进行许多复杂的指令操作，这些操作只有那些对计算机非常了解的技术人员才能做到熟练运用。特别是当时软件技术还不发达，软件操作界面单调，计算机对于多数人只是一种高深莫测的神秘之物，因而当时"上网"只是局限在高级技术研究人员这一狭小的范围之内。WWW技术是由欧洲核子研究组织（CERN）的程序设计员Tim Berners-Lee最先开发的，它的主要功能是采用一种超文本格式（Hypertext）把分布在网上的文件链接在一起。这样用户可以很方便地在大量排列无序的文件中调用自己所需的文件。1993年，美国伊利诺伊大学的国家超级计算应用中心（NCSA）设计出了一个采用WWW技术的应用软件Mosaic，这也是国际互联网史上第一个网页浏览器软件。该软件除具有方便人们在网上查询资料的功能外，还支持呈现图像，从而使网页的浏览更具直观性和人性化。可以说，如果网页的浏览没有图像这一功能，国际互联网是不可能在短短的时间内获得如此巨大的进展的，更不用说发展电子商务了。特别是随着技术的发展，网页的浏览还具有支持动态的图像传输、声音传输等多媒体功能，这就为网络电话、网络电视、网络会议等提供一种新型、便捷、费用低廉的通信传输基础工具创造了有利条件，从而适应未来商务活动的发展。如果说，最初网络的发展主要是为了满足人们信息交流的需求，而现在通过网络进行的商务活动或者人们所熟悉的电子商务则是国际互联网今后发展的主要推进器。可以肯定的是，国际互联网仍将以一种不可预见的飞快速度向前发展，同时如何发展网络经济也将成为每个国家不可回避的重要问题。

1.1.4 未来通信

未来通信将以融合技术为标志，实现统一通信。统一通信是可以让人们无论何时何地，都可以通过相关设备、相关网络，获得数据、图像和声音的自由通信。也就是说，统一通信系统将语音、传真、电子邮件、移动短消息、多媒体和数据等所有信息类型合为一体，从而为人们带来选择的自由和效率的提升。它区别于网络层面的互联互通，而是以人为本的应用层面的融合与协同，是更高层次的理念。

未来通信究竟是什么？以人类今天的能力还无法预测，但可以确信的是"未来一切皆有可能"！

1.2 通信的基本概念

"通信"一词并不是技术发展的新兴产物，此词古来有之。
- 《晋书·王澄传》："因下粦而谓澄曰：'何与杜弢通信？'"
- 唐代李德裕《代刘沔与回鹘宰相书意》："又恐回鹘与吐蕃通信，已令兵马把断三河口道路。"
- 《初刻拍案惊奇》卷五："那裴仆射家拣定了做亲日期，叫媒人到张尚书家来通信。"
- 《九命奇冤》第十八回："哪一个不受过任老爹大恩，谁还去通信呢？"
- 燕谷老人《续孽海花》第五三回："华福又奏明请颁一种密电本，以便秘密通信。"
- 曹禺《北京人》第三幕："以后我们可以常通信的。"
- 《人民日报》1982年12月5日："中华人民共和国公民的通信自由和通信秘密受法律的保护。"

上述"通信"多指互通音信、通报消息，是通过某种媒体进行的信息传递，在本质上是实现信息的传递功能。但是，此"通信"似乎与本书中的"通信"有所不同。本书中所研究的"通信"，严格意义上是指"电信"，即利用电子等技术手段，借助电磁信号（含光信号）实现从一地向另一地进行信息传递和交换的过程。由于在具体工作和实践中，人们往往不注重"通信"和"电信"的区分，因此，在本书中，如无特殊说明，"通信"等价于"电信"。

通信的目的是传送信息，那么传送的信息与消息和信号有何异同呢？

（1）消息

消息是指通信过程中传输的具体原始对象。消息有许多种表现形式，如符号、文字、语言、音乐、数据、图片等。

（2）信息

消息中的有效内容被称为信息。不同形式的消息，可以包含相同的信息，如分别用语音和文字发布的新闻，其所含信息内容相同。

（3）信号

由于消息通常不适合于直接传输，因此需要对消息进行变换。在通信系统中，为传送消息而对其变换后传输的某种物理量称为信号，如电信号。信号可以分为模拟信号和数字信号。幅值随时间连续变化的信号称为模拟信号，其代表信息的特征量可以在任意瞬间呈现为任意数值。值得注意的是，模拟信号幅值必须连续，但时间上可以是连续的，亦可以是离散的。数字信号的幅度取值是离散的，幅值表示被限制在有限个数值之内，典型的代表是二进制码。

1.3 通信系统概述

1.3.1 通信系统的模型

通常将实现通信所需的所有技术设备和传输媒介的总和称为通信系统。最简单的通信系统是点对点通信,系统模型如图1-1所示。

由于通信是实现从一地向另一地进行信息的传递和交换,因此通信系统至少应包括信息的发送端和接收端以及传送信息的通道。其中:从发送端中发出信息的基本设施称为信源;接收端中接收信息的基本设施称为信宿;传送信息的通道称为信道。信源的功能是把待传输的消息转换成原始电信号;信宿则把接收到的原始电信号转换成消息。当电信号在信道中传输时,会受到各种干扰的影响,通常将通信系统内各种干扰影响的等效结果用噪声源模块统一表示。

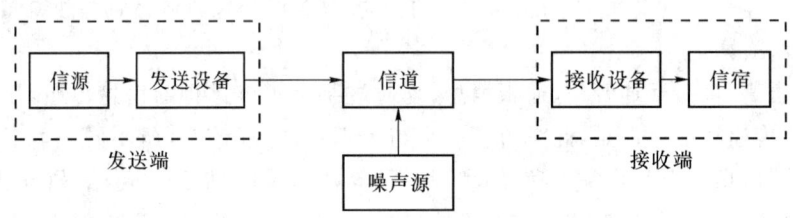

图1-1 通信系统模型

由于通信系统中存在各类干扰,通过信源发出的原始电信号往往不适合直接在信道中进行传输,因此需要通过发送设备将原始信号变换成适合在信道中传输的信号,在发送端经过这一变换后,接收端需要有对应的接收设备实现从接收到的信号中恢复出相应的原始电信号。

1.3.2 通信系统的分类

按照不同的方式,通信系统可分成许多类别。目前,较为常用的分类方式主要有按传输媒质分类、按通信业务特征分类、按传输信号特征分类、按复用方式分类等。

1. 按传输媒质分类

按照信息从一地向另一地传递时传输媒质的不同,通信系统可以分为有线通信(如固定电话)和无线通信(如手机)两大类。

有线通信是指传输媒质为架空明线、电缆、光缆等形式的通信,其特点是媒质能看得见、摸得着。常见的电缆主要包括平衡电缆(又称双绞线)和同轴电缆。平衡电缆广泛应用于用户环路,如电话线,其带宽有限且传输距离短;同轴电缆在有限电视网络中被大量使用,在传输容量和传输距离方面优于平衡电缆但远不及光缆,且造价高、施工复杂。光缆以光导纤维(简称光纤)为传输介质,已取代同轴电缆成为基础传输网的干线和本地信道。

海底光缆	从中国如何去美国?最简单的方法就是飞过去。人可以坐飞机,信号可以通过卫星传递。但是,不可能随着通信数据量的不断加大,不断地发射卫星满足需求。为了跨越浩瀚的太平洋,海底光缆成为了最佳选择。 　　铺设海底光缆,需要专门的海底光缆铺设船,船在海上一边行驶一边拉线。海底光缆直接铺设在海床上。由于没有其他专门的保护措施,也不可能插上类似"光缆无铜,偷之无用"的"光缆不能吃,吃也不消化"的标语,以防止海底生物的攻击,因此光缆外皮很粗很重,且具有很强的耐腐蚀性。

无线通信是指利用电磁波在空间传播信号的通信形式,其特点是传输媒质看不见、摸不着。无线通信常见的形式包括微波通信、短波通信、移动通信、卫星通信、散射通信和激光通信等,具体详见第 6 章。

2. 按通信业务特征分类

按传输内容分类,可以分为单媒体通信(如电话、传真等)与多媒体通信(如电视、可视电话、远程教学等)。

按传输方向分类,可以分为单向传输(如广播、电视等)与交互传输(如电话、视频点播等)。

按传输带宽分类,可以分为窄带通信(如电话等)与宽带通信(如视频会议等)。

按传输时间分类,可以分为实时通信(如电话、电视等)与非实时通信(如 E-mail 等)。

3. 按传输信号特征分类

按照传送信号的特征——模拟信号或数字信号,可以将通信系统分为模拟通信系统和数字通信系统。第一代移动通信系统为模拟通信系统;第二代、第三代、第四代和第五代移动通信系统均为数字通信系统。

4. 按复用方式分类

在同一信道上传送多路信号时要采用复用技术。常用的复用方式包括时分复用(TDM)、码分复用(CDM)、频分复用(FDM)、空分复用(SDM)等,具体详见第 2 章。

1.3.3　通信系统的质量评价

有效性和可靠性是评价通信系统信息传输性能的主要指标。

1. 有效性

通信系统的有效性是指信道资源的利用率,即系统单位频带传输信息的速率。在数字通信系统中,信息传输速率是指系统每秒传送的比特数,单位为比特/秒(bit/s),因此信道利用率的单位为比特/(秒·赫兹)〔bit/(s·Hz)〕。

> **比特**
>
> 比特是信息量的最小单位,由英文"bit"音译而来。
>
> 若离散信源是一个由"0"和"1"两个符号组成的集合,在信源输出的二进制序列中,符号"1"和"0"等概率出现,且各符号之间统计独立,则定义此信源输出的每个符号所包含的信息量为 1 bit。例如,二进制数"0101"若满足上述条件则所含信息量为 4 bit。
>
> 注意:在二进制序列中,在"1"和"0"等概率出现,且符号之间统计独立的条件下,每个二进制符号携带 1 bit 的信息量。在"1"和"0"不是等概率出现,或在符号之间相关的条件下,每个二进制符号携带的平均信息量将小于 1 bit。

2. 可靠性

数字通信系统的可靠性用传输差错率来衡量。传输差错率常用误比特率表示。误比特率又称比特差错率,是指在传输过程中产生差错的比特数与传输的总比特数之比,也称平均误比特率。

对通信系统有效性和可靠性的评价,类似于对现实生活中交通系统的评价。每车道单位时间通过的车辆越多,该交通系统的利用率,即有效性越高,但出现交通问题的概率(误码率)就越大。因此,通信的有效性和可靠性是一对矛盾的统一体,同时做到完美是不现实的。若要提高系统的可靠性,则可能引起有效性的下降;若要提高系统的有效性,则有可能引起可靠性的下降。在实际应用中,通常根据实际要求有所侧重,互相兼顾达到矛盾的统一。在满足一定可靠性指标的前提下,尽量提高消息的传输速度;在维持一定有效性指标的前提下,尽量提高消息的传输质量。

1.3.4 通信行业的技术标准

随着通信技术的发展和普及,为了保障互联互通,需要在国内和国际上制定大家共同遵循的国际标准。

通信行业的技术标准主要由各种技术标准化团体及相关的行业协会负责制定。典型的标准化组织有国际电信联盟(International Telecommunications Union,ITU)、电气与电子工程师协会(IEEE)等。

国际电信联盟简称国际电联,是联合国的下设机构,也是国际通信标准制定的官方机构。ITU 的历史可以追溯到 1865 年。为了顺利实现国际电报通信,1865 年 5 月 17 日,法、德、意、奥等 20 个欧洲国家的代表在巴黎签订了《国际电报公约》,国际电报联盟(International Telegraph Union,ITU)宣告成立。随着电话与无线电的应用与发展,国际电报联盟的职权不断扩大。1906 年,德、英、法、美、日等 27 个国家的代表在柏林签订了《国际无线电报公约》。1932 年,70 多个国家的代表在西班牙马德里召开会议,将《国际电报公约》与《国际无线电报公约》合并为《国际电信公约》,并决定自 1934 年 1 月 1 日起正式将"国际电报联盟"改称为"国际电信联盟"。经联合国同意,1947年10月15日国际电信联盟成为联合国的一个专门机构,其总部由瑞士伯尔尼迁移到日内瓦。

随着现代通信的发展,国际电信联盟于1993年将其下属的国际电报电话咨询委员会(CCITT)、国际无线电咨询委员会(CCIR)和国际频率登记委员会(IFRB)等组织重新组合,建立了国际电信联盟-电信标准部(ITU-T)、国际电信联盟-无线电通信部(ITU-R)和国际电信联盟-发展部(ITU-D)等,为新开发领域和新技术不断制定出新的标准。

ITU-T制定的标准称为"建议书",其保证了各国通信网的互联互通和运营,已被全世界各国广泛采用。

1.4 通信网概述

1.4.1 通信网的组成

通信网一般由终端设备、传输系统和交换设备按照某种结构组成,以实现多个节点之间的信息传递,如图1-2所示。

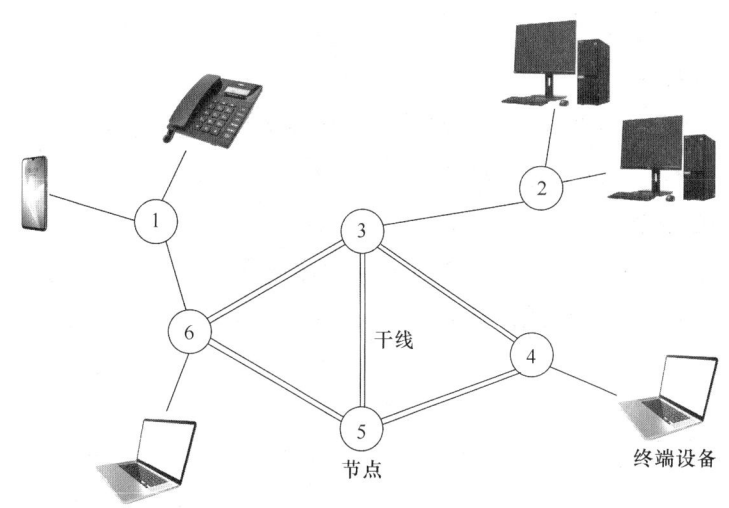

图1-2 通信网的基本组成

1. 终端设备

终端设备是通信网中的源点和终点,除对应于信源和信宿外,终端设备还包括一部分变换和反变换装置。常见的终端设备有电话、电视、计算机、智能多媒体终端设备等。终端设备的功能如下:

(1)将发送端发送的信息转变成适合在信道中传送的信号,将接收端接收的信号恢复成能被利用的信息;

(2)产生和识别网内所需的信令信号或规则,以便相互联系和应答。

2. 交换设备

在通信网中,交换功能由交换节点(即交换设备)完成。不同的通信网络,由于所支持的业务特性不同,其交换设备也不尽相同。

交换设备根据寻址信息和网络控制质量,进行链路连接或信号导向,从而使通信网中的多对用户建立信号通路。

交换设备以节点的形式与邻接的传输链路一起构成各种拓扑结构的通信网,是现代通信网的核心。

3. 传输系统

传输系统是完成信号传输的媒介和设备的总称。它包括终端设备之间、终端设备与交换设备之间以及交换设备之间的各种传输介质和设备,如用户线(用户终端与交换节点之间的连接线路)、链路(交换节点与交换节点之间的连接线路)等。

1.4.2 通信网的特性

高新技术在通信领域的推广和应用,推动了通信网的发展。现代通信网有 5 个基本特性:连通的任意性、使用的便捷性、网络服务的可靠性、网络的可扩展性、服务种类的多样性。

1. 连通的任意性

连通的任意性是指网络中的任意两个用户之间都可以互通信息,这不仅是通信网络必须满足的基本特性,也是对通信网络的基本要求。

2. 使用的便捷性

功能强大的通信终端可以为用户提供方便的使用条件。电话机、传真机、计算机等通信终端使用非常便利,操作者通过简单的几个按键或鼠标,就可以实现信息的传递,达到信息交流的目的。

3. 网络服务的可靠性

现代通信网已成为社会的神经系统,人们迫切希望现代通信网能安全可靠地传递信息。为了满足这一要求,通信网已采用了大量的有效措施,如对信息传输链路加密、对网络进入要求认证等。

4. 网络的可扩展性

网络的可扩展性是指网络建成后,允许新用户、新业务随时入网,或已有用户、业务根据需要随时退网。

5. 服务种类的多样性

通信网络提供了丰富多彩、灵活多样的信息服务。通信双方既可以进行文字的交流,也可以交换和共享数据信息;既可以进行真诚的语音交流,也可以进行富有感情色彩的多媒体信息交流。

1.4.3 通信网的网络结构

通信网的网络结构是指终端、节点或两者之间的连接与分布形式。网络拓扑结构的基本形式主要有网状网、星型网、复合型网、环型网和总线型网等,如图1-3所示。实际的通信网通常是由上述基本结构复合而成。

1. 网状网

多个节点或用户之间互连而成的通信网称为网状网,也称直接互联网,如图1-3(a)所示。在网状网中,网络链路的冗余度高,路由选择的自由度大,网络可靠性高,但传输链路利用率低。网状网一般用于通信业务量大或需重点保障的部门或系统(如军事通信网),以保证信息传递的可靠性。

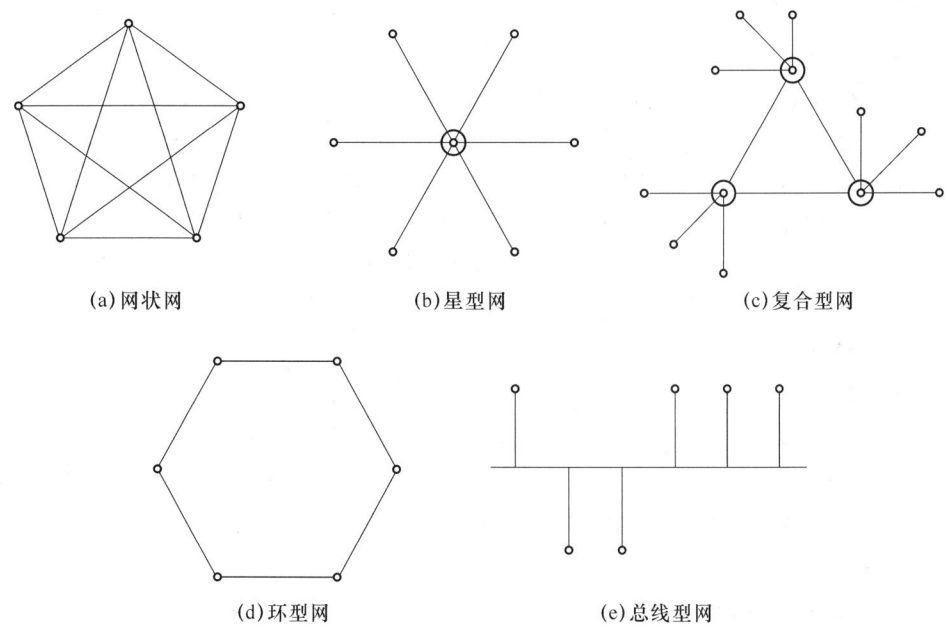

图1-3 网络拓扑结构的基本形式

2. 星型网

以中央节点为中心,把若干外围节点(或终端)连接起来的辐射式互连结构,如图1-3(b)所示。中央节点控制全网工作,各个用户间需要通信时,都需要通过中央节点转接。与网状网相比,星型网具有传输链路少的优点,但由于所有通信必须通过中央节点,因此一旦中央节点出现故障,将全网瘫痪。

3. 复合型网

复合型网由网状网和星型网复合而成,如图1-3(c)所示。复合型网以星型网为基础,并在信息量较大的区域构成网状网结构。该网络兼取了网状网和星型网的优点,相对经济合理并具有一定的可靠性。在实际通信网中,复合型网络结构较为常见。

4. 环型网

通信网中各个节点连接而成的闭合环路称为环形网,如图1-3(d)所示。在环型网中,单条环路往往只支持单一方向的通信,所以任何两个节点通信,信息都要围绕环路循环一周。

5. 总线型网

总线型网将所有节点连接在同一总线上,是一种通路共享的结构,如图1-3(e)所示。在总线型网中,互相通信的总线必须能够实现双向传输。总线型结构具有良好的扩充性能,不需要中央控制器,有利于分布式控制,因此在计算机局域网中获得广泛的应用。

1.4.4 通信网的分类

演进是通信网的永恒主题。一直处于发展中的通信网,其分类方式多种多样。

1. 按业务分类

通信网按业务可以分为语音网和数据网。语音网为用户提供相互之间的语音通信,包括固定网和移动网的语音通信。语音网是最早的通信网,目前和数据网的结合越来越紧密。随着技术的发展,语音通信将逐步承载在以TCP/IP为核心的数据网之上。数据网是在20世纪末高速发展起来的。数据网用于数据传送,包括互联网数据、DDN、帧中继、VPN、视频业务等,随着业务的不断融合,也可以提供语音业务。数据网技术体制多样,应用广泛,以TCP/IP为基础的数据网将成为电信网的基础承载网络。

2. 按服务性质分类

通信网按服务性质可以分为公用网和专用网。公用网是由主管部门或经主管部门批准的电信运营机构为公众提供电信业务而建立并运行的网络,如CHINANET(中国公用计算机互联网)、CERNET(中国教育和科研计算机网)等。专用网是某些企业、组织或部门为满足自身需要而组建、拥有、管理和使用的网络,如铁道、电力、民航、银行、军事等部门专设的网络。

3. 按信号传输方式分类

通信网按信号传输方式可以分为模拟网和数字网。数字网是发展的主流,它可以细分为综合业务数字网(ISDN)、数字数据网(DDN)等。

4. 按网络覆盖范围分类

通信网按网络覆盖范围可以分为广域网、城域网和局域网。广域网(Wide Area Network,WAN)也称远程网,通常跨接很大的物理范围,所覆盖的范围从几十千米到几千千米,它能连接多个城市或国家,或横跨几个洲并能提供远距离通信,形成国际性的远程网络。局域网(Local Area Network,LAN)是封闭型的,指在某一区域内由多台计算机互连而成的计算机组,既可以由办公室内的两台计算机组成,也可以由一个公司内的上千台计算机组成。城域网(Metropolitan Area Network,MAN)是一种界于局域网与广域网之间,覆盖一个城市的地理范围,用来将同一区域内的多个局域网互连起来的中等范围的计算机网。

5. 按网络功能分类

通信网按网络功能可以分为基础网、支撑网和业务网。基础网主要实现接入、传输和交换等功能，因而可以细分为用户接入网、传输网和交换网。支撑网包括信令网、数字同步网和电信管理网，提供保证网络正常运行的控制和管理功能。业务网是现代通信网的主体，用于向公众提供诸如话音、视频、数据、多媒体等业务的通信网络，如电话网、数据网、综合业务数字网等。

1.4.5　国内现有的通信网络

我国现有的通信网络大致可以分为三类：电信网、计算机通信网和有线电视网。所谓"三网融合"，就是指电信网、计算机通信网和有线电视网的相互渗透、互相兼容，并逐步整合成为统一的信息通信网络。"三网融合"是为了实现网络资源的共享，避免低水平的重复建设，形成适应性广、容易维护、费用低的高速宽带，能够提供包括语音、数据、图像等综合多媒体信息的基础平台。

1．电信网

电信网由国家电信部门（原邮电部）建设，利用有线通信或无线通信系统，发射、传递、接收各种形式信息的通信网。例如，以话音业务为主的公用电话交换网和移动通信网等。

2．计算机通信网

计算机通信网的发展过程是计算机技术与通信技术的融合过程。现代网络技术实际上已把计算机网和电信网相互整合和渗透在一起。

国内的计算机通信网络即互联网，由四大骨干网组成：中国公用计算机互联网（CHINANET）、中国教育与科研计算机网（CERNET）、中国科学技术网（CSTNET）和中国金桥信息网（CHINAGBN）。

（1）中国公用计算机互联网

中国公用计算机互联网是由原邮电部组建的基于Internet网络技术的电子信息网，1995年年初与国际互联网连通，并于5月向社会提供服务，从而使互联网成功"飞入寻常百姓家"。中国公用计算机互联网由骨干网、接入网组成，骨干网是其主要信息通路，由直辖市和各省会城市的网络节点构成；接入网是各省（区）建设的网络节点形成的网络。中国公用计算机互联网的灵活接入方式和遍布全国各城市的接入点，可以方便地接入国际Internet享用Internet上的丰富信息资源和各种服务，并可为国内的计算机互连，为国内的信息资源共享提供方便的网络环境。

（2）中国教育与科研计算机网

中国教育与科研计算机网是由国家投资建设，由教育部负责管理，由清华大学等多所高等学校承担建设和管理运行的全国性学术计算机互联网络。它主要面向教育和科研单位，是全国最大的公益性互联网络。

2001年,中国科学技术网提出建设全国性下一代互联网(CERNET2)计划。2003年10月,连接北京、上海和广州三个核心节点的CERNET2试验网率先开通,并投入试运行。2004年1月15日,包括美国Internet2、欧盟GEANT和中国CERNET在内的全球最大的学术互联网,在比利时首都布鲁塞尔欧盟总部向全世界宣布同时开通全球IPv6下一代互联网服务。2004年3月,CERNET2试验网正式向用户提供IPv6下一代互联网服务。

CERNET2是中国第一个IPv6国家主干网,也是世界上规模最大的纯IPv6主干网。

(3) 中国科学技术网

中国科学技术网是在中关村地区教育与科研示范网和中国科学院计算机网络的基础上建设和发展起来的覆盖全国范围的大型计算机网络,是我国最早建设并获国家承认的、具有国际信道出口的中国四大互联网络之一。

中国科学技术网为非营利、公益性的网络,也是国家知识创新工程的基础设施,主要为科技界、科技管理部门、政府部门和高新技术企业服务。

1994年4月,中国科学技术网的前身"中关村教育与科研示范网络(NCFC)"率先与美国NSFNet直接互联,实现了中国与Internet全功能网络连接,标志着我国最早的国际互联网络的诞生。

(4) 中国金桥信息网

中国金桥信息网即国家公用经济信息通信网,由原电子工业部管理,面向政府、企业、事业单位和社会公众提供数据通信和信息服务。

3. 有线电视网

有线电视网(Cable Television Network,CATV Network)是利用光缆或同轴电缆来传送广播电视信号或本地播放的电视信号的网络,是一个高效廉价的综合网络,它具有频带宽、容量大、功能多、成本低、抗干扰能力强、支持多种业务、连接千家万户的优势,它的发展为信息高速公路的发展奠定了基础。数字化和网络化是广播电视的主要发展趋势,为此广电总局继"一省一网"后又提出了"全国一网"的网络整合目标和要求。网络整合将有效促进网络规模效益的实现,不仅能突破有线网络本地分散发展的空间限制,而且能集中优势打造出引领有线网络发展的骨干企业,为站在更高的起点上加快有线网络数字化、双向化发展,推进网络产业化、集约化运营提供了基础和条件。

本 章 小 结

本章从通信发展史入手,在明确了通信的概念后,对通信系统和通信网进行了简要的介绍。

本书中的"通信"严格意义上是指"电信",即利用电子等技术手段,借助电磁信号(含光信号)实现从一地向另一地传递和交换信息的过程。

最简单的通信系统是点对点的通信系统,其基本模型包括信源、发送设备、信道、噪声源、接收设备和信宿。按照不同的方式,通信系统可分成许多类别。目前,较为常用的分类方式主要包括按传输媒质分类、按通信业务特征分类、按传输信号特征分类、按复用方式分类等。评价通信系统信息传输性能的主要指标包括有效性和可靠性。

通信网一般由终端设备、传输系统和交换设备按照某种结构组成,以实现多个节点之间的信息传递。按照不同的方式,通信网可分成许多类别。目前,较为常用的分类方式主要包括按业务分类、按服务性质分类、按信号传输方式分类、按网络覆盖范围分类、按网络功能分类等。通信网络拓扑结构的基本形式主要包括网状网、星型网、复合型网、环型网、总线型网和树型网等。实际的通信网通常是由上述基本结构复合而成。通信网有5个基本特性:连通的任意性、使用的便捷性、网络服务的可靠性、网络的可扩展性、服务种类的多样性。

习　　题

(1) 简述通信发展史。
(2) 简述消息、信息、信号的异同。
(3) 简述点对点通信系统的组成。
(4) 简述通信系统质量评价的主要指标及其内涵。
(5) 简述通信网的基本组成及其作用。
(6) 网络拓扑结构的基本形式有哪些?简述各种拓扑形式的特点。
(7) 简述通信网的基本特性。

第1章知识要点思维导图　　第1章知识要点讲解

思政天地

心得示例:

十八大以来的十年间,我国信息基础设施实现了跨越发展,建成了全球规模最大的光纤宽带网络,IPv6规模部署成效显著,基本做到了宽带互联网全网贯穿。与此同时,从IPv4、IPv6到IPv6+,我国的国际标准数量贡献率由5%、20%提升至85%,实现了从跟随、同步到引领的跨越。IPv6发展的"中国速度"正是全面贯彻习近平新时代中国特色社会主义思想,全面贯彻党的基本路线、基本方略,取得一系列标志性成果的典型代表之一,是中国立足国情国力,坚持自主创新、分步建设、渐进发展、不断完善,走出中国特色科技道路的标杆。

第 2 章 通信系统理论基础

> **思政天地**
>
> **新时代十年的伟大变革具有里程碑意义**
>
> 党的十八大以来的十年,是伟大变革的十年。党的二十大报告全面回顾了十年来对党和人民事业具有重大现实意义和深远历史意义的三件大事和十六个方面的伟大成就,明确指出"新时代10年的伟大变革,在党史、新中国史、改革开放史、社会主义发展史、中华民族发展史上具有里程碑意义"。这是对党的十八大以来党和国家事业取得历史性成就、发生历史性变革的深刻总结和科学定位,对我们坚定历史自信、增强历史主动,高举中国特色社会主义伟大旗帜,坚持中国特色社会主义道路,实现中华民族伟大复兴,具有重要意义。
>
> 党的二十大报告明确了新时代新征程中国共产党的使命任务,提出要以中国式现代化全面推进中华民族伟大复兴。建设社会主义现代化国家,是新中国成立后党和国家坚持不懈的奋斗目标和发展主线。党的十八大以来,以习近平同志为核心的党中央,深刻总结了新中国成立特别是改革开放以来我国社会主义建设长期探索的经验,推动我国迈上全面建设社会主义现代化国家新征程,党和国家事业取得历史性成就、发生历史性变革。
>
> 党的十八大以来的十年,我国社会主义制度的优势得到充分彰显。新理念推动新发展,新发展构建新格局,我国经济实力、科技实力、综合国力实现历史性跃升。国内生产总值从54万亿元增长到114万亿元,经济总量占世界经济的比重从11.3%上升到18.5%,稳居世界第二位。人均国内生产总值从3.98万元增加到8.1万元。谷物总产量稳居世界首位,制造业规模、外汇储备稳居世界第一。科技自立自强步伐加快推进,全球创新指数排名从十年前的第34位提升到第12位,一些关键核心技术实现突破,战略性新兴产业发展壮大,进入创新型国家行列。生态环境保护发生历史性、转折性、全局性变化,天更蓝、山更绿、水更清。我国经济迈上更高质量、更有效率、更加公平、更可持续、更为安全的发展之路。

党的十八大以来的十年,以习近平同志为核心的党中央,把不断满足人民对美好生活的向往,满足人民日益增长的美好生活的需要作为发展导向,以人民为中心的社会主义本质得到进一步彰显,人民生活全方位改善。在幼有所育、学有所教、劳有所得、病有所医、老有所养、住有所居、弱有所扶上持续用力,人均预期寿命增长到78.2岁,居民人均可支配收入从1.65万元增加到3.51万元。建成世界上规模最大的教育体系、社会保障体系、医疗卫生体系,教育普及水平实现历史性跨越,基本养老保险覆盖10.4亿人,基本医疗保险参保率稳定在95%。城乡居民住房条件明显改善。人民群众获得感、幸福感、安全感更加充实、更有保障、更可持续,共同富裕取得新成效。

——徐建刚

节选自:徐建刚. 二十大精神关键词解读③|新时代十年的伟大变革具有里程碑意义[EB/OL].（2022-11-01）[2022-12-6]. https://export.shobserver.com/baijiahao/html/544967.html.

头脑风暴

结合本章内容,如何理解"新时代十年的伟大变革具有里程碑意义"?

通信系统是构成各种通信网的基础,根据传输信号的特征可以分为模拟通信系统和数字通信系统。数字通信系统凭借传输质量高、抗噪性能强、保密性好等优点,已成为现代通信技术的主流。目前,仅在有线电话用户环路、无线电广播和电视等少数领域使用模拟传输技术,并且这些领域也正在逐步实现数字化。正因如此,本章将着重介绍数字通信系统的组成。对于数字通信系统,可以对图1-1所示的通信系统模型进行细化,如图2-1所示。

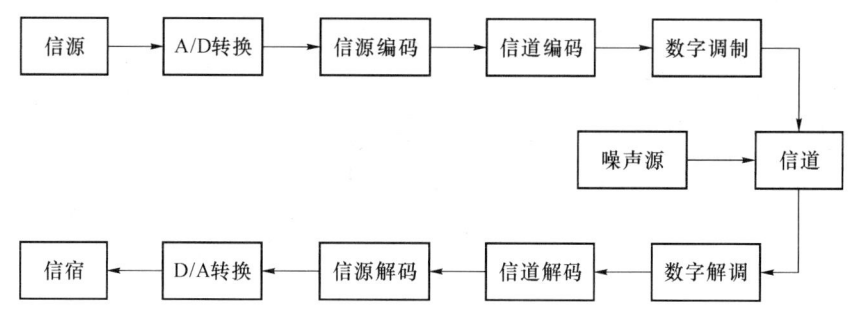

图2-1 数字通信系统的组成

在图2-1中,作为信息来源的信源,首先将消息转变为电信号;此后,通过模/数(A/D)转换和信源编码对信源输出的电信号用尽量低速率的二进制数字信号来表示(通常将信源编码器输出的二进制序列称为信息序列);此信息序列随后经过信道编码器在二进制序列中引入冗余信息,以提高信息传输的可靠性;信道编码后得到的信息并不能直接送入信道中传输,而是需要将此二进制序列映射为相应的信号波形,即进行数字调制;经过数字调制后的信号通过信道从发送端传输到接收端,并在接收端进行反变换,从而实现信息从信源到信宿的传递。

2.1 模/数转换

数字化是当今信息与通信技术发展的必然趋势，也是信息化社会的基础。随着"三网融合"的推进，目前常见的电话、电视等连续的模拟信号也正逐渐实现数字化。实现通信数字化的前提条件是信源所提供的各种用于传递信息的信号（如语音、图像、数据、文字等）都必须以数字化的形式表示。模拟信号的数字化过程称为模/数（A/D）转换，可以分为抽样、量化和编码等阶段，如图2-2所示。

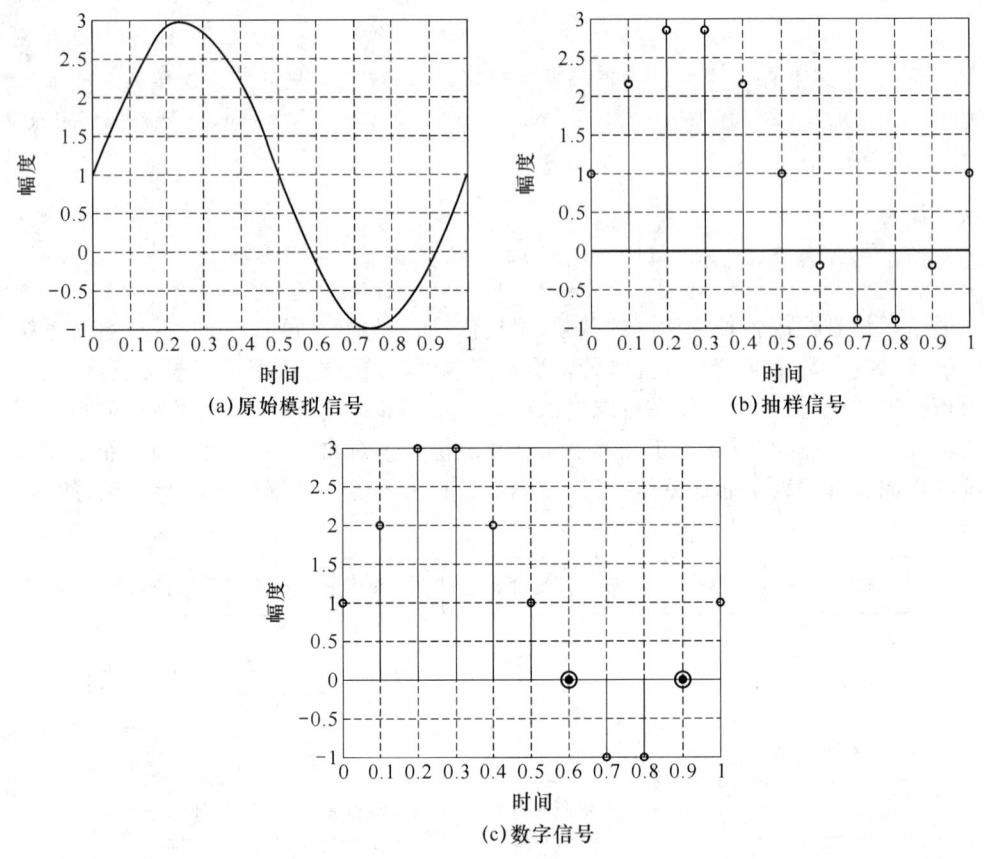

图2-2 信号的模/数转换过程

2.1.1 抽样

抽样是指用时间间隔确定的信号样值序列来代替原来在时间上连续的信号，即在时间上将模拟信号离散化，如图2-2(b)所示。那么，如何保证离散化的信号能够精确表示原始的模拟信号呢？20世纪20年代，奈奎斯特发现了一个规律：如果模拟信号以规则的时间间隔抽样，且抽样速率是模拟信号中最高频率的两倍，那么所得样本是原始信号的精确表示，此规律后来被称为抽样定理。

例如,人类语音产生的频率的正常范围是 300~3 400 Hz。为了让这个频率范围内的信号顺利地在通信网上传送,根据抽样定理应按照最高频率 3 400 Hz 的两倍,即 6 800 Hz 进行抽样。但实际上,为了标准化和计算方便,电话系统是按照 4 000 Hz 的两倍,即 8 000 Hz 进行话音抽样,由于 8 000 Hz 大于 6 800 Hz,因此可以有效地保证语音通信的质量。

2.1.2 量化

基于奈奎斯特抽样定理可以实现连续时间信号向离散时间信号的转换,却不是真正意义上的数字信号。因为数字信号不仅时间离散,而且幅值也是离散的。量化是实现模拟信号转换为数字信号的关键步骤之一。

量化是指用有限个幅度值来近似原来连续变化的幅度值,把模拟信号的连续幅度变为有限数量且有一定间隔的离散值,如图 2-2(c)所示。量化的方法如下:

(1) 确定信号变化范围;
(2) 把样值的最大变化范围划分为若干个相邻的间隔;
(3) 当某样值落在某一间隔内,其输出数值就用某一固定值来表示。

常用的量化方式可以分为两类:均匀量化和非均匀量化。

1. 均匀量化

均匀量化采用相等的量化间隔对采样得到的信号作量化。此种量化方式类似于百分制与五分制之间的转换:将 81~100 分用 5 分表示;61~80 用 4 分表示;41~60 用 3 分表示;21~40 用 2 分表示;0~20 用 1 分表示。

若对于某信号,将抽样的幅度均匀分成 256 份,用 0~255 来表示,若转换为八进制数则为 00000000~11111111。

2. 非均匀量化

非均匀量化的实现方法通常是将抽样值经过压缩后再进行均匀量化。所谓压缩就是利用非线性变换将输入变量 x 变换成另一个变量 y,即 $y=f(x)$。非均匀量化就是对压缩后的变量 y 进行均匀量化。目前,国际上有两种标准化的非均匀量化方法:A 律 13 折线压缩和 μ 律 15 折线压缩。作为 1972 年 CCITT(现 ITU-T)G.711 建议使用的语音信号编码规则,美国和日本采用 μ 律,我国和欧洲采用 A 律。

A 律 13 折线的方法是将 y 轴 0~1 均匀地分成 8 段;在 x 轴上,采用对折法把 0~±1 之间的线段分为 8 个不均匀段,各段分界点为 ±1/128、±1/64、±1/32、±1/16、±1/8、±1/4、±1/2、±1;然后从原点出发,把各段对应的分界点(x,y)连接成折线,如图 2-3 所示。折线正负方向各 8 段,共 16 段。但是,由于从原点出发正负方向的前两段斜率相同,可以视为一条直线,故称为 13 折线。

μ 律 15 折线的方法是将 y 轴均匀地分成 8 段;将 x 轴分为 8 个不均匀段,各段分

界点为 $\pm 1/255$、$\pm 3/255$、$\pm 7/255$、$\pm 15/255$、$\pm 31/255$、$\pm 63/255$、$\pm 127/255$、± 1；然后从原点出发，把各段对应的分界点 (x,y) 连接成折线，如图 2-4 所示。折线正负方向各 8 段，共 16 段。但是，由于正负方向的第一段段斜率相同，可以视为一条直线，故称为 15 折线。

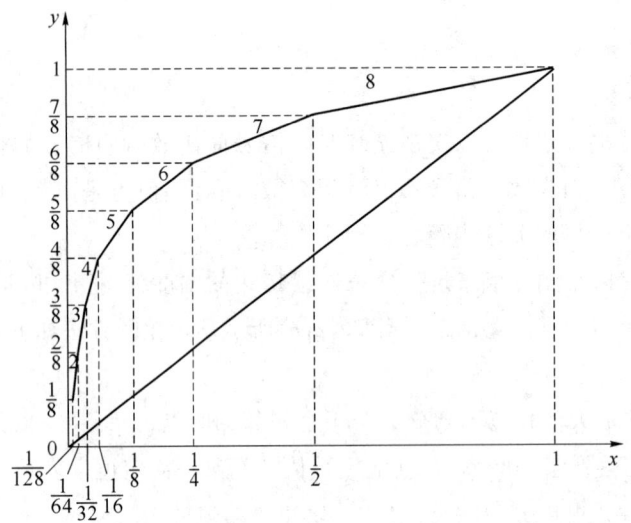

图 2-3　A 律 13 折线

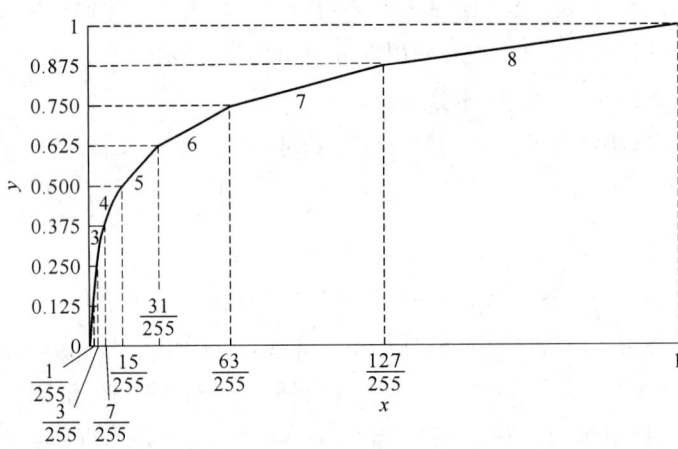

图 2-4　μ 律 15 折线

2.1.3　编码

原始信号经过抽样、量化，得到的只是一系列量化值，还不是数字信号，必须将这些量化值转化成数字编码脉冲之后，才能完成模/数转换过程。将量化值转换为数字编码脉冲的过程称为编码。

最简单的编码方式是二进制自然码(NBC),即用 n 比特二进制码来表示已经量化了的样值,每个二进制数对应一个量化值,再将其排列,得到由二值脉冲组成的数字信息流。例如,图 2-2(a)所示的信号经过量化后的结果如图 2-2(c)所示,由于其幅值范围在 $-3\sim+3$,可用 7 个量化级,即用 3 比特二进制码来表示,其结果如表 2-1 所示。

表 2-1 自然码编码

量化级	对应信号幅度	自然码
6	3	110
5	2	101
4	1	100
3	0	011
2	−1	010
1	−2	001
0	−3	000

因此,图 2-2(a)所示的信号经过抽样、量化、编码后可用 100|101|110|110|101|100|011|010|010|011|100 表示。

就像"我爱你",既可以用汉语表示,也可以用英语"I love you"、法语"Je t'aime,Je t'adore"、德语"Ich liebe dich"、意大利语"Ti Amo"等来表示一样,编码的方式也有很多,如 PCM、DM、霍夫曼编码等。

从不同角度出发,编码方式可以分成许多类别。根据编码原始信息的类别可以分为语音编码和图像编码等。根据编码的目的可以分为信源编码和信道编码。信源编码是根据信源的统计特性对信源发出的信息进行编码,以提高信息传输的有效性;信道编码是为了保证信息传输的可靠性,提高传输质量而设计的一种编码。

2.2 信源编码

在 20 世纪电话尚未全面普及之前,电报是人们快速传递信息的一个重要手段。由于电报按字数收费,因此人们希望用最短的字表示尽可能多的含义。例如,某位父亲希望通知远在外地工作的孩子其母亲生病了,希望其快点回家。在电报中,这位父亲可能只打四个字"母病速归"。

与发电报类似,信源编码的目的就是用最少的比特传递最多的信息,因此又称为信源压缩编码。为了提高数字通信传输效率,一方面需要采用各种方式的压缩编码技术,在保证一定信号质量的前提下,尽可能地去除信号中的冗余信息,从而降低传输速率和减小传输所用的带宽;另一方面,即使是原本就以数字形式存在的数据和文字信息,也同样需要通过压缩编码降低信息冗余,从而提高传输效率。以下介绍几种常用的信源编码及其应用。

2.2.1 脉冲编码调制

在 2.1 节量化中讨论的自然码就是脉冲编码调制(PCM)的一种。脉冲编码调制的步骤可以简单地分为：

(1) 确定量化级数 N。

(2) 确定编码位数 n，一般而言，应满足 $2^n \geqslant N$。

(3) 对量化结果进行编码：每一个量化值用 n 位二进制数表示。

(4) 对于单极性编码，有脉冲代表"1"，无脉冲代表"0"；对于双极性码，正脉冲代表"1"，负脉冲代表"0"。

根据第(3)步量化值与 n 位二进制数映射关系的不同，可以进一步将常见的 PCM 分为自然二进制码(NBC)、折叠二进制码(FBC)和格雷二进制码(RBC)。

若量化级数为 16 级，由于 $2^4=16$，因此可以用 4 位二进制码表示。量化结果对应自然码、折叠码和格雷码的结果如表 2-2 所示。

表 2-2 自然码、折叠码和格雷码

样值脉冲极性	量化级	自然码	折叠码	格雷码
正极性	15	1111	1111	1000
	14	1110	1110	1001
	13	1101	1101	1011
	12	1100	1100	1010
	11	1011	1011	1110
	10	1010	1010	1111
	9	1001	1001	1101
	8	1000	1000	1100
负极性	7	0111	0000	0100
	6	0110	0001	0101
	5	0101	0010	0111
	4	0100	0011	0110
	3	0011	0100	0010
	2	0010	0101	0011
	1	0001	0110	0001
	0	0000	0111	0000

表 2-2 表明，如果将 16 个量化级分成两部分：0~7 的 8 个量化级对应于负极性样值脉冲；8~15 的 8 个量化级对应于正极性样值脉冲。自然二进制码是十进制量化级数的二进制表示。折叠码除最高位外，正、负极性部分呈现对称关系。折叠码的最高位的"0"

和"1"表示正负极性,码组的其余部分表示信号的绝对值。格雷码的主要特点是对任何相邻的码组,仅有一位发生了变化。格雷码由自然二进制码演变而来,法则是保留自然二进制码的最高位作为格雷码的最高位,而其余各位是由自然二进制对应位与自然二进制码对应位左侧的前一位进行异或而得到。

A律13折线的国际标准PCM编码规则	人类语音产生的频率为300～3 400 Hz,为了标准化和计算方便,电话系统按照8 000 Hz进行语音抽样,对每个抽样脉冲进行A律或μ律非均匀量化,每个样值用8位二进制代码表示,因此有8 000 Hz×8=64 000 Hz,即64 kHz。通常将64 kHz称为一路语音信号的带宽需求量。 以A律为例,每个样值用8比特代码表示,即$[b_1][b_2b_3b_4][b_5b_6b_7b_8]$。由于该量化方法将折线正负方向各分为8段,因此,用b_1代表极性,称为极性码,其中"0"代表负值,"1"代表正值;$b_2b_3b_4$称为段落码,表示段落的号码,其值为0～7。$b_5b_6b_7b_8$表示每个段落内均匀分层的位置,其值为0～15,代表任一段落内的16个量化值。每一量化值是其量化区间的中间值,如表2-3所示。

表2-3 A律13折线的国际标准PCM编码表

线段编号	比特编号	线段编号	比特编号
7	1111|1111 ⋮ 1111|0000	3	1011|1111 ⋮ 1011|0000
6	1110|1111 ⋮ 1110|0000	2	1010|1111 ⋮ 1010|0000
5	1101|1111 ⋮ 1101|0000	1	1001|1111 ⋮ 1001|0000
4	1100|1111 ⋮ 1100|0000	0	1000|1111 ⋮ 1000|0000

2.2.2 增量调制

增量调制(DM)是预测编码中最简单的一种。所谓预测编码是指根据过去的信号样值预测下一个样值,并仅把预测值与现实的样值之差(也称预测误差)加以量化、编码。

增量调制是将信号瞬时值与前一个抽样时刻的量化值之差进行量化,而且只对这个差值的符号进行编码,而不对差值的大小编码。因此量化只限于正和负两个电平,只用1

比特传输一个样值。如果差值为正,发送"1";否则发送"0",如图 2-5 所示。

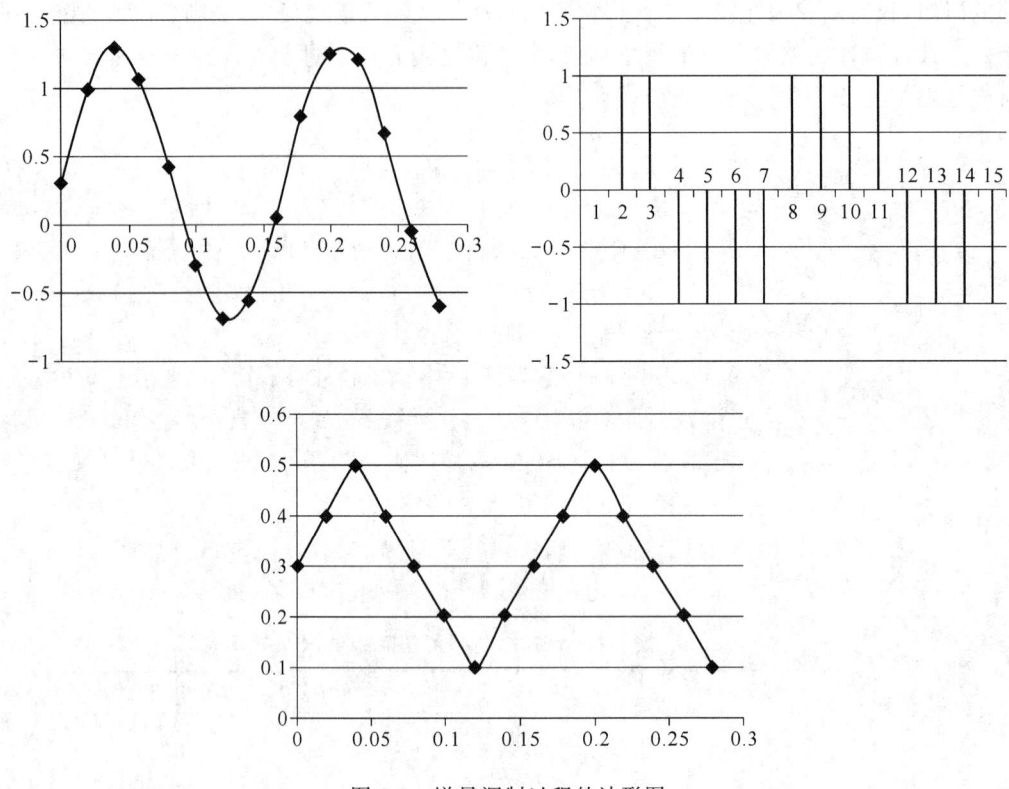

图 2-5　增量调制过程的波形图

在 DM 的基础上,用 n 位二进制码表示增量的编码方式称为增量脉冲编码调制(DPCM);此外,有自适应系统的 DPCM 称为自适应增量脉冲编码调制(ADPCM)。

2.2.3　霍夫曼编码

1952 年,霍夫曼(Huffman)提出了一种编码方法,基本原理是对那些出现概率较大的信源符号编以较短的代码,而对那些出现概率较小的信源符号编以较长的代码。

实现霍夫曼编码的基本步骤如下。

(1) 降序排列:把信源的各个输出符号按概率递减的顺序排列。

(2) 合并概率:求其中概率最小的两个序列的概率之和,并把这个概率之和看作是一个符号序列的概率,再与其他序列依概率递减顺序排列(参与求概率之和的这两个序列不再出现在新的排列之中);继续这样的操作,直到剩下一个以 1 为概率的符号为止。

(3) 赋予二进制 0 和 1:对参与概率求和的两个符号序列分别赋予二进制数字 0 和 1。

(4) 读取编码结果:按照与编码过程相反的顺序读出各个符号序列所对应的二进制数字组,从而得到各个符号序列的编码结果。

例 2.1 设信源的可能输出为 $\{a_1,a_2,a_3,a_4,a_5,a_6,a_7\}$,出现的概率分别为 $\{0.01, 0.20, 0.18, 0.10, 0.19, 0.15, 0.17\}$,试为该信源设计霍夫曼编码。

解: 按照霍夫曼编码的基本步骤对该信源进行编码。

(1) 降序排列

$$\begin{cases} a_2 \to 0.20 \\ a_5 \to 0.19 \\ a_3 \to 0.18 \\ a_7 \to 0.17 \\ a_6 \to 0.15 \\ a_4 \to 0.10 \\ a_1 \to 0.01 \end{cases}$$

(2) 合并概率

$$\begin{array}{l} a_2 \to 0.20 \\ a_5 \to 0.19 \end{array} \Bigg\} \to 0.39 \\ \begin{array}{l} a_3 \to 0.18 \\ a_7 \to 0.17 \end{array} \Bigg\} \to 0.35 \\ \begin{array}{l} a_6 \to 0.15 \\ a_4 \to 0.10 \\ a_1 \to 0.01 \end{array} \Bigg\} \to 0.11 \Bigg\} \to 0.26 \Bigg\} \to 0.61 \Bigg\} \to 1$$

(3) 赋值二进制 0 和 1

$$\begin{array}{l} a_2 \to 0.20 \quad 1 \\ a_5 \to 0.19 \quad 0 \end{array} \Bigg\} \to 0.39 \quad 0 \\ \begin{array}{l} a_3 \to 0.18 \quad 1 \\ a_7 \to 0.17 \quad 0 \end{array} \Bigg\} \to 0.35 \quad 1 \\ \begin{array}{l} a_6 \to 0.15 \quad\quad\quad 1 \\ a_4 \to 0.10 \quad 1 \\ a_1 \to 0.01 \quad 0 \end{array} \Bigg\} \to 0.11 \Bigg\} \to 0.26 \quad 0 \Bigg\} \to 0.61 \quad 1 \Bigg\} \to 1$$

(4) 读取编码结果

$$\begin{cases} a_2 \to 01 \\ a_5 \to 00 \\ a_3 \to 111 \\ a_7 \to 110 \\ a_6 \to 101 \\ a_4 \to 1001 \\ a_1 \to 1000 \end{cases}$$

计算平均码字长度为 $4\times0.01+4\times0.1+3\times0.15+3\times0.17+3\times0.18+2\times0.19+2\times0.2=2.72$ bit。

2.2.4 信源编码的应用

1. 语音编码

语音编码的目的是在保持一定算法复杂度和通信延时的前提下,利用尽可能少的信道容量,传送质量尽可能高的语音。

(1) 语音编码的性能指标

衡量一种语音编码方法的好坏,通常需要考虑多方面因素,如语音质量、编码速率、编解码延时和算法复杂度等。

① 语音质量

语音的质量与语音的带宽有关,一般来说频率范围越宽,语音质量也就越高。在不同的应用场合,对音质的要求有所不同,如表 2-4 所示。

表 2-4 声音类型与带宽

声音类型	带宽
电话语音	300 Hz~3.4 kHz
调幅广播	50 Hz~7 kHz
调频广播	20 Hz~15 kHz
CD	10 Hz~20 kHz

评价语音编码质量的方法一般有两种:主观评定和客观评定。主观评定是依照人们对语音质量的感觉来评定,该方法主观性较强,可靠性不高;客观评定是对语音性能的某些参数进行定量分析后得出的结论,评定方法相对标准,但往往忽略了人对语音质量的感觉。目前,专家学者正努力寻找更加符合主观感知的客观评定方法。

② 编码速率

编码速率是指模拟信号经过抽样、量化和编码之后产生的数字信号的信息传输速率。例如,电话系统按照 8 000 Hz 进行语音抽样,每个样值用 8 位二进制代码表示,因此该系统编码速率为 64 kbit/s。显然,用越多的二进制位数表示一个样值,语音的质量就越高,但相应地对传输速度、带宽、存储容量的要求也越高。

③ 算法复杂度

通常,复杂的编解码算法可以提高语音质量,但是会降低编码速率,会提高硬件实现的复杂度,增加整体成本。因此,在实际应用中,在保持一定语音质量的前提下要尽可能降低运算的复杂度。

④ 编解码延时

系统延时除包括传输延时外,还包括由于对语音信号的分帧处理以及复杂的算法所产生的编解码延时。在实时语音通信系统中,若总延时过长,会影响双方的正常交谈,因此希望尽可能减少延时时间,一般要求语音编解码的延时低于 100 ms。

（2）语音编码的分类

根据编码器的实现机理,可将语音编码大致分为三类:波形编码、参量编码和混合编码。

波形编码是从语音信号波形出发,对波形的采样值、预测值或预测误差值进行编码。波形编码以语音信号波形的重建为目的,力图使重建波形接近原始信号波形。该编码方式重建语音质量好,但编码速率较高。常用的波形编码方法包括 PCM、DM、ADPCM 等。

参量编码通过对语音信号的某一特征参量的提取及编码,力图重建一个新的与原信号声音相似,但波形不尽相同的语音信号,实现这一过程的系统成为声码器。线性预测编码(LPC)是最常用的语音编码方法,它是利用相邻样点之间的相关性,用过去的样点的线性组合预测未来的样点,如式(2-1)所示:

$$\tilde{s}(n) = \sum_{i=1}^{p} a_i s(n-i) \tag{2-1}$$

其中:$\tilde{s}(n)$ 为语音信号的预测值;$s(n)$ 为语音信号;a_i 为预测器系数;p 为预测器阶数。

语音的参量编码主要用于移动通信系统等利用无线信道的通信设备中。该方法的优点是可懂度较高,但合成语音自然度不够好,抗背景噪声能力较差。

混合编码是在波形和参量编码的基础上提出来的,既克服了上述两种编码的弱点,又结合了它们的长处,能在中低速率上实现高质量的重建语音。常用的混合编码包括多脉冲线性预测编码(MP-LPC)、码激励线性预测编码(CELP)等。

（3）语音编码的国际标准

为了使信息管理系统具有普遍的互操作性,并确保未来的兼容性,ITU-T 提出了若干有关语音编码的建议,第 2.2.1 小节介绍的 PCM 是最早的语音编码标准,自此之后,各种新的编码标准不断涌现,表 2-5 列出了部分语音编码标准。

表 2-5　语音编码的国际标准

标准提出时间/年	标准名称	应用范围
1972	G.711 PCM	适用于窄带语音信号,应用于公共电话网
1984	G.721 ADPCM	
1986	G.723 ADPCM	通过标准电话线实现视频电话会议等
1992	G.728 LD-CELP (低迟延码激励线性预测)	广泛应用于网络电话,尤其是在要求延迟较小的电缆语音传输和 VoIP 中

随着移动电话的普及,各地区性组织先后制定了一系列标准,但目前尚无统一的国际标准。欧洲电信标准协会(ETSI)公布了 GSM 全速率(FR)语音标准(主要采用 RPE-LP 编码算法)、半速率(HR)语音编码标准、增强的全速率(EFR)编码标准和自适应多速率(AMR)语音编码标准(WCDMA 和 TD-SCDMA 均采用 AMR 编码标准);电子工业协会(EIA)下属的美国电子工业协会(TIA)采用了 QCELP 作为过渡语音编码标准 IS-96-A,之后又颁布了 IS-127 的增强型变速率(EVRC)语音编码标准等;美国通信工业协会(TIA)为适应新一代移动通信 cdma2000 规定了变速率语音编解码标准 EVRC 等。

2. 图像编码

与语音编码类似,对图像进行压缩编码之前,首选需要对图像信号进行抽样和量化。与对语音信号抽样不同的是,由于图像信号是二维的,通常采用等间隔的点阵抽样方式,

即在 x 方向上取 M 点，在 y 方向上取 N 点，读取整个图像函数空间内 $M \times N$ 个离散点的值，从而得到一个用样点值表示的阵列。图像量化的基本要求为在量化噪声足够小的前提下，用最少的量化电平进行量化，常用的图像量化方式是均匀量化。

图像信号经过抽样、量化后，得到的数字图像中各个像素彼此之间的相关性很大。例如，在电视画面中，同一行中相邻两个像素或相邻两行间的像素，其相关系数可以达到 0.9。因此，数字图像中存在信息冗余，进行图像压缩的潜力非常大。

图像压缩编码的核心思想是：①消除像素点间数据的相关性；②利用人眼的视觉生理特征和图像的概率统计模型进行自适应量化编码。

人眼的视觉延迟	人眼的视觉暂留为 16~24 次/秒，因此只要以 30 次/秒或更短的时间间隔来更新屏幕画面，就可以骗过人的眼睛，让我们以为画面没有变过。虽然如此，实际上 30 次/秒的屏幕刷新速率所产生的闪烁现象，我们的眼睛仍然能够察觉，从而产生疲劳的感觉。屏幕的刷新速率越高，画面越稳定，使用者感觉越舒适。一般屏幕刷新速率在 75 次/秒以上，人眼就完全觉察不到了，所以建议将屏幕刷新频率设定在 75~85 Hz。

(1) 图像编码的性能指标

图像编码的性能指标主要包括压缩效率（压缩前后编码速率的比值）、压缩质量（指恢复图像的质量）、编解码算法的复杂度、编解码延时等。

(2) 图像编码的分类

根据编码过程是否存在信息损耗，图像编码可以分为有损压缩和无损压缩。

根据恢复图像的准确度，可以分为信息保持编码（主要应用于图像的数字存储，属于无损压缩）、保真度编码（主要应用于数字电视技术和多媒体通信领域，属于有损压缩）、特征提取编码（主要应用于图像识别、分析和分类，属于有损编码）。

根据图像压缩的实现方式，可以分为变换编码（如离散傅里叶变换）、概率匹配编码（如霍夫曼编码）、预测编码（如 DPCM）等。

近年来，图像编码技术取得了迅速的发展和广泛的应用，一些新的压缩方法（如小波编码、分形编码等）不断被提出。

(3) 图像编码的国际标准

在这些编码方法的基础上，目前已经制定了一系列图像编码的国际标准，主要包括：

① 静止图像编码标准，如 JPEG 和 JPEG-2000 等；

② 活动图像编码标准，如 MPEG-2 一般视频编码标准、MPEG-4 多媒体通信编码标准、AVS 等；

③ 多媒体会议标准，如 H.261、H.263 等。

此外，在互联网上被广泛应用的还有 RealNetworks 的 RealVideo、Apple 公司的 QuickTime 等。其中，AVS 是我国拥有自主知识产权的第二代信源编码标准，是《信息技术先进音视频编码》系列标准的简称,其包括系统、视频、音频、数字版权管理等四个主要技术标准和符合性测试等支撑标准。与其他现有图像编码标准相比,AVS 与 MPEG-4 第 10 部分的 H.264 能在相同的带宽下提供更加优秀的图像质量,但 AVS 的算法复杂度和软硬件实现成本都远低于 H.264。

2.3 信 道 编 码

由于实际信道存在噪声和干扰的影响,使经信道传输后接收的信号与发送信号之间存在差异,这种差异称为误差。信道编码是在经过信源编码的码元序列中增加一些多余的比特,利用该特殊的多余信息可以发现或者纠正传输中发生的错误,从而实现信道编码的目的,即改善数字通信系统的传输质量,降低传输误差。

2.3.1 差错控制的概念

在进行数据传输时,采用一定的方法发现差错并纠正差错的过程称为差错控制。常用的差错控制的方法有四种:前向纠错(FEC)、检错重发(ARQ)、反馈校验(IRQ)和混合纠错(HEC)。

1. 前向纠错

前向纠错方式是指发送端对信息码元进行编码处理,使发送的码组具备纠错能力。接收端接收到该码组后,通过译码能自动发现并纠正传输中出现的错误,如图 2-6(a)所示。

2. 检错重发

检错重发方式是指发送端对信息码元进行编码处理,使发送的码组具备检错能力,接收端接收到该码组后,仅能发现错误但无法纠正,当检测出错误时,则通过反向信道通知发送端重发,发送端将信息重发一次,直至接收端确认收到正确信息为止,如图 2-6(b)所示。

常用的检错重发系统有三种类型:停止等待 ARQ、连续 ARQ 和选择重发 ARQ。

(1) 停止等待 ARQ

停止等待 ARQ 也称空闲 ARQ,是最简单的 ARQ 系统。在该系统中,每发送一个分组信息就停止并等待接收端的应答信号。若发送端收到接收端发回的确认信号,则发送端开始发送下一个分组;否则重发此分组信息。

(2) 连续 ARQ

连续 ARQ 方式需要系统两端同时发送信息,发送端发送信息数据,接收端发送应答信号。发送端通过前向信道连续发送分组信息而不等待反向信道的应答信号。每当发送端收到否认信号就退回到有错码组并重发此码组和以后的全部码组以保护码组的自然顺序。为实现重发有错码组,可给每个码组分配一个顺序;还可以根据传输延迟在重发的消息和收到的否认应答之间设置一个固定的间隔,使发送端根据收到的否认应答时间决定从哪个分组开始重发。

当信道较好,检测到的有错码组较少时,连续 ARQ 的传输效率很高。它的主要缺点是需要一定的缓冲器容量。

(3) 选择重发 ARQ

选择重发方式是连续 ARQ 的变种,在发送端仅重发接收出错的特殊码组。该系统在信道差错率高时性能较好。由于该系统不能保证总是以正常顺序接收码组,所以需要复杂的控制逻辑和大容量的缓冲器,而且在应答信号中还必须标明出错码组,从而增加了系统的复杂性。

3. 反馈校验

反馈校验方式是指接收端将收到的信息码原封不动地转发回发送端,并与发送的码元相比较,若发现错误,则发送端再次发送此信息码,如图 2-6(c)所示。

4. 混合纠错

混合纠错码是前向纠错方式和检错重发方式的结合,如图 2-6(d)所示。在 ARQ 系统中包含一个 FEC 子系统,其中 ARQ 可提供很低的不可检测误码率,而 FEC 子系统可以尽量减少重发次数。

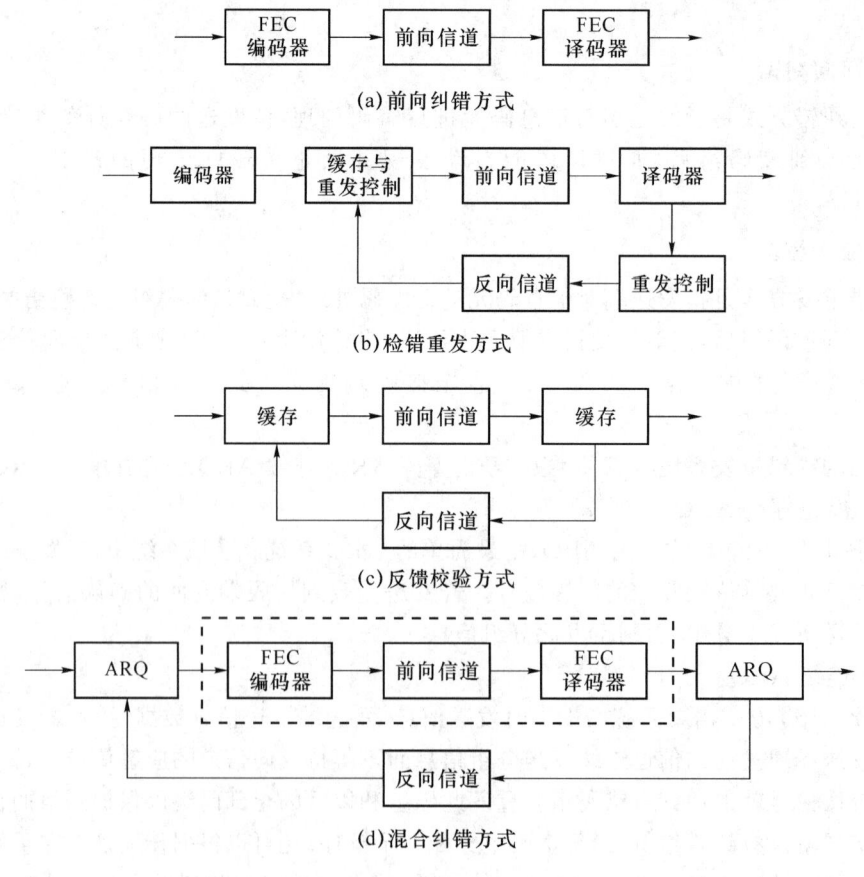

图 2-6 常用的差错控制方式

常用差错控制方式的优劣势比较如表 2-6 所示。

表 2-6 常用差错控制方式的优劣势比较

方式	优势	劣势
前向纠错	① 不需要反向信道，特别适合于只能提供单向信道的场合； ② 系统实时性好，接收端能够自动纠错，不会因为发送端反复重发引起时延	① 当纠错能力增强时，要增加冗余位，从而使系统传输效率降低； ② 纠错能力越强，译码设备越复杂
检错重发	① 编译码器简单； ② 极低的不可检测概率； ③ 对任何双向信道均有效	① 需要反向信道； ② 译码器的延迟不固定
反馈校验	无须检错和纠错编译系统	① 每个信息码至少需要传送两次，传输效率低； ② 实时性差
混合纠错	① 纠错能力强； ② 延迟小； ③ 重发次数少	系统相对复杂

2.3.2 常用的信道编码

差错控制中涉及的编码称为差错控制编码，也称信道编码。以下介绍几种简单、常用的信道编码方式。

1. 重复码

在数字通信中，把每个信息比特 u 重复 n 遍形成一个码字 $c=(u,u,\cdots,u)$，称为重复码。由于信道噪声干扰，接收端接收到的码组 y 中的某些比特可能是错的。接收端的译码原则为少数服从多数，即如果 y 中多数比特是"1"，则判定发送的是"1"；否则判定发送的是"0"。

例 2.2 现假设发送端欲传送的信号 $u=0$，可以按照以下 3 种不同的方式进行传输。

(1) 不重复发送

不重复发送方式最为简单，直接发送要传输的信息，但是没有任何抗干扰能力。如发送信息"0"，由于信道噪声干扰，在接收端可能误判为"1"。对于接收到的"1"，接收端无法判断是否正确，更不涉及纠正的问题，如图 2-7(a)所示。

(2) 重复发送一次

采用重复发送一次的方式，传输效率将降低一半。但是如果在传输过程中仅有一位可能出错，则这种传输方式可以发现错误，却不能纠正错误。例如，欲发送信息"0"，经信道编码实际发送信号为"00"，当仅有一位出错时，接收端接收到的信号可能是"01"或"10"，此时，接收端可明确判断接收到的信号发生错误，却不能纠正错误，即无法判断发送信号是"0"还是"1"，如图 2-7(b)所示。

(3) 重复发送两次

采用重复发送两次的方式，传输效率进一步降低，但它能发现两个错误或纠正一个错误。

若假定在传输过程中仅有一位可能出错,则发送端欲发送"0"时,经信道编码实际发送信号为"000",当有一位出错时,接收端接收到信号可能为"001""010""100",显然无论接收到哪种信号,依据接收端译码原则均能判定发送信号是"0",如图2-7(c)所示。此时,接收端不仅能发现错误并且能纠正一位错误。

若假定在传输过程中有一位或两位可能出错时,则接收端接收到信号可能为"001""010""100""011""110""101",此时无论接收到哪种信号,均只能判断出现错误,但究竟发送信号是"0"还是"1"则无法判断,如图2-7(d)所示。

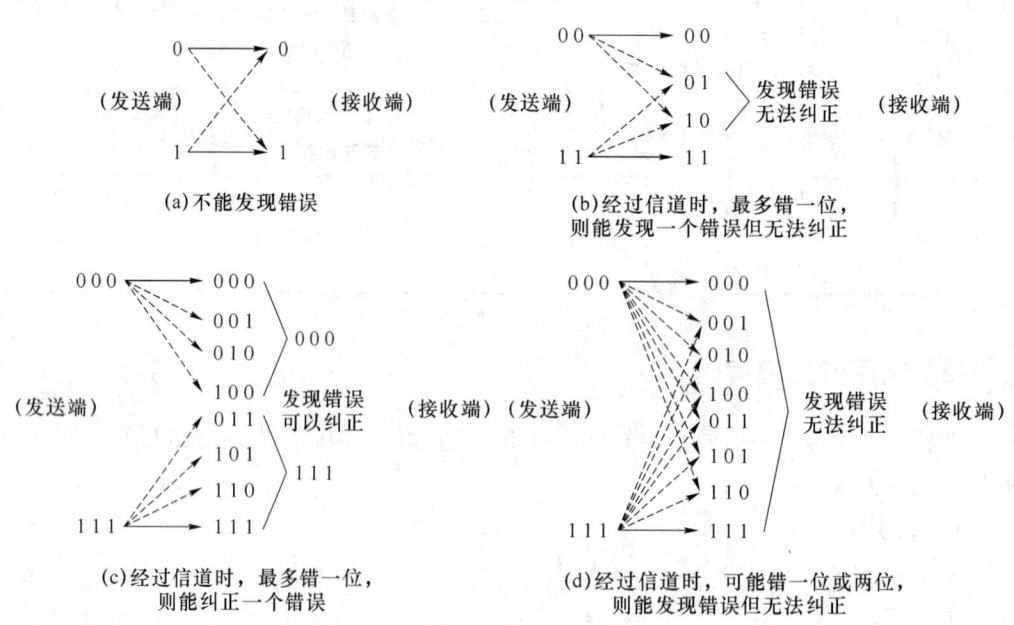

图 2-7 重复码

综上所述,简单重复方式的重复码人为地增加了信号的冗余度,尽管可以提高抗干扰能力,但大幅度降低了编码效率,因此不是一种很好的编码方法。

2. 奇(偶)校验码

奇(偶)校验码的编码规则是在欲传输信号的末尾添加一位,以保证码组中"1"的个数是奇(偶)数个。

例 2.3 若待传信息为 $u=(u_1,u_0)$,按照奇(偶)校验码方式对其进行信道编码。

解:按照偶校验码方式对其进行信道编码,如表2-7所示。

表 2-7 偶校验码方式进行信道编码

信息 $u=(u_1,u_0)$	校验比特	码字
00	0	000
01	1	011
10	1	101
11	0	110

按照奇校验码方式对其进行信道编码,如表 2-8 所示。

表 2-8 奇校验方式进行信道编码

信息 $u=(u_1,u_2)$	校验比特	码字
00	1	001
01	0	010
10	0	100
11	1	111

显然,奇(偶)校验码的编码方式可以发现奇数个在传输中出现的差错,即在接收端计算"1"的个数,如果是奇(偶)数个则认为无差错,否则认为有差错。

奇(偶)校验码与重复码相比,冗余信息只增加了一位,传输的有效性得以保证,但抗干扰性很差且无法纠正错误。

3. 线性分组码

例 2.4 若待传信息为 $U=(u_2,u_1,u_0)$,信息位数 $k=3$,按照如下方式进行信道编码:编码器输入为 7 位(即 $n=7$)$C=(c_6,c_5,c_4,c_3,c_2,c_1,c_0)$,其中前三位为信息位,后四位为监督位,取值分别为

$$\text{信息位}\begin{cases} c_6=u_2 \\ c_5=u_1 \\ c_4=u_0 \end{cases}$$

$$\text{监督位}\begin{cases} c_3=u_2 \oplus u_0 \\ c_2=u_2 \oplus u_1 \oplus u_0 \\ c_1=u_2 \oplus u_1 \\ c_0=u_1 \oplus u_0 \end{cases}$$

则信道编码器输出规则可以用矩阵形式表示

$$C=(u_2,u_1,u_0) \cdot \begin{pmatrix} 100\cdots1110 \\ 010\cdots0111 \\ 001\cdots1101 \end{pmatrix}$$

$$=U \cdot G$$

$$=U \cdot (I_k \cdots Q)$$

其中,G 称为生成矩阵,G 可以进一步分解为两个分块矩阵 k 阶单位方阵 I 和 $k\times(n-k)$ 阶矩阵 Q。

上述编码方式就属于线性分组码。重复码和奇偶校验码均属于线性分组码。

若 $U=(0,1,1)$,按照上述编码方式,则经信道编码后输出为

$$C=(0,1,1) \cdot \begin{pmatrix} 100\cdots1110 \\ 010\cdots0111 \\ 001\cdots1101 \end{pmatrix}$$

$$=(0111010)$$

一般而言，线性分组码的编码规则为：信息 U 通过生成矩阵 G 的线性变换得到信道编码 C。

通过数学推导可知

$$C\begin{pmatrix}Q\\I_{n-k}\end{pmatrix}=0$$

其中，0 表示一个 $1\times(n-k)$ 阶的全零矩阵。

对于例 2.4 而言，有

$$C\begin{pmatrix}Q\\I_{n-k}\end{pmatrix}=(0111010)\begin{pmatrix}1110\\0111\\1101\\\vdots\\1000\\0100\\0010\\0001\end{pmatrix}=(0000)$$

若在传输过程中，码字 C 发生了错误，使接收端接收到的信号变为 R，即

$$R=C+E$$

其中，E 为错误矢量，令 $E=(e_{n-1}\cdots e_0)$，当 $e_i\neq 0$ 时，表示 C 的第 i 个码元 c_i 出现错误。

若令

$$S=R\begin{pmatrix}Q\\I_{n-k}\end{pmatrix}$$

则称 S 为分组码的检校子。进一步简化 S，则有

$$S=R\begin{pmatrix}Q\\I_{n-k}\end{pmatrix}=C\begin{pmatrix}Q\\I_{n-k}\end{pmatrix}+E\begin{pmatrix}Q\\I_{n-k}\end{pmatrix}=E\begin{pmatrix}Q\\I_{n-k}\end{pmatrix}$$

将不同错误的可能性代入上式，即可得出对应的检校子。对于例 2.4，部分错误矢量与对应的检校子如表 2-9 所示。

表 2-9 错误矢量与对应的检校子

错误矢量(E)	检校子(S)	错误矢量(E)	检校子(S)
1000000	1110	1100000	1001
0100000	0111	0110000	1010
0010000	1101	0011000	0101
0001000	1000	0001100	1100
0000100	0100	0000110	0110
0000010	0010	0000011	0011
0000001	0001	1000001	1111
0000000	0000	1110000	0100

显然,表 2-9 将接收到信号进行处理后,根据得到的检校子即可找到对应的错误矢量,然后按照错误矢量校正接收信号。

对例 2.4 而言,若接收端接收到的信号为 $\boldsymbol{R}=(0111110)$,则有

$$S=\boldsymbol{R}\begin{pmatrix}\boldsymbol{Q}\\\boldsymbol{I}_{n-k}\end{pmatrix}=(0111110)\begin{pmatrix}1110\\0111\\1101\\\vdots\\1000\\0100\\0010\\0001\end{pmatrix}=(0100)$$

查找表 2-9 可知,与检校子(0100)相对应的错误矢量不止一个,如(0000100)和(1110000)等。此时,通常选择错误最少的错误矢量,即选择(0000100)。根据错误矢量可对接收信号进行校正,即 $e_2=1$ 时,表示 $\boldsymbol{C}$ 的第 3 个码元 c_2 出现错误,因此实际发送信号为(0111010)。

2.4 数字信号的基带传输

数字脉冲调制有三种基本方法:脉冲幅度调制(PAM)、脉冲位置调制(PPM)和脉冲宽度调制(PDM)。其中,脉冲幅度调制的频带利用率高,特别适用于在限带基带信道中传输,故本节仅介绍脉冲幅度调制。

2.4.1 常用的数字 PAM 信号波形

用数字序列调制脉冲载波的幅度,称为脉冲幅度调制。常用的数字脉冲幅度调制的方式包括单极性不归零码、双极性不归零码、单极性归零码和双极性归零码。

1. 单极性不归零码

若数字脉冲幅度调制的映射规则为

$$b=1 \rightarrow a=+A$$
$$b=0 \rightarrow a=0$$

且在每个二进制符号间隔 T_b 内,该信号波形的电平保持不变,或为高电平,或为零电平,则称此信号波形为单极性不归零码。

例 2.5 绘制符号间互不相关的二进制序列{1 1 0 1 1 0 0 1}的单极性不归零码。

解:如图 2-8 所示。

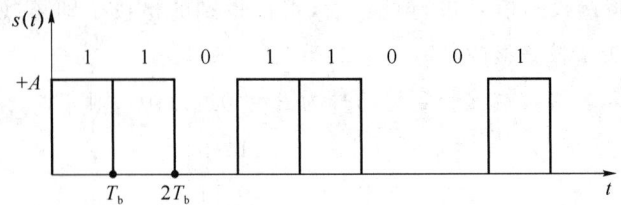

图 2-8　单极性不归零码

2．双极性不归零码

双极性不归零码的映射规则为

$$b=1 \rightarrow a=+A$$
$$b=0 \rightarrow a=-A$$

例 2.6　绘制符号间互不相关的二进制序列 $\{110110 01\}$ 的双极性不归零码。

解：如图 2-9 所示。

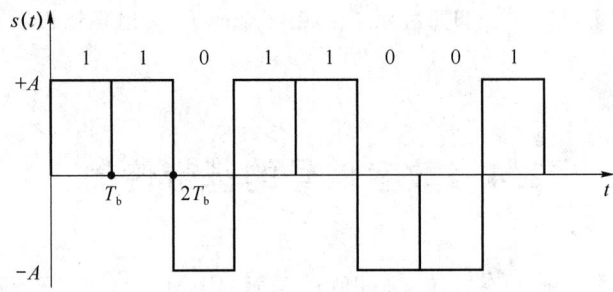

图 2-9　双极性不归零码

3．单极性归零码

单极性归零码的映射规则与单极性不归零码类似也为

$$b=1 \rightarrow a=+A$$
$$b=0 \rightarrow a=0$$

但是，单极性归零码在整个二进制符号间隔 T_b 内，脉冲的高电平要回到零电平。例 2.5 中的二进制序列的单极性归零码如图 2-10 所示。

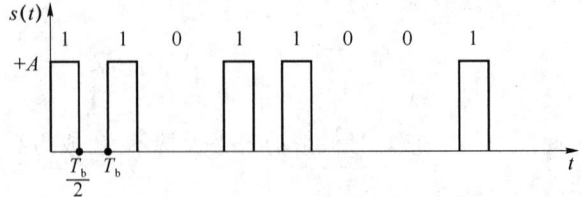

图 2-10　单极性归零码

4. 双极性归零码

双极性归零码的映射规则与双极性不归零码类似,但是在整个二进制符号间隔 T_b 内,与单极性归零码类似,脉冲的高低电平都要回到零电平。例 2.6 中的二进制序列的双极性归零码如图 2-11 所示。

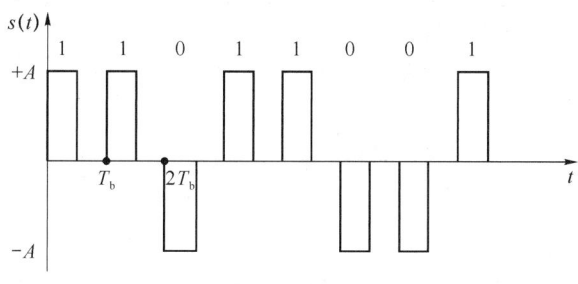

图 2-11 双极性归零码

2.4.2 常用线路码型

在实际数字通信中,经常需要在数字通信设备之间通过同轴电缆或其他有线传输媒介来传输数字基带信号。如果直接用上述 PAM 信号波形则可能存在一定问题。例如,单极性不归零码序列的功率谱中含有离散的直流分量及很低的频率成分,与同轴电缆的传输要求(由于均衡与屏蔽的困难,不使用低于 60 kHz 的频率)不相符,所以该码型不宜于在电缆中传输。因此,需要在常用波形的基础上变化后再进行基带传输。

在基带传输时,不同传输媒介具有不同的传输特性,因此需要使用不同的接口线路码型,这在国际上有统一的规定。以下介绍几种常用的线路码型。

1. AMI 码

AMI 码是信号交替反转码。AMI 码的编码规则如下:若输入为"0",则 AMI 码为 0,并映射为零电平;若输入为"1",则编为交替出现的"+1"和"-1",相应映射的信号波形是幅度为"+A"和"-A"的半占空归零脉冲,故 AMI 码又记作 AMI(RZ)码。

$$\begin{aligned} &\{b_n\} \quad \text{AMI 码} \quad \text{信号幅度} \\ &b=0 \rightarrow a=0 \rightarrow 0 \\ &b=1 \rightarrow a=\begin{cases}+1 \rightarrow +A \\ -1 \rightarrow -A\end{cases} \end{aligned}$$

例 2.7 绘制符号间互不相关的二进制序列{1 1 0 0 1 0 0 1 1 1}的 AMI(RZ)码。
解: 如图 2-12 所示。
ITU-T 建议 AMI(RZ)码为 PCM 系统、北美系列、24 路时分制数字复接、一次群、1.544 Mbit/s 的线路码型。

2. HDB$_3$ 码

HDB$_3$ 码与 AMI 码类似,也是将信息符号"1"变换为"+1"或"-1",相应的信号波形是幅度为"+A"和"-A"的半占空归零脉冲。但是,与 AMI 码不同的是 HDB$_3$ 码中的连

"0"数被限制为小于或等于 3,当信息符号中出现 4 个连"0"码时,用特定码组取代,该特定码组称为取代节。为了在接收端识别出取代节,人为地在取代节中设置"破坏点",在这些"破坏点"处信号极性交替规律受到破坏。

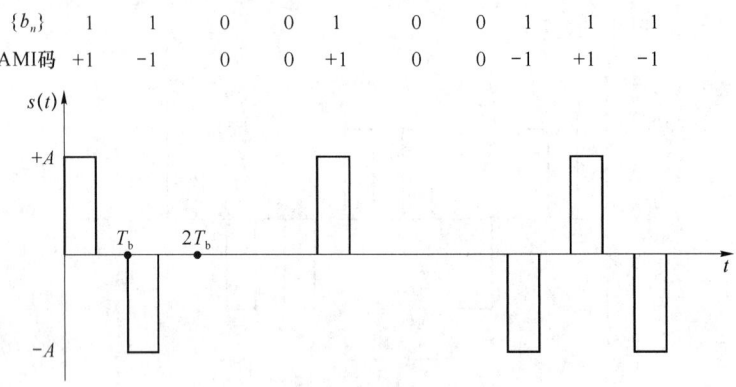

图 2-12 AMI(RZ)码

HDB_3 码的编码原理如下:

(1) 将信息符号中的"1"交替变换为"+1"和"-1"。

(2) 检查是否存在 4 个以上连"0"现象,如果有则将每 4 个连"0"小段的第四个"0"变换成与前一非 0 符号(+1 或-1)同极性的符号,显然,这样就破坏了"极性交替反转"的规律。该符号称为破坏符号,用 V 表示(即+1 记为+V;-1 记为-V)。

(3) 为使附加 V 符号后的序列仍保持无直流特性,还必须保证相邻 V 符号也应极性交替。因此,当相邻 V 符号之间有奇数个非 0 符号时,就用取代节"000V"来取代四个连"0";当相邻 V 符号之间有偶数个非 0 符号时,则用取代节"B00V"来取代四个连"0",而 B 符号的极性与前一非 0 符号的极性相反。

(4) 对 B 符号后面的非 0 符号从 V 符号开始再交替反转极性。

例 2.8 编制符号间互不相关的二进制序列{1 0 0 0 0 1 0 0 0 0 1 1 0 0 0 0 1 1}的 HDB_3 码。

解:① 将信息符号中的"1"交替变换为"+1"和"-1",得到

{+1 0 0 0 0 -1 0 0 0 0 +1 -1 0 0 0 0 +1 -1}

② 加入 V 符号

{+1 0 0 0 +V -1 0 0 0 -V +1 -1 0 0 0 -V +1 -1}

③ 加入 B 符号

{+1 0 0 0 +V -1 0 0 0 -V +1 -1 +B 0 0 -V +1 -1}

④ 对 B 符号后面的非 0 符号从 V 符号开始再交替反转极性

{+1 0 0 0 +V -1 0 0 0 -V +1 -1 +B 0 0 +V -1 +1}

编制图形如图 2-13 所示。

根据以下两点可以检查编制的 HDB_3 码是否正确:

① 检查 V 符号是否每 4 个连"0"串的第四个"0"换成 V 符号;V 符号的极性是否与前一非 0 符号同极性;相邻 V 符号的极性应符合交替反转规律。

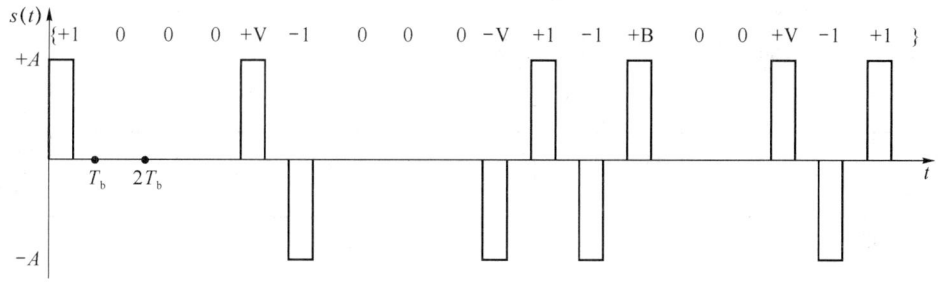

图 2-13 HDB$_3$ 码

② 将已编制的 HDB$_3$ 码中的 V 符号暂时取下,然后观察剩下的含 B 符号的码字是否符合正负极性交替出现的规律。

ITU-T 建议 HDB$_3$ 码为 PCM 系统欧洲系列时分多路数字复接一次群 2.048 Mbit/s、二次群 8.448 Mbit/s、三次群 34.368 Mbit/s 的线路接口码型。

3. CMI 码

CMI 码是将输入的"0"在一个二进制符号间隔 T_b 内编码为"01",相应信号幅度为"$-A,+A$";将"1"交替编码为"11"或"00",相应信号幅度为"$+A,+A$"或"$-A,-A$"。

例 2.9 编制符号间互不相关的二进制序列{100101101}的 CMI 码。

解:编码结果如表 2-10 所示,波形如图 2-14 所示。

表 2-10 CMI 码

输入序列	1	0	0	1	0	1	1	0	1
CMI 码	11	01	01	00	01	11	00	01	11

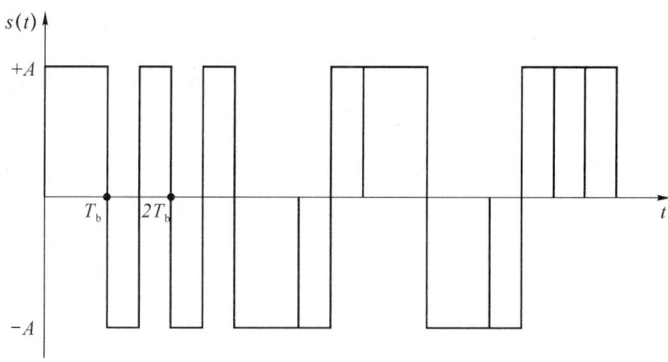

图 2-14 CMI 码

ITU-T 建议 CMI 码为 PCM 时分多路四次群 139.264 Mbit/s 数字复接设备的接口线路码型。

4. 数字双相码

数字双相码又称分相码或曼彻斯特码,其编码规则为:将输入的"0"在一个二进制符号间隔 T_b 内编码为"01",相应信号幅度为"$-A,+A$";将"1"编码为"10",相应信号幅度为"$+A,-A$"。

例 2.10 编制符号间互不相关的二进制序列{１０１１０１０１}的数字双相码。

解：编码结果如表 2-11 所示，波形如图 2-15 所示。

表 2-11　数字双相码

输入序列	1	0	1	1	0	1	0	1
数字双相码	10	01	10	10	01	10	01	10

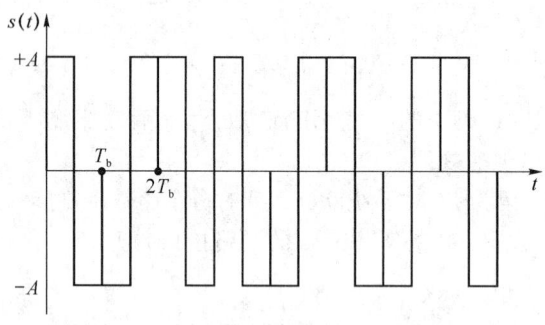

图 2-15　数字双相码

国际上规定，在计算机以太网中，在双绞五类线中传输 10 Mbit/s 数据的接口线路码型为数字双相码。

2.5　数字信号的频带传输

第 2.4 节讨论了数字基带信号通过基带信道的传输问题，然而在实际通信中，多数信道是带通型的，即在所规定信道频带内传输频带信号。这里所涉及的数字信号的正弦载波调制的基本理论是数字通信系统中的重要内容之一。

数字信号的正弦载波调制的基本原理是用数字基带信号控制正弦载波的某参数。正弦载波无非三个参数：振幅、频率和相位。因此数字信号频带传输的基本调制技术包括三种：控制载波的幅度，称为振幅键控（ASK）；控制载波的频率，称为移频键控（FSK）；控制载波的相位，称为移相键控（PSK）。在此基础上，又提出了联合控制载波的幅度及相位两个参量的正交幅度调制（QAM）等。以下仅介绍三种最基本的二进制数字信号的正弦载波调制方法。

2.5.1　二进制振幅键控

二进制振幅键控（2ASK）又称二进制启闭键控（On-Off Keying，OOK），它是以单极性不归零码序列来控制正弦载波的开启与关闭。在光纤通信中，2ASK 得到了广泛应用。2ASK 的调制规则为：若输入为"0"，则用一个二进制符号间隔 T_b 内的零电平表示；若输入为"1"，则用信号 $A\cos\omega t (0 \leqslant t \leqslant T_b)$ 表示。

$$s_{2\text{ASK}}(t) = \begin{cases} A\cos\omega t, & b=1 \\ 0, & b=0 \end{cases}$$

例 2.11 绘制二进制序列{0 1 1 1 0 1 0 1}的 2ASK 波形图。

解:2ASK 波形如图 2-16 所示。

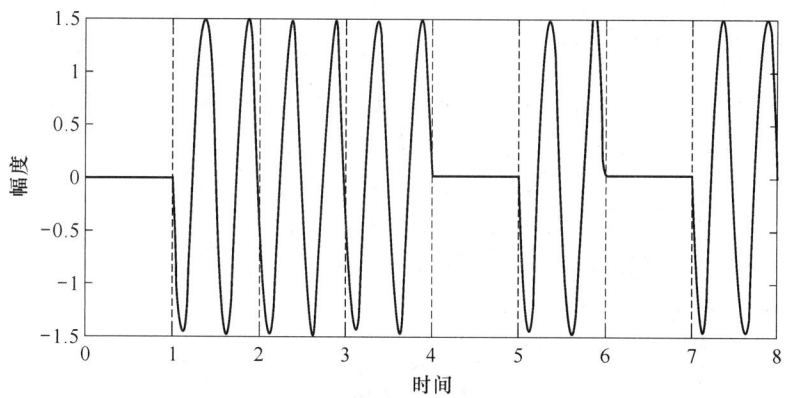

图 2-16　2ASK 波形图

2.5.2　二进制移频键控

用二进制数字基带信号控制正弦载波的频率称为二进制移频键控(2FSK)。2FSK 的调制规则为:若输入为"1",则用频率为 f_1 的正弦信号 $A\cos(2\pi f_1 t)$ 表示;若输入为"0",则用频率为 f_2 的正弦信号 $A\cos(2\pi f_2 t)$ 表示。

$$s_{2\text{FSK}}(t) = \begin{cases} A\cos(2\pi f_1 t), & b=1 \\ A\cos(2\pi f_2 t), & b=0 \end{cases}$$

例 2.12 绘制二进制序列{0 1 1 1 0 1 0 1}的 2FSK 波形图。

解:2FSK 波形如图 2-17 所示。

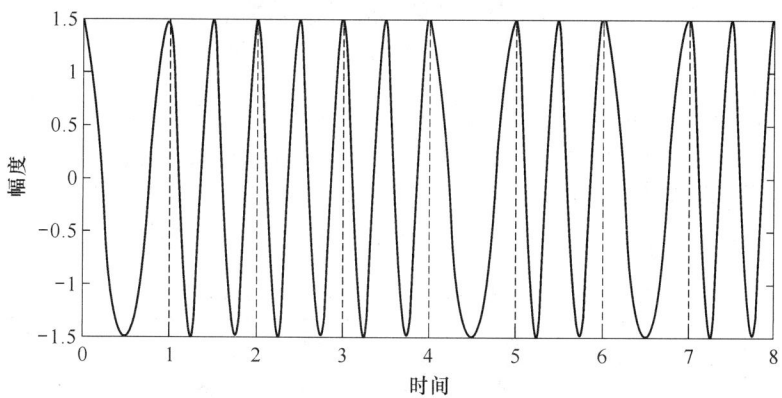

图 2-17　2FSK 波形图

GSM 采用的调制方式最小移频键控(MSK)就是移频键控(FSK)中的一种。在 FSK 方式中,相邻码元的频率不变或者跳变一个固定值。在两个相邻的频率跳变的码元之间,其相位通常是不连续的。MSK 是对 FSK 信号作某种改进,使其相位始终保持连续不变的一种调制。

2.5.3 二进制移相键控

用二进制数字信号控制正弦载波的相位称为二进制移相键控(2PSK 或 BPSK)。2PSK 的调制规则为:使用两个相差 180°相位的正弦信号分别表示两个二进制数。

$$s_{2PSK}(t) = \begin{cases} A\cos(2\pi ft+0°)=A\cos(2\pi ft), & b=1 \\ A\cos(2\pi ft+180°)=-A\cos(2\pi ft), & b=0 \end{cases}$$

例 2.13 绘制二进制序列{0 1 1 1 0 1 0 1}的 2PSK 波形图。
解:2PSK 波形如图 2-18 所示。

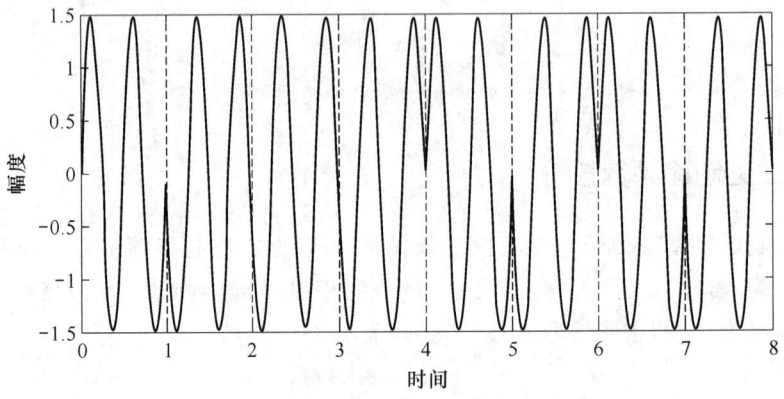

图 2-18 2PSK 波形图

2.6 传输媒质

传输媒质是连接通信设备,为通信设备之间提供信息传输的物理通道,是信息传输的实际载体。根据传输媒质的不同,通信可以分为有线通信和无线通信。不同的传输媒质本身有着不同的属性,因而可以根据通信业务要求和传输环境选择合适的传输媒质。表 2-12 给出了不同通信技术对应的电磁波频谱及所需的传输媒质。

表 2-12 各种通信技术对应的传输媒质

频率范围	波长	表示符号	传输媒质	典型应用
3 Hz～30 kHz	$10^4 \sim 10^8$ m	VLF 甚低频	普通有线电缆、长波无线电	长波电台
30～300 kHz	$10^3 \sim 10^4$ m	LF 低频	普通有线电缆、长波无线电	电话通信网中的用户线路、长波电台

续表

频率范围	波长	表示符号	传输媒质	典型应用
300 kHz～3 MHz	10^2～10^3 m	MF 中频	同轴电缆、中波无线电	调幅广播电台
3～30 MHz	10～10^2 m	HF 高频	同轴电缆、短波无线电	有线电视网中的用户线路
30～300 MHz	1～10 m	VHF 甚高频	同轴电缆、米波无线电	调频广播电台
300 MHz～3 GHz	10～100 cm	UHF 特高频	分米波无线电	公共移动通信 AMPS、GSM、CDMA
3～30 GHz	1～10 cm	SHF 超高频	厘米波无线电	无线局域网 802.11a/g、微波中继通信、卫星通信
30～300 GHz	1～10 mm	EHF 极高频	毫米波无线电	卫星通信、超宽带(UWB)通信
10^5～10^7 GHz	3×10^{-6}～3×10^{-4} m	—	光纤、可见光、红外光	光纤通信、短距红外通信

2.6.1 有线传输媒质

常见的有线传输媒质包括架空明线、双绞线、同轴电缆和光纤等。

1. 双绞线

双绞线是由一对带有绝缘层的铜线,以螺旋的方式缠绕在一起构成的。双绞线电缆是由一对或多对双绞线对组成的,如图 2-19 所示。

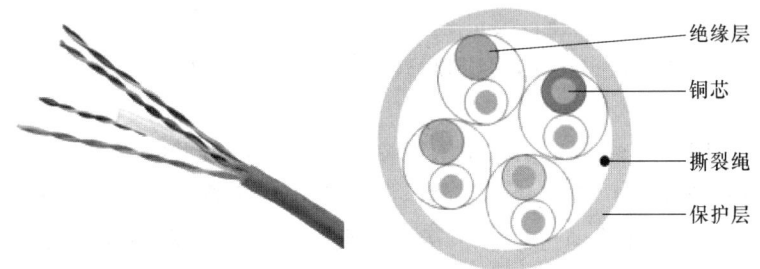

图 2-19 双绞线结构图

与其他传输媒质相比,双绞线的优势如下:

① 成本低,易于制作;

② 应用广泛,长期以来双绞线一直被广泛用于电话通信以及局域网建设中,是综合布线工程中最常用的一种传输媒质。

双绞线的劣势主要体现如下:

① 带宽有限,在以太网中单对导线已无法满足要求,不得不使用四对导线同时进行传输;

② 信号传输距离短,只能达到 1 000 m 左右,而且传输期间信号的衰减比较大;

③ 抗干扰能力不强,双绞线对外界环境因素很敏感,特别是外来的电磁干扰,而且湿气、腐蚀以及相邻的其他电缆等均会对其产生干扰。

虽然双绞线主要是用来传输模拟声音信息的,但它同样适用于数字信号的传输,特别适用于较短距离的信息传输,如 ISDN、xDSL 和以太网等。采用双绞线的局域网的带宽取决于所用导线的质量及传输技术。

根据所支持的传输速率不同,可以将双绞线分为以下几类。

- 一类线:由两对双绞线组成的非屏蔽双绞线。频谱范围窄,主要用于传输语音信号,而较少用于数据传输,最高只能支持 20 kbit/s 的数据速率。
- 二类线:由四对双绞线组成的非屏蔽双绞线。主要用于语音传输和最高可达 4 Mbit/s 的数据传输。
- 三类线:由四对双绞线组成的非屏蔽双绞线。主要用于语音传输和最高可达 10 Mbit/s 的数据传输。
- 四类线:由四对双绞线组成的非屏蔽双绞线。主要用于语音传输和最高可达 16 Mbit/s 的数据传输。
- 五类线:由四对双绞线组成的非屏蔽双绞线。主要用于语音传输和高于 100 Mbit/s 的数据传输,主要用于百兆以太网。
- 超五类线:由四对双绞线组成的非屏蔽双绞线。与五类线相比,超五类线使用的铜导线质量更高、单位长度绕数更多,因而衰减更少、信号串扰更小、具有更小的时延误差,可用于 1 000 Mbit/s 的数据传输。
- 六类线:铜芯为 0.58 mm,可提供 2 倍超五类线缆的带宽。
- 超六类线:铜芯为 0.62 mm,理论频率带宽为 500 Mhz,可用于 10 000 Mbit/s 的数据传输。
- 七类线:铜芯为 0.63 mm,理论频率带宽为 600 Mhz,可用于 10 000 Mbit/s 的数据传输。
- 八类线:铜芯为 0.76 mm,可用于 40 000 Mbit/s 的数据传输。

在上述各类双绞线中,三类线和五类线最为常用,它们都是由四对双绞线组成的非屏蔽双绞线,之所以具有不同的传输能力,差别主要在于导线质量、单位长度绕数和屏蔽材料。与三类线相比,五类线单位长度绕数更多,屏蔽材料更好。

双绞线的应用	目前十兆/百兆/千兆以太网的主要传输介质都是双绞线。一般的以太网都使用 4 对双绞线。部分的以太网也采用同轴电缆作为传输介质。
	
	网线水晶头的国际标准接法:关于双绞线的色标和排列方法是有统一的国际标准严格规定的,现在常用的是 TIA/EIA568B,如图 2-20 所示。在打线时应使用如下的顺序:
	
	  1→橙白
	  2→橙
	  3→绿白
	  4→蓝

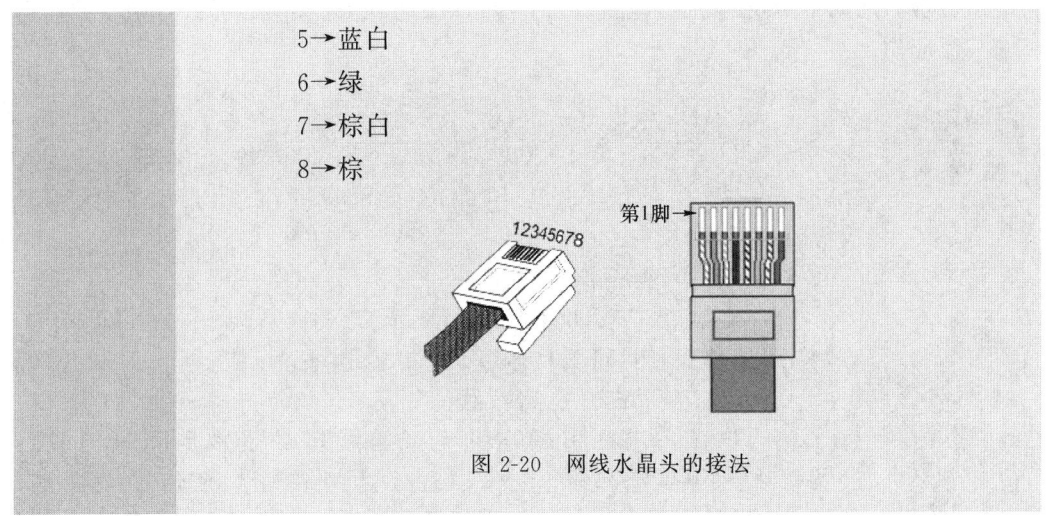

图 2-20　网线水晶头的接法

2．同轴电缆

同轴电缆由中心的铜质或铝制的导体、中间的绝缘塑料层、金属屏蔽层以及主要起保护作用的塑料外套组成，如图 2-21 所示。

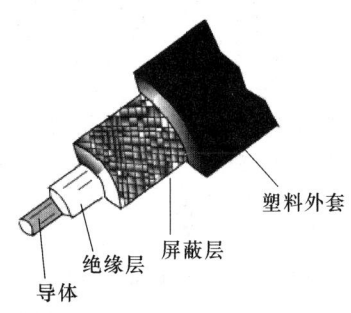

图 2-21　同轴电缆结构图

同轴电缆中的屏蔽层既可以是铜质网状，也可以是铝制薄膜状，它的另一个作用是防止寻找食物的饥饿的啮齿类动物的破坏。绝缘塑料层和外套层可以根据电缆使用时的安装条件和使用环境有不同的形状、结构和强度，如应用于室外环境的架空电缆由于工作在强风和雪雨等恶劣环境中，因此需要强度较高的外套层。

同轴电缆的铜导线比双绞线中的更粗。更粗的铜导体可以提供更宽的频谱，一般可达到数百兆赫兹，同时传输时信号的衰减更小，可以提供更长的传输距离。普通的非屏蔽双绞线是没有接地屏蔽的，而同轴电缆中的接地的金属屏蔽层则可以更有效地提高抗干扰性能。常见的同轴电缆有两种：

① 50 Ω 阻抗的同轴电缆，由于主要用于数字基带传输，因此又称为基带同轴电缆；

② 75 Ω 阻抗的同轴电缆，主要用于模拟传输，其实用带宽可以被划分为几个范围，每一个频率范围都可以携带各自的编码信息，这样就可以在一根电缆上同时传输多个数据流，因此又称为宽带同轴电缆。

同轴电缆尽管安装较为复杂，但由于具有可用频带宽、抗干扰能力强、性价比高等优点,在局域网、局间中继线路、有线电视(CATV)系统的信号线、射频信号线等很多方面得到了广泛应用。

| 同轴电缆的应用 | • 以太网
当同轴电缆用于10 Mbit/s以太网时,传输距离可以达到1 000 m。很多生产年份较早的网卡同时提供连接同轴电缆和双绞线的两种接口。
• 局间中继线路
同轴电缆被广泛地用于电话通信网中局端设备之间的连接,特别是作为PCM E1链路[①]的传输介质。
• 有线电视系统的信号线
直接与用户电视机相连的电视电缆多数是采用同轴电缆。它既可以用于模拟传输,也可以用于数字传输。在传输电视信号时,一般是利用调制和频分复用技术将声音和视频信号在不同的信道上分别传送。
• 射频信号线
在通信设备中同轴电缆也经常被用作射频信号线。例如,基站设备中功率放大器与天线之间的连接线。 |

3. 光纤

随着技术的发展和需求的提升,在传输网,特别是骨干网中,高速数字通信的速率已向吉比特每秒级(10^9),甚至太比特级(10^{12})迈进。如此高的速率,仅依靠传统的有线或无线媒质是无法实现的,直到光纤的出现才使这一问题迎刃而解。光纤的潜在容量可达数百太比特。

光纤通信是以光波为载频,以光导纤维为传输媒质的一种通信方式。在工程中,一般将多条光纤固定在一起构成光缆,光纤的结构如图2-22所示。

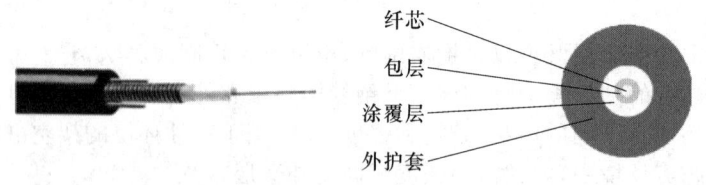

图 2-22 光纤结构图

光以某一特定的入射角度射入光纤,在光纤和包层间发生全反射,从而得以在光纤中传播。根据传输模式,光纤可以分为单模光纤和多模光纤。当光纤直径较大时,可以允许光以多个入射角射入并传播,称为多模光纤;当光纤直径较小时,只允许一个方向的光通过,称为单模光纤。由于多模光纤会产生干扰、干涉等问题,因此在带宽、容量上均不如单

---

① E1 是一种物理线路上的数据传输规范。一般用于电信业务的传输中。E1 是由 CCITT 颁布,通俗的称呼为一次群信号,速率为 2 048 kbit/s。

模光纤。在实际通信中应用的光纤绝大多数是单模光纤。

与其他传输媒质相比,光纤具有传输频带宽、传输距离长、体积小、重量轻、抗电磁干扰能力强、保密性好等优点,正因如此,我国正着力发展光纤宽带网络。目前,我国固定宽带网络全面进入光网时代,正在加速向千兆光网演进。光纤到户(FTTH)几乎已覆盖城乡所有家庭,所有城市均建成"光网城市"。工信部印发的《"双千兆"网络协同发展行动计划(2021—2023年)》明确指出,到2023年年底,千兆光纤网络具备覆盖4亿户家庭的能力,10G PON及以上端口规模超过1 000万个,千兆宽带用户突破3 000万户。"千兆光网"已成为构筑新型基础设施和数字强国的底座。

如今,光纤到户(FTTH)已逐渐向光纤到屋(FTTR)、光纤到桌面(FTTD)、光纤到终端(FTTT)延伸,光纤到办公室(FTTO)向光纤到园区(FTTCampus)、光纤到工厂(FTTFactory)、光纤到车间(FTTWorkshop)等工业互联网场景拓展。未来第5代固定网络(F5G)将实现以万兆光猫(10G PON)+第六代无线网络技术(WIFI6)为基础的千兆宽带接入网络及以200G/400G为基础的全光传送交换网络,进一步夯实全光城域网、数据中心、边缘计算机房、核心汇聚接入机房、管道网络、光缆网络、配套设施等基础设施,推动全光网泛在化发展。

"八纵八横"通信干线	1988年邮电部开展了全国性通信干线光纤工程,项目包含22条光缆干线,总长达3万多千米的大容量光纤通信干线传输网。其中值得一提的是"兰(州)西(宁)拉(萨)"光缆干线穿越海拔3 000多米的高寒冻土区,全长2 700 km,是我国通信史上施工难度最大的工程。 • 八纵 哈尔滨—沈阳—大连—上海—广州; 齐齐哈尔—北京—郑州—广州—海口—三亚; 北京—上海; 北京—广州; 呼和浩特—广西北海; 呼和浩特—昆明; 西宁—拉萨; 成都—南宁。 • 八横 北京—兰州; 青岛—银川; 上海—西安; 连云港—新疆伊宁; 上海—重庆; 杭州—成都; 广州—南宁—昆明; 广州—北海—昆明。

2.6.2 无线信道

所谓无线信道,就是指无线通信的传输媒质。与有线信道相比,无线信道更为复杂,主要体现如下:

① 传播环境十分复杂,传播机理多种多样,几乎包括了电波传播的所有过程,如直射、绕射、反射、散射。

② 由于用户端的移动性,传播参数随时变化,引起接收场强、时延等参数的快速波动。

正因如此,需要构建各类无线信道模型,以便在设计无线通信技术或进行移动通信网络建设之前,对信号的传播特性、通信环境中可能受到的系统干扰等进行评估。

常用的无线信道模型包括室内传播模型和室外传播模型,后者又可以分为宏蜂窝模型和微蜂窝模型,如表 2-13 所示。

表 2-13 常用的信道传播模型

传播模型	应用范围	典型模型	模型特征	备注
室内传播模型	覆盖范围小、环境变动较大、不受气候影响,但受建筑材料影响大	对数距离路径损耗模型	室内路径损耗符合对数分布	理论模型
		Ericsson 多重断点模型	主要针对多层办公室建筑	经验模型
		衰减因子模型	主要考虑了建筑物类型的影响和阻挡物的影响	经验模型
室外宏蜂窝模型	基站天线架设较高、覆盖范围较大	自由空间传播模型	在理想的、均匀的、各向同性的介质中传播,不发生反射、折射、绕射、散射现象	经验模型
		平面大地传播模型	同时考虑了发射机与接收机之间的直接路径和地面反射路径	经验模型
		杂乱因子模型	利用频率、地形、高度、方位等修正因子对平面大地传播模型进行修正	经验模型
		奥村模型	主要针对城市传播环境,具体又将城区环境分为开阔地、郊区、城区三种,适用于地形复杂区域	经验模型
		COST 231-Hata 模型	主要针对中小城市环境	经验模型
		Lee 模型	通过计算有效的基站天线高度,来描述地形的变化	经验模型
		Ibrahim and Parsons 模型	基于伦敦附近的一系列测试结果而获得,并不针对通用预测模型	经验模型

续表

传播模型	应用范围	典型模型	模型特征	备注
室外宏蜂窝模型	基站天线架设较高、覆盖范围较大	Allsebrook and Parsons 模型	以对三个英国大城市的测量为基础而建立的理论模型	理论模型
		Ikegami 模型	通过使用描述建筑物高度、形状、特征的详细地图,在发射机与接收机之间利用射线跟踪法确定特定点的场强	理论模型
		Walfisch-Bertoni 模型	考虑了屋顶和建筑物的影响,使用绕射来预测街道的平均信号场强	理论模型
		COST 231/Walfisch Ikegami 模型	主要用于欧美都市环境下非视距传输的预测	理论模型
室外微蜂窝模型	基站天线的架设高度在3～6 m	双斜率模型	具有两个不同的路径损耗模型	经验模型
		双线模型	适用于理想化的,即相当开阔而不杂乱的微蜂窝环境,如公路	理论模型
		递归模型	对于街道交叉口处可能发生的绕射或反射做了特殊处理	理论模型
		特定地区射线模型	利用计算机处理特定地区的地理信息库以及三维建筑物数据库	仿真模型

由于移动环境的复杂性,不可能用单一的模型描述整个无线信道的传播情况。在实际应用中,一般将几种模型结合使用。

2.7 信 道 复 用

交通规划时,不可能为每个人在家和单位之间修建一条单独的道路,通信系统也是一样。当需要多路信号在同一信道中传输,而信道又可以容纳多路信号同时传输时,复用技术应运而生。

2.7.1 信道复用概述

所谓信道复用是指将多路信号在发送端合并后通过信道进行传输。理论上,只要使各信号分量相互正交,就能实现信道复用。

根据使用目的的不同,信道复用可以分为多路复用、多路复接和多址接入。多路复用、多路复接和多址接入都是为了共享通信网,这三种技术之间有许多相似之处,但也有所区别。

多路复用是指多个用户同时使用同一条信道进行通信。根据复用方式的不同,多路复用可以分为频分复用(FDM)、时分复用(TDM)、码分复用(CDM)、空分复用(SDM)和波分复用(WDM)等。

多路复用是将多个单路信号合为一个多路信号;多路复接是为了解决来自若干条链路的多路信号的合并问题,通常需要将若干个低速多路数字信号合并成一个高速更多路的数字信号流,以便在高速信道中传输。目前,大容量链路的复接几乎都是采用时分复用的方式。

在多路复用和多路复接中,用户往往是固定接入或半固定接入,网络资源预先分配给各个用户共享。与之不同,多址接入时网络资源通常是动态分配的,且可由用户在远端随时提出共享的要求。多路复用是指在两点之间的信道上同时传送互不干扰的、多个相互独立的用户信号;多址接入则是在多点之间实现相互间互不干扰的多边通信。多址技术根据实现的方式不同可以分为频分多址(FDMA)、时分多址(TDMA)、码分多址(CDMA)、空分多址(SDMA)、极化多址,以及利用其他信号统计特性复用的多址技术等。

2.7.2 常用的多路复用技术

简单的交通车辆规划	现有 A、B 两个车队,分别由 50 辆轿车和 100 辆卡车组成,均要通过某单行 2 车道道路。可供车队选择的通行方式有很多,其中较为简单的是每个车队占一个车道,分别通行,如图 2-23 所示。

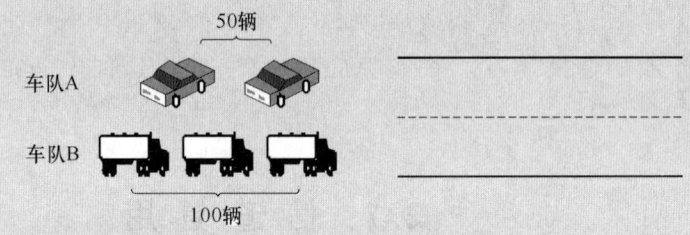

图 2-23 交通车辆规划 1

若现在某车道由于某种原因禁行,仅有一条车道可供两个车队通行,则两车队可穿插通行,如 A 车队 1 辆,B 车队 1 辆,如图 2-24 所示。

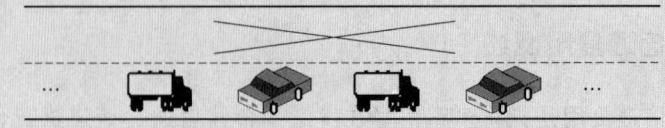

图 2-24 交通车辆规划 2

上述两种通行方式,分别类似于多路复用中的频分复用和时分复用。

1. 频分复用

频分复用是将给定的频谱资源按频率划分,将各路信号频谱互相错开传输,并留有足够的防护频带间隔,以便防止或减小各路频带之间的干扰,如图 2-25 所示。

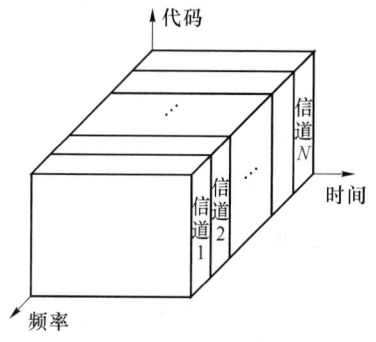

图 2-25　FDM 示意图

2. 时分复用

时分复用是把传输时间划分为若干时隙,各路信号错时传输,如图 2-26 所示。

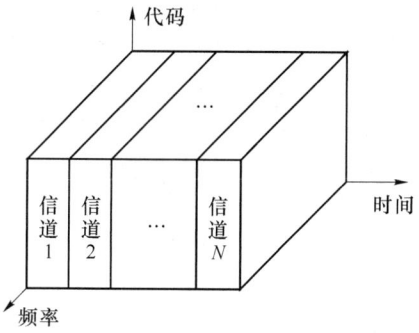

图 2-26　TDM 示意图

帧	数据帧:数据帧是数据链路层的协议数据单元,它包括三部分:帧头、数据部分和帧尾。其中,帧头和帧尾包含一些必要的控制信息,如同步信息、地址信息、差错控制信息等;数据部分则包含网络层传下来的数据,如 IP 数据报。在发送端,数据链路层把网络层传下来的数据封装成帧,然后发送到链路上去;在接收端,数据链路层把收到的帧中的数据取出并交给网络层。不同的数据链路层协议对应着不同的帧,所以帧有多种,PPP 帧、MAC 帧等,其具体格式也不尽相同。 在多路数字电话系统中,以 PCM30/32 路的制式为例,一帧由 32 个时隙组成;一个时隙为 8 位码组。时隙 1~15、17~31 共 30 个时隙用来作话路,传送话音信号;时隙 0(TS0)是"帧定位码组",即传同步信号;时隙 16(TS16)用于传送各话路的标志信号码,即传送信令信号,如图 2-27 所示。

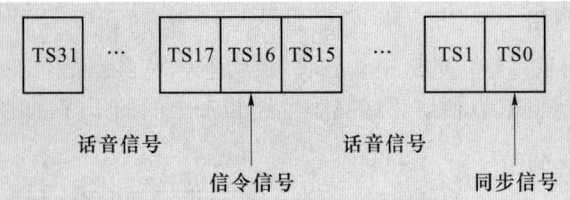

图 2-27 多路数字电话系统中的信号传递

FLASH 帧:FLASH 帧是影像动画中最小单位的单幅影像画面,相当于电影胶片上的每一格镜头。一帧就是一副静止的画面,连续的帧就形成动画,如电视图像等。

火车运输　　数据帧类似于火车,如图 2-28 所示。一帧被划分成若干个时隙,就像火车由若干节车厢构成一样。将火车的各节车厢编号后,如要运送大量的各类水果(苹果、鸭梨、草莓、香蕉等),为了方便区分各类水果,可以规定每列火车的第 2 节车厢运送苹果;第 3 节车厢运送鸭梨;第 4 节车厢运送草莓;第 5 节车厢运送香蕉……尽管这种方式有利于终点站按需卸载货物,但是如果现存苹果比较少,两列火车就足以运完,下批苹果要两天后才需运输。那么按照上述方式,这段时间内装运苹果的第 2 节车厢将一直闲置,如图 2-29(a)所示。

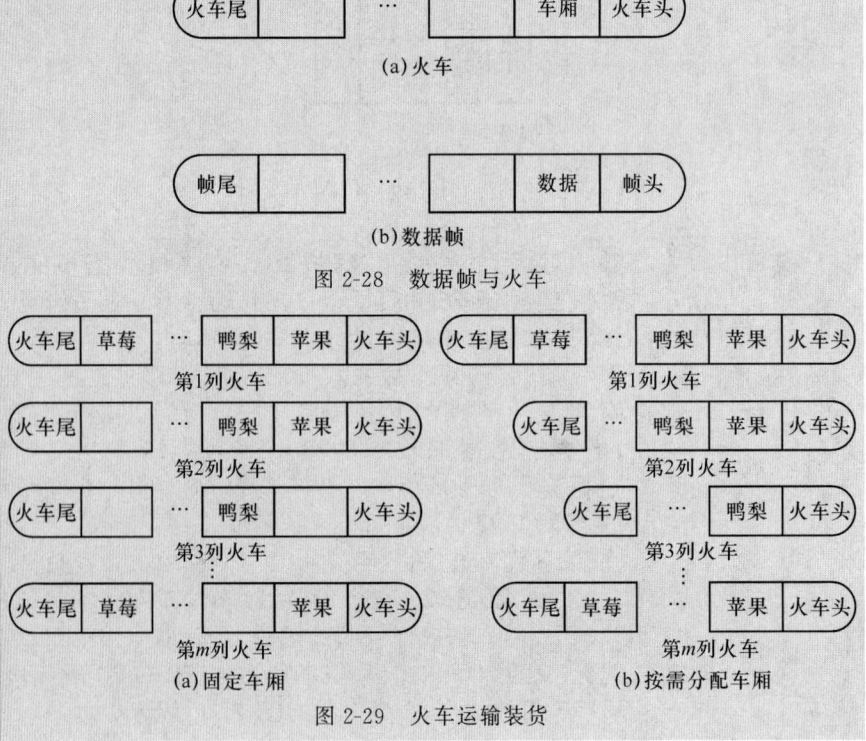

图 2-28 数据帧与火车

图 2-29 火车运输装货

> 为了进一步提高火车资源的利用率,可以将运输方案改进为按需分配车厢,即根据代运货物的多少动态地分配车厢,从而避免车厢空闲。例如,当没有苹果需要运输时,就减少1节车厢如图2-29(b)所示。变动的车厢数量,使车厢编号失去了意义。由于事先并不知道哪个车厢运送哪类水果,为了方便终点卸货,需要在每个车厢上标注运送货物的信息。由于每次都需要重新标注货物信息,因此给始发站带来了额外的工作量。
> 这两种货物运输的方式在通信系统中分别称为同步时分复用和统计时分复用。

时分复用的方式主要有两种:同步时分复用和统计时分复用。

(1) 同步时分复用

在同步时分复用中,将每帧的时隙按顺序进行编号,所有帧中编号相同的时隙将成为一个恒定速率的子信道,传递一路的信息。

(2) 统计时分复用

在统计时分复用(Statistical Time Division Multiples,STDM)中,为了提高时隙利用率,通常动态分配时隙,因此帧长是不固定的。变动的帧长使时隙的位置失去了意义。由于事先并不知道哪个数据源产生的数据占用什么位置,为了使接收端的复用器能正确分离各路数据,就必须使每个时隙中带有地址信息。因为每个时隙中既有数据又包含地址,所以 STDM 的每个时隙必定存在额外开销。但尽管如此,理论和实践证明,无论采用何种数据传输方式,统计时分复用的效率总是要比同步时分复用的效率高 1.5~4 倍,如图 2-30 所示。

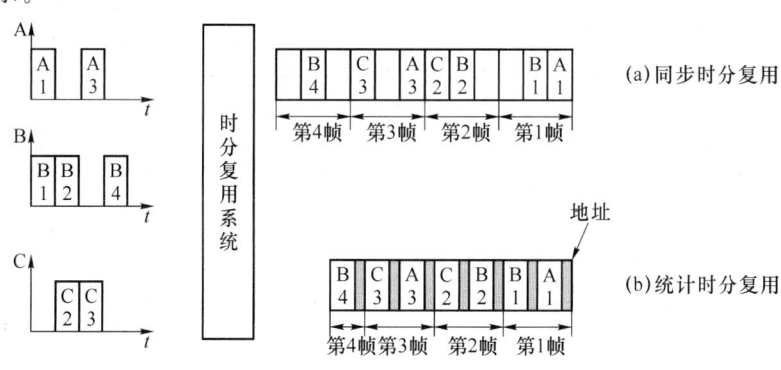

图 2-30　TDM 与 STDM

3. 码分复用

码分复用中各用户信号的频率和时间可相互重叠,用户信号的划分是利用不同地址码序列实现的,如图 2-31 所示。

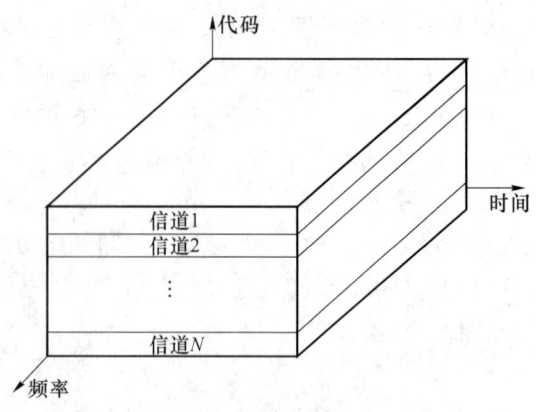

图 2-31　码分复用示意图

码分复用为不同信道分配不同的地址码,对要传输的数据用该地址码进行编码,如图 2-32 所示。地址码通常是伪随机码(PN 码),如 m 序列、M 序列、GOLD 序列等。地址码不仅本身具有良好的自相关性,而且不同地址码之间相互正交,即互相关值也近似为 0。

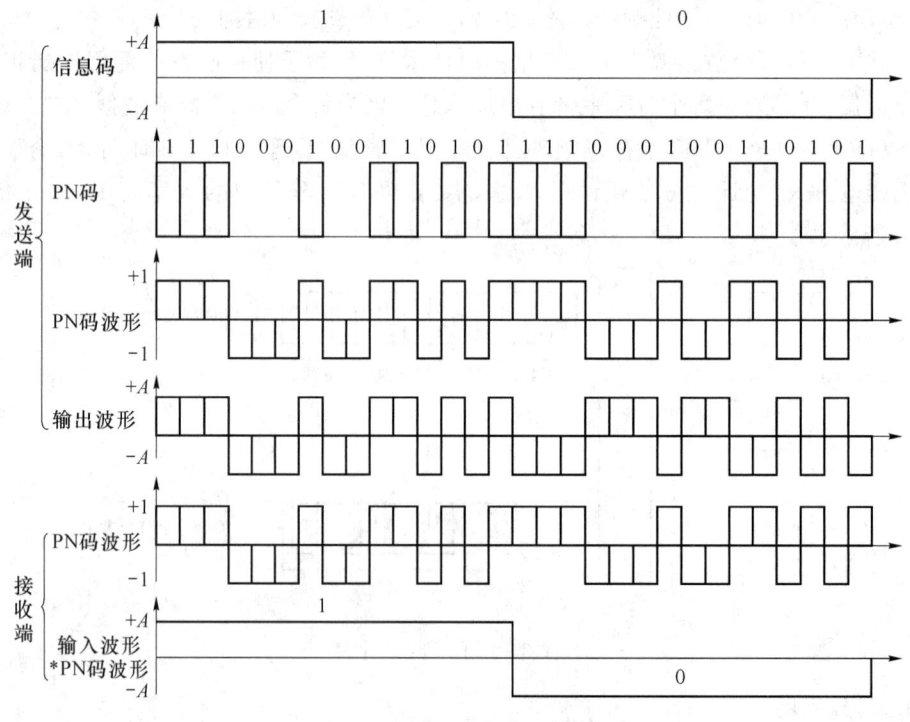

图 2-32　CDM 编解码示意图

m 序列

地址码通常是伪随机码（PN 码），m 序列就是典型的 PN 码。

1. m 序列的产生

m 序列由具有线性反馈的移位寄存器产生。例如，借助四个移位寄存器可以生成长度（周期）为 15 的 m 序列，如图 2-33 所示。

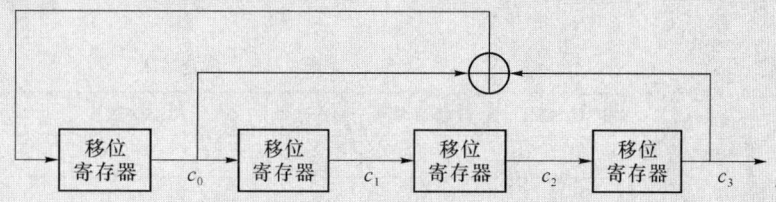

图 2-33　m 序列产生电路逻辑框图

在时钟脉冲的作用下，移位寄存器的状态不断变化。若移位寄存器的初始状态为 $c_0=0$、$c_1=0$、$c_2=0$、$c_3=1$，则下一时刻 $c_1=0$、$c_2=0$、$c_3=1$，而 c_0 等于上一时刻 c_0 和 c_3 的异或结果，即 $c_0=0\oplus 1=1$。由此可以得到 m 序列的状态转移变化图表，如表 2-14 所示。

表 2-14　状态转移变化图表

时刻	c_0	c_1	c_2	c_3	时刻	c_0	c_1	c_2	c_3
0	0	0	0	1	8	1	0	1	0
1	1	0	0	0	9	1	1	0	1
2	1	1	0	0	10	0	1	1	0
3	1	1	1	0	11	0	0	1	1
4	1	1	1	1	12	1	0	0	1
5	0	1	1	1	13	0	1	0	0
6	1	0	1	1	14	0	0	1	0
7	0	1	0	1	15	0	0	0	1

其中时刻 15 的状态结果与时刻 0 相同，因此 m 序列周期长度为 15。若以 c_3 作为 m 序列的输出，则 m 序列为 {1 0 0 0 1 1 1 1 0 1 0 1 1 0 0}。

2. m 序列的性质

（1）n 级 m 序列的长度为 $N=2^n-1$，例如，$n=4$，则 $N=2^4-1=15$。

（2）在 m 序列中，"1"的个数比"0"的个数多 1。例如，序列 {1 0 0 0 1 1 1 1 0 1 0 1 1 0 0} 属于四级 m 序列，其中有 8 个"1"和 7 个"0"。

（3）用宽度为 n 的窗口沿 m 序列滑动 N 次，除全"0"外，其他每种 n 位状态刚好出现一次。

例如，序列 {1 0 0 0 1 1 1 1 0 1 0 1 1 0 0} 从右至左进行滑动 N 次的结果如表 2-15 所示。

表 2-15　滑动结果

滑动次数	滑动结果	十进制数	滑动次数	滑动结果	十进制数
1	1000	8	9	0101	5
2	0001	1	10	1011	11
3	0011	3	11	0110	6
4	0111	7	12	1100	12
5	1111	15	13	1001	9
6	1110	14	14	0010	2
7	1101	13	15	0100	4
8	1010	10			

（4）在 m 序列中定义连续相同的一组符号为一个游程，把相同符号的个数称为游程的长度，则对任一 m 序列有：

① "1"的长度为 n 的游程只有 1 个，"0"的长度为 n 的游程为 0 个。例如，序列 {1 0 0 0 1 1 1 1 0 1 0 1 1 0 0} 中有 1 个"1111"，没有"0000"。

② "1"的长度为 $n-1$ 的游程为 0 个，"0"的长度为 $n-1$ 的游程为 1 个。例如，序列 {1 0 0 0 1 1 1 1 0 1 0 1 1 0 0} 中没有"111"，有一个"000"。

③ "1"的长度为 k，"0"的长度为 k 的游程，各为 2^{n-k-2} 个，其中 $1 \leqslant k \leqslant n-2$。

例如，序列 {1 0 0 0 1 1 1 1 0 1 0 1 1 0 0} 中"1"和"0"不同长度的游程个数如表 2-16 所示。

表 2-16　游程个数

游程长度	"1"的个数	"0"的个数	游程长度	"1"的个数	"0"的个数
4	1	0	2	1	1
3	0	1	1	2	2

(5) 一个 m 序列与该序列的任意位相移后的序列模 2 加后仍为具有某种相移的该 m 序列。

例如,序列{100011110101100}将每次相移后的结果进行编号,如表 2-17 所示。

表 2-17 相移后结果

编号	序列	编号	序列	编号	序列
1	100011110101100	6	111010110010001	11	011001000111101
2	000111101011001	7	110101100100011	12	110010001111010
3	001111010110010	8	101011001000111	13	100100011110101
4	011110101100100	9	010110010001111	14	001000111101011
5	111101011001000	10	101100100011110	15	010001111010110

随意取两个编号的序列,如编号为 3 和编号为 11 的两个序列,模 2 加后为

$$
\begin{array}{r}
001111010110010 \\
\oplus\ 011001000111101 \\
\hline
010110010001111
\end{array}
$$

新的序列与编号 9 对应的序列一致。

(6) 若用"+1"代表 m 序列 $\{b\}$ 中的"1";"-1"代表 m 序列 $\{b\}$ 中的"0",则自相关函数是周期性的双电平。函数图如图 2-34 所示。

$$R(k) = \frac{\sum_{i=1}^{N} b(i) \times b(i-k)}{N} = \begin{cases} 1, & k = lN, \ l = 0, \pm 1, \pm 2, \cdots \\ -\frac{1}{N}, & k = \pm 1, \pm 2, \cdots \text{且} k \neq lN \end{cases}$$

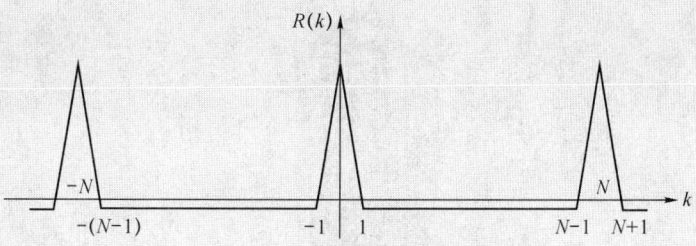

图 2-34 m 序列自相关函数图

例如,m 序列{100011110101100},若用"+1"代表序列中的"1";"-1"代表序列中的"0",则自相关函数如表 2-18 所示。

海底光缆

表 2-18　m 序列的自相关函数

(a) 相移一位

原序列	1	−1	−1	−1	1	1	1	−1	1	−1	1	1	−1	−1	累加和/15
相移一位	−1	−1	−1	1	1	1	1	1	−1	1	−1	1	1	−1	
乘积	−1	1	1	−1	1	1	1	−1	−1	−1	−1	1	−1	1	−1/15

(b) 相移五位

原序列	1	−1	−1	−1	1	1	1	−1	1	−1	1	1	−1	−1	累加和/15
相移五位	1	1	1	−1	1	−1	1	1	−1	−1	−1	1	1	1	
乘积	1	−1	−1	1	1	−1	1	−1	−1	1	−1	1	−1	−1	−1/15

(c) 无相移

原序列	1	−1	−1	−1	1	1	1	−1	1	−1	1	1	−1	−1	累加和/15
无相移	1	−1	−1	−1	1	1	1	−1	1	−1	1	1	−1	−1	
乘积	1	1	1	1	1	1	1	1	1	1	1	1	1	1	1

4. 空分复用

正如交通网中，地上可以开车，地下可以通地铁，空分复用（SDM）就是利用不同用户空间位置上的差异实现用户区分，如图 2-35 所示。

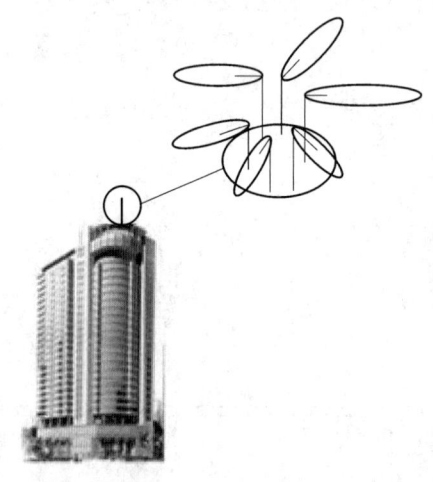

图 2-35　SDM 示意图

5. 波分复用

在光纤通信中，利用同一根光纤同时传输两种或多种不同波长的光载波信号（携带有各种类型的信息）的复用方式，称为波分复用（WDM）。从概念上讲，波分复用与频分复用是相同的。

2.7.3 多路复接技术

数字传输系统为了扩大传输容量和提高传输效率,通常需要将若干个低速数字信号合并成一个高速数字信号流,以便在高速信道中传输;在接收端,再把高速数字信号流分解还原成相应的各个低速数字信号。这类技术称为多路复接技术。

1. 多路复接系统

多路复接系统由复接器和分接器等部分组成,如图2-36所示。

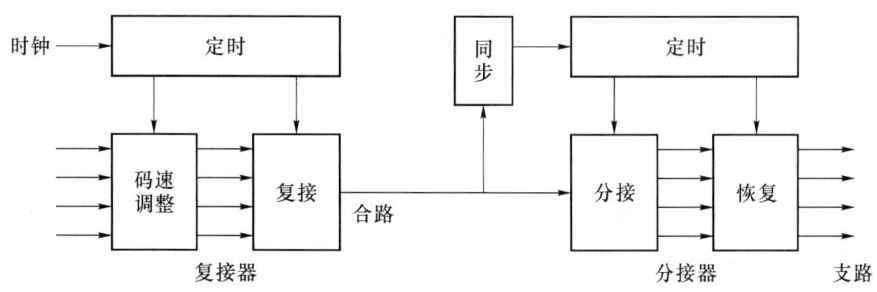

图 2-36 多路复接系统组成

(1) 复接器

复接器位于发送端,是把两个或多个低速数字支路信号(低次群)按时分复用方式合并成一个高速数字信号(高次群)的设备,由定时单元、码速调整单元和复接单元组成。

- 定时单元:提供统一的基准时钟,产生复接所需的各种定时控制信号。
- 码速调整单元:在定时单元的控制下,调整速率不同的各支路信号,使之适合进行复接。
- 复接单元:在定时单元的控制下,对已调整的各支路信号实施复接,形成一个高速的合路数字流(高次群);同时复接单元还必须插入帧同步信号和其他监控信号,以便接收端正确接收各支路信号。

(2) 分接器

分接器位于接收端,由同步单元、定时单元、分接单元和码速恢复单元等组成。

- 同步单元:控制分接器的基准时钟,使之和复接器的基准时钟保持正确的相位关系。
- 定时单元:通过接收信号序列产生各种控制信号,并分送各个支路进行分接。
- 分接单元:将各路数字信号进行时间上的分离,以形成同步的支路数字信号。
- 码速恢复单元:还原出与发送端一致的低速支路数字信号。

同步技术	为了使整个数字通信系统准确、有序、可靠地工作,收、发双方必须有一个统一的时间标准,该时间标准依靠定时系统来完成收、发双方时间的一致性,即实现时间上的同步。

> 同步是使系统的收、发两端在时间上和频率上保持步调一致。同步的准确性对通信质量有很大的影响。同步是系统正常运行的前提,若同步性能不好将使数字通信设备的抗干扰能力下降、误码增加等。
>
> 同步技术可以分为载波同步、位同步(码元同步)、帧同步和网同步。
>
> 同步的方式可以分为外同步(由发送端提供专门的同步信息)和自同步法(发送端不提供专门的同步信息,接收端设法从所收的信号中提取同步信息)。

2. 多路复接方式

(1) 按位复接、按字复接和按帧复接

根据参与复接的各支路信号每次交织插入的码元结构,复接方式可以分为按位复接、按字复接和按帧复接。

① 按位复接

按位复接又称比特复接,每次复接一位码。例如,若要复接如图 2-37 所示的 4 个基群信号,则依次先取第一、第二、第三、第四基群的第 1 位码,然后取各自基群的第 2 位码……复接后每位码宽度只有原来的 1/4,如图 2-37(a)所示。

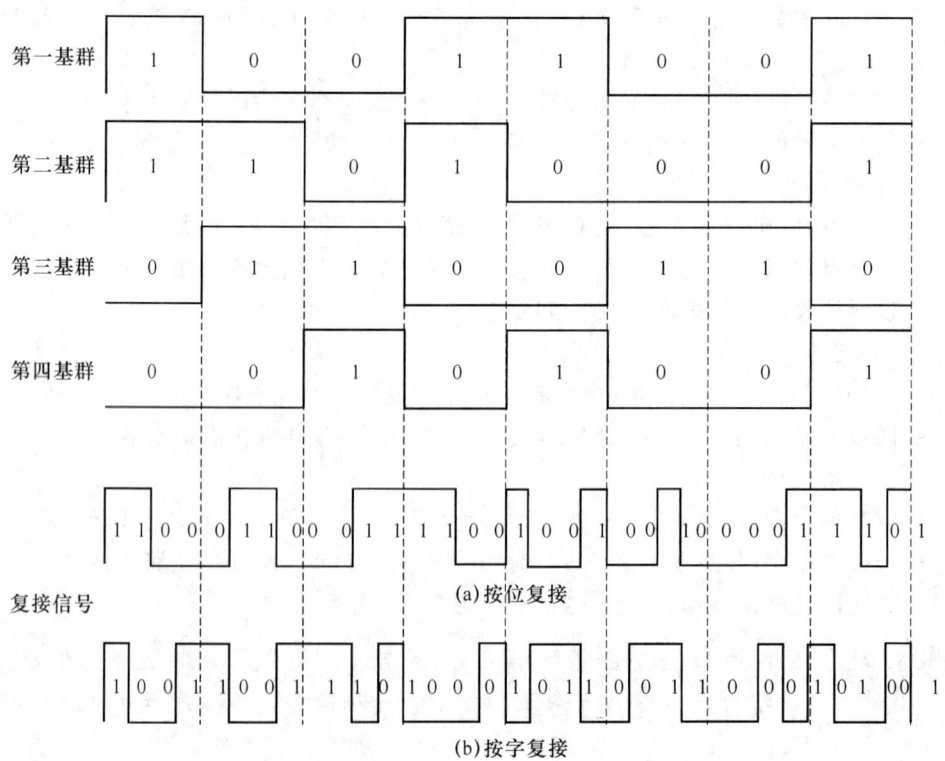

图 2-37 按位复接和按字复接

由图 2-37(a)可知,各支路信号是源源不断输入的,当尚未轮到复接时,需要将信息存储起来,所以复接单元中需要缓冲存储器。按位复接方法虽然简单,存储器所需容量也小,但每次只取 1 位,不利于信号交换。

基群　在我国,通常将 30 路数字化话音信号加上一路辅助信号以及一路同步数据作为一个传输单位,称为基群。

若将 4 个 PCM30/32 系统的基群信号再进行时分复用,合成一个 120 路数字信号系统,称为二次群;若用 4 个 120 路的二次群信号,又合成一个 480 路的数字信号系统,称为三次群……,如表 2-19 所示。

表 2-19 基群

类别	E 体系(欧洲、中国)		T 体系			
			美国		日本	
	码速率/(kbit·s^{-1})	话路数	码速率/(kbit·s^{-1})	话路数	码速率/(kbit·s^{-1})	话路数
基群	64×32=2 048	30	1 544	24	1 544	24
二次群	8 448	30×4=120	6 312	24×4=96	6 312	24×4=96
三次群	34 368	120×4=480	44 736	96×7=672	32 064	96×5=480
四次群	139 264	480×4=1 920	274 176	672×6=4 032	139 264	480×4=1 920

② 按字复接

按字复接方式每次取 8 位码,各个支路的码轮流被复接。该方式有利于多路联合处理和交换,但需要容量较大的缓冲存储器,如图 2-37(b)所示。

③ 按帧复接

按帧复接方式以帧为单位进行复接。该方式不破坏原来各个基群的帧结构,有利于交换,但需要容量更大的缓冲存储器。

(2) 同步复接和准同步复接

根据参与复接的各支路时钟之间的关系,复接方式可以分为准同步复接和同步复接。

① 准同步复接

准同步复接是把标称速率相同,而实际速率略有差异,但都在规定的容差范围内的多路数字信号进行复接的技术。几个低次群数字信号复接成一个高次群数字信号时,如果各个低次群的时钟是各自产生的,即使它们的标称码速率相同,但它们的瞬时码速率也可能是不同的,因为各个支路的晶体振荡器产生的时钟频率不可能完全相同。此时,几个低次群复接后的数字码元就会产生重叠或错位。这样复合成后的数字信号流,在接收端是无法分接并恢复成原来的低次群信号的。因此,码速率不同的低次群信号是不能直接复接的,必须采取适当的措施,以调整各低次群系统的码速率使其同步,如图 2-38 所示。

② 同步复接

同步复接是用一个高稳定的主时钟来控制被复接的几个低次群,使这几个低次群的码速率统一在主时钟的频率上,从而达到系统同步复接的目的。同步复接只需要进行相位调整就可以实施数字复接。

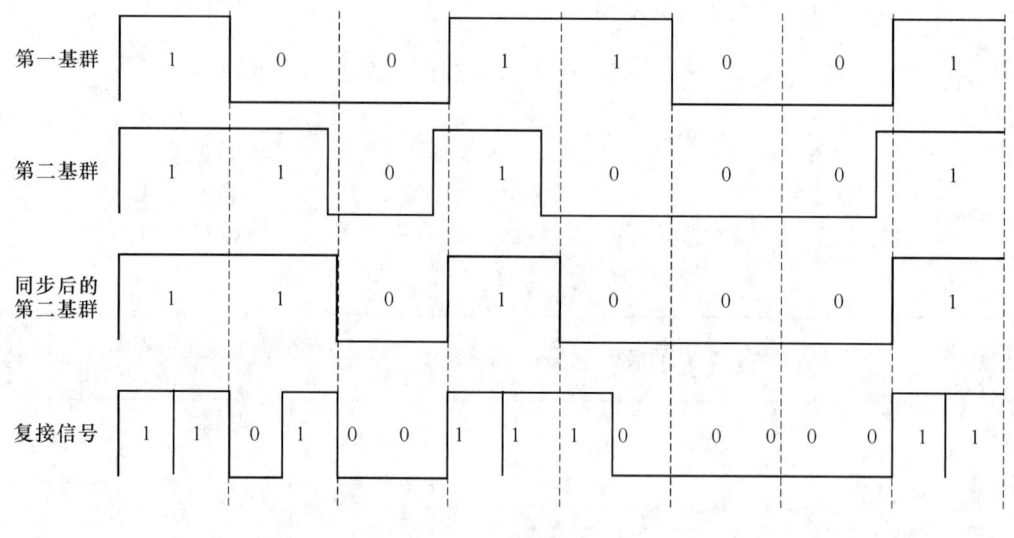

图 2-38　准同步复接

本 章 小 结

本章介绍了广义信息编码所涵盖的基本过程:模数转换、信源编码、信道编码以及调制。

模数转换是模拟信号进行信源编码和信道编码的前提,可以分为抽样、量化和编码等阶段。

信源编码的目的是用最少的比特传递最多的信息,因此又称为信源压缩编码。

信道编码的目的是改善数字通信系统的传输质量,降低传输误差。信道编码后得到的信息并不能直接送入信道中传输,而是需要将此二进制序列映射为相应的信号波形,即进行数字调制。

根据传输方式不同,传输可以分为基带传输和频带传输,相应地,数字调制方式也有所区别。用于基带传输的数字脉冲调制有三种基本方法:脉冲幅度调制(PAM)、脉冲位置调制(PPM)和脉冲宽度调制(PDM);用于频带传输的正弦载波调制的基本调制技术包括振幅键控(ASK)、移频键控(FSK)和移相键控(PSK)。

根据传输媒质的不同,信道可分为有线信道和无线信道。

为提高信道利用率,信道复用技术应运而生,主要包括多路复用、多路复接和多址接入。

习 题

(1) 简述模/数转换的基本过程。
(2) 简述信源编码和信道编码的目的。
(3) 简述衡量语音编码的性能指标。
(4) 简述数字通信系统的组成。
(5) 用于基带传输的数字脉冲调制的基本方法有哪些?
(6) 简述用于频带传输的正弦载波调制的基本调制技术。
(7) 简述在无线信道中引入信道模型的必要性。
(8) 根据使用目的的不同,信道复用可以如何划分? 简述各类信道复用方式的异同。
(9) 简述多路复接系统构成及多路复接的常用方式。

第2章知识要点思维导图　　第2章第1、2节知识要点讲解　　第2章第3～7节知识要点讲解

> **思政天地**
>
> **心得示例：**
>
> 　　党的十八大以来,我国固网宽带历史性地完成了"光进铜退"改造工程,全面实现"光进铜退",固定网络逐步实现从十兆到百兆、再到千兆的跃升。我国已建成全球最大、最完整的光通信产业体系,光通信设备、光模块器件、光纤光缆等部分关键技术达到国际先进水平,涌现出一批全球领军企业。习近平总书记强调,要站在统筹中华民族伟大复兴战略全局和世界百年未有之大变局的高度,统筹国内国际两个大局、发展安全两件大事,充分发挥海量数据和丰富应用场景优势,促进数字技术和实体经济深度融合,赋能传统产业转型升级,催生新产业新业态新模式,不断做强做优做大我国数字经济。我国信息通信业取得的跨越式发展,基础设施能力的大幅提升,信息通信技术的加速迭代,使其在数字经济发展中的战略性、基础性、先导性地位更加凸显,为全面建成小康社会、开启全面建设社会主义现代化国家新征程奠定了坚实基础,是新时代十年的伟大变革的具体体现。

第3章 交换技术基础

> **思政天地**
>
> **"两个确立":理论、历史和实践逻辑的有机统一**
>
> 党的二十大报告指出,十八大以来,我们党勇于进行理论探索和创新,以全新的视野深化对共产党执政规律、社会主义建设规律、人类社会发展规律的认识,取得重大理论创新成果,集中体现为新时代中国特色社会主义思想。确立习近平同志党中央的核心、全党的核心地位,确立习近平新时代中国特色社会主义思想的指导地位,体现了马克思主义理论逻辑、党的百年奋斗历史逻辑同新时代党和国家事业发展实践逻辑的有机统一,是我们党在新时代取得的重大政治成果、作出的重要历史贡献。我们必须从马克思主义政党的根本原则、党百年奋斗的历史经验,特别是从新时代取得的历史性成就、发生的历史性变革中,深刻领会和把握"两个确立"的决定性意义,增强坚定拥护"两个确立"、坚决做到"两个维护"的思想自觉、政治自觉、行动自觉。
>
> 我们党鲜明提出"两个确立",就是马克思主义科学理论原则和国际共产主义运动重大历史经验在当代中国的创造性运用,体现了中国共产党人对科学真理和崇高事业的坚守和追求。
>
> 历史经验证明,确立并维护党的领袖权威,确立并坚持马克思主义科学理论的指导地位,是我们党领导人民不断取得革命、建设和改革伟大成就的根本政治保证。"两个确立"凝结了党百年奋斗的历史经验,是我们党从百年奋斗历程中得出的必然结论。
>
> 新时代的伟大实践充分证明,确立习近平同志党中央的核心、全党的核心地位,确立习近平新时代中国特色社会主义思想的指导地位,体现了全党共同意志和全国各族人民共同心愿,是时代、历史和人民的必然选择,是我们应对前进道路上一切不确定性的最大确定性,是全面建设社会主义现代化国家、全面推进中华民族伟大复兴最为可靠的保证。应对前进道路上的各种风险挑战、解决前进道路上的各种矛盾和问题,胜利实现我们的奋斗目标,离不开成熟稳健、有崇高威望的领导核心掌舵领航,

离不开新时代党的创新理论的科学指引。只要全党深刻领悟"两个确立"的决定性意义,增强"四个意识"、坚定"四个自信"、做到"两个维护",心往一处想、劲往一处使,团结凝聚成"一块坚硬的钢铁",就一定能够带领人民战胜前进道路上的一切风险挑战,谱写全面建设社会主义现代化国家崭新篇章,以中国式现代化全面推进中华民族伟大复兴。

——刘靖北

节选自:刘靖北.二十大精神关键词解读②|"两个确立":理论、历史和实践逻辑的有机统一[EB/OL].(2022-10-31)[2022-12-6].https://export.shobserver.com/baijiahao/html/544446.html.

头脑风暴

结合本章内容,如何理解"'两个确立':理论、历史和实践逻辑的有机统一"?

3.1 交换概念的引入

自从贝尔发明了电话以来,就产生了在一群人之间相互通话的需求。在用户数很少时,可以采用个个相连的方法,即网状网结构,如图3-1(a)所示。当用户数较多时,网状网结构就不再经济,甚至很难实现。于是,引入了交换的概念。所谓交换是指通信网络中利用信令建立点对点、点对多点或多点对多点连接的操作。实现交换功能的设备称为交换节点。所有的用户都连接到交换节点上,由交换节点控制任意用户之间的接续,如图3-1(b)所示。当用户分布的区域较广时,需要设置多个交换节点,如图3-1(c)所示。

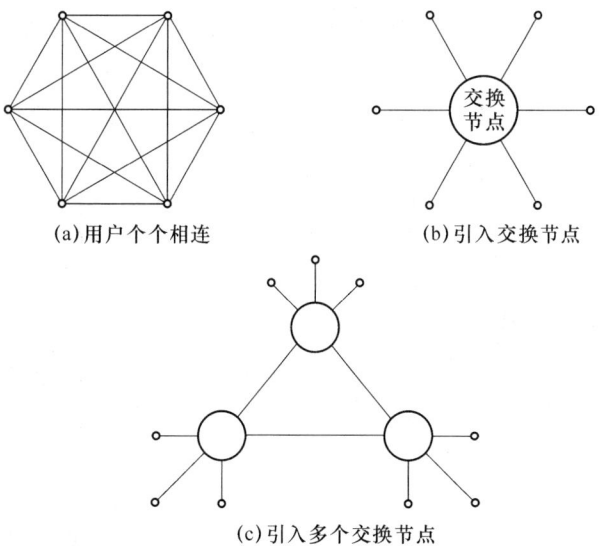

(a)用户个个相连　　(b)引入交换节点

(c)引入多个交换节点

图3-1　电话网络结构

3.2 电路交换

3.2.1 电路交换技术的发展历程

交换技术伴随着通信技术的演进而发展。自电话问世以来,交换技术的发展经过了从人工到自动、从机电到电子、从布线逻辑控制到程序存储控制的发展历程,如图 3-2 所示。

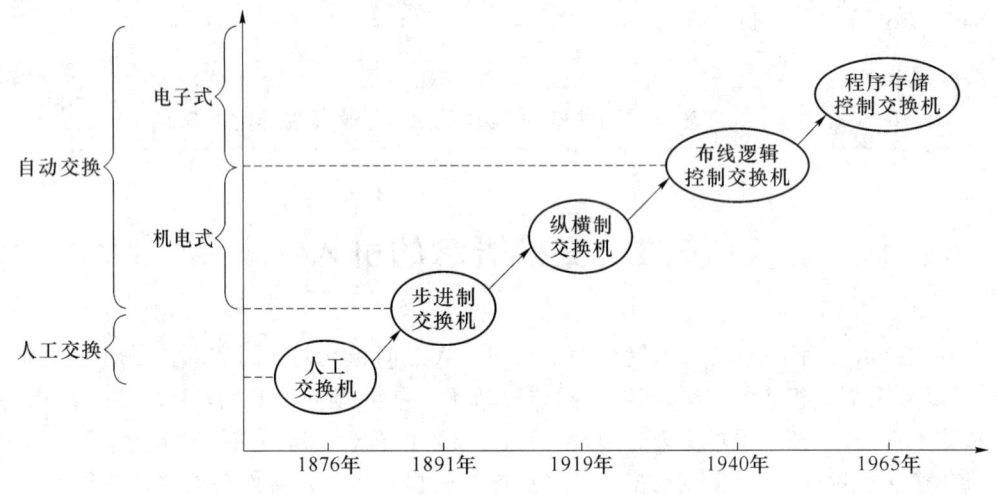

图 3-2 电路交换技术发展历程

1. 从人工到自动

在老电影中经常可以看到一个场景,某人用力地摇了几下电话摇把,然后大声地说:"转司令部"。此时,采用的就是人工交换技术,如图 3-3 所示。

人工交换机是人工接线员根据需要将对应的线路连接起来。当用户摘机呼叫时,交换机面板上将显示出该用户的呼叫信号。当出现呼叫信号时,话务员立即将一条线路的一端插入该用户塞孔并通过话机询问该用户所要拨叫的号码。当话务员得知被叫号码后,将该线路的另一端插入被叫塞孔,并向被叫振铃,当被叫听到铃响并摘机后,主被叫双方即可通话。在该对用户通话期间,话务员可为其他用户的呼叫服务,并监视正在通话的用户是否已经通话完毕挂机,若发现已挂机就立即拆线(将原来的线路拔出)。

人工交换的方式持续了很多年,直到一名叫 A.B.史瑞乔的美国人出现,史瑞乔改写了交换的历史。

史瑞乔是美国堪萨斯一家殡仪馆的老板。他发现电话局的话务员不知是有意还是无意,几乎把所有要接通殡仪

图 3-3 人工交换

馆的电话都接到了他的竞争者那里,使他的生意越来越差,濒临破产。为此他大为恼火,发誓要发明一种不要话务员的自动接线设备。

从 1889 年到 1891 年,他潜心研究,终于发明了一种能自动接线的交换机——步进制自动电话接线器。1892 年 11 月,用史瑞乔发明的接线器制成的"步进制自动电话交换机"在美国印第安纳州的拉波特投入使用,这便是世界上第一个自动电话局。从此,电话通信跨入了一个新时代——自动交换时代。

2. 从机电到电子交换

史瑞乔发明的自动电话交换机之所以称为"步进制"是因为它是靠电话用户拨号脉冲直接控制交换机的机械做一步一步动作的。例如,用户拨号"2",发出两个脉冲,使电磁铁吸动两次,接线器就向前动作两步。

1919 年,瑞典的电话工程师帕尔姆格伦和贝塔兰德发明了"纵横制接线器"。1929 年,瑞典松兹瓦尔市建成了世界上第一个大型纵横制电话局。"纵横制"的名称来自纵横接线器的构造,它由一些纵棒、横棒和电磁装置构成,控制设备通过控制电磁装置的电流吸动相关的纵棒和横棒,使得纵棒和横棒在某个交叉点接触,从而实现接线的工作。

"步进制"和"纵横制"都是利用电磁机械动作接线的,因此它们属于"机电制自动电话交换机"。机电制交换机体积大、噪声大、难于制造又易于磨损。当半导体等电子元件出现后,人们就设法采用电子元件来制造电话交换机。电子元件后来又发展为集成电路、大规模集成电路和超大规模集成电路,这使得电子式交换机的体积更小,性能更优越。

3. 从布控到程控交换

所谓布控就是布线逻辑控制的简称,是指将交换机各控制部件按逻辑要求设计好,并用布线将各部件连接好,通电后交换机的各种功能即可实现的一种控制方法。早期的机电制交换机(如纵横制交换机)一般都只能采取这种方式。

程控是程序存储控制的简称,是指对交换机的控制先按照逻辑要求设计成软件形式,存放在计算机中,然后由这台计算机来控制交换机的各项工作。程控交换的优点主要表现为修改交换机功能和增加新功能时只需修改相应的程序,这比改动布线电路方便多了;另外,采用程控方式后,存储功能集中,便于开发较多的新业务,而且可以采用公共信道信号,实现集中维护、集中计费等。

3.2.2 电路交换的基本过程

拨打电话的过程	打电话时,首先是摘下话机拨号。拨号完毕,交换机就知道了要和谁通话,并为双方建立连接。连接建立后,双方开始通话。 A:#@¥**** B:**&¥%# …… 通话结束,等一方挂机后,交换机就把双方的线路断开,连接拆除,以便为双方各自开始一次新的通话做好准备,如图3-4所示。

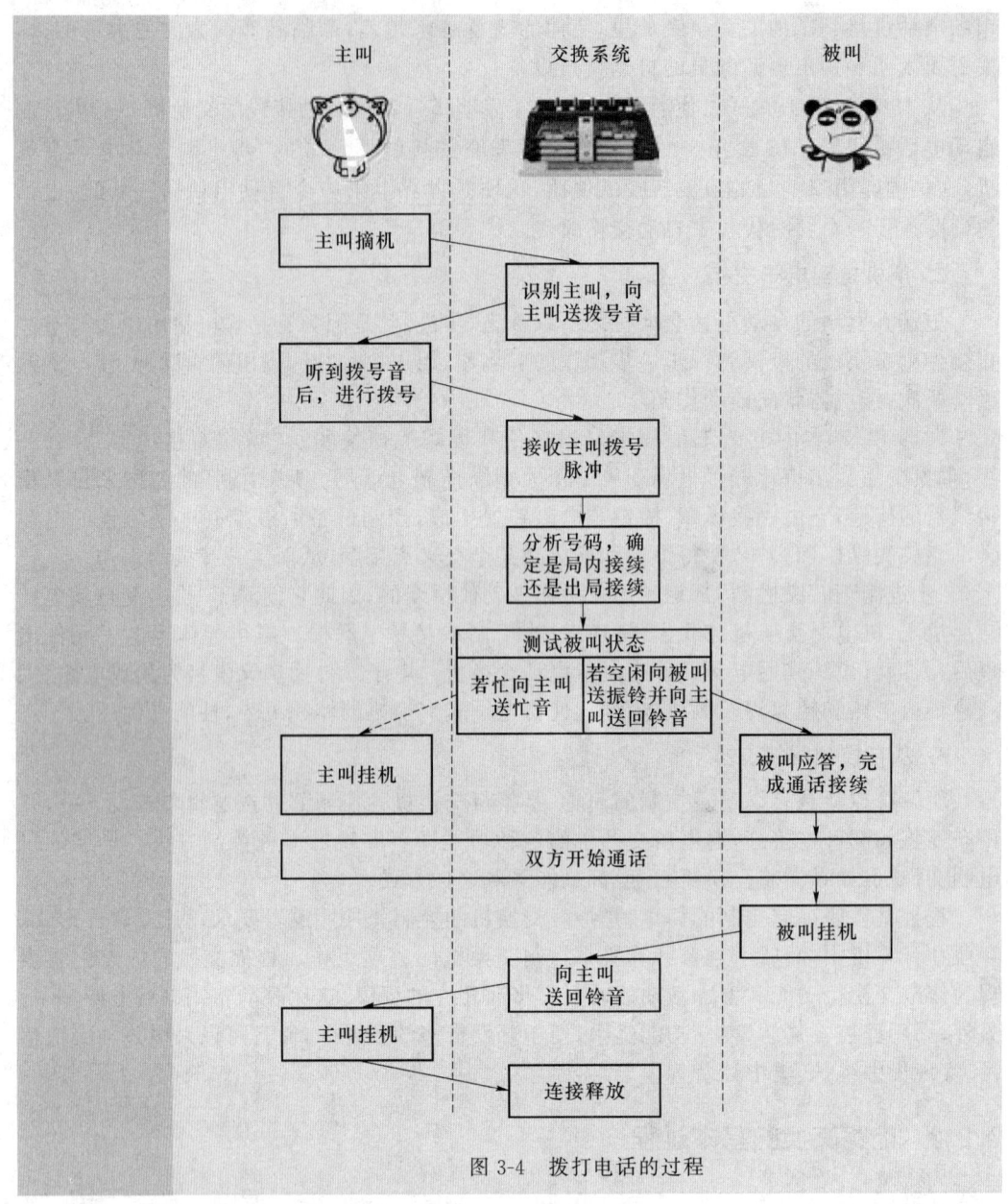

图 3-4 拨打电话的过程

电路交换是通信网中最早出现的一种交换方式,主要应用于 PSTN 和移动网(如 GSM、CDMA 等)。电路交换的基本过程与电话通信的过程相同,包括呼叫建立、信息传送和连接释放三个阶段。

(1) 呼叫建立:通过呼叫信令完成逐个节点的接续过程,建立起一条端到端的通信电路。例如,图 3-5 中 H_1 欲与 H_2 通信,则 H_1 首先向交换节点 A 发出"连接请求",要求连到 H_2。交换节点 A 综合衡量目的地址、线路的可用性和费用等指标选择出一条可通往 H_2 的空闲链路,如选择了交换节点 B。交换节点 B 再根据同样的原则做出连接到交换节点 C 的链路选择。交换节点 C 向 H_2 发送连接请求,若 H_2 空闲并准备好通信,则通过这条通路向 H_1 回送"连接确认"信令,H_1 据此确认 H_1 到 H_2 的通信链路已经建立,即 H_1-A-B-C-H_2 的专用物理电路。

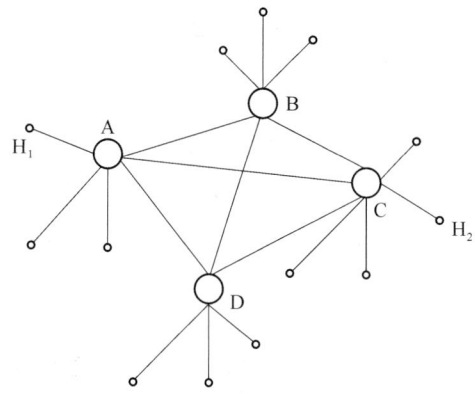

图 3-5　电路交换呼叫的建立

（2）信息传送：在已经建立的端到端的直通电路上透明地传送信号。在传输期间,交换网的各个相关节点始终保持连接,不对数据流的速率和形式作任何解释、变换和存储等处理,完全是直通的透明传输。

（3）连接释放：完成一次连接信息传送后,由任一用户向交换网发出"拆除请求"信令。该信令沿通路各节点传输,指示这些节点拆除各段链路,以释放信道资源。

3.2.3　电路交换的作用

PSTN 网中的交换节点应能够实现以下呼叫接续方式。

（1）本局接续：完成同一个交换机上的两个用户线之间的接续。

（2）出局接续：完成在交换节点上用户线与中继线之间的接续。

（3）入局接续：完成在交换节点上中继线与用户线之间的接续。

（4）转接接续：完成在交换节点上入中继线与出中继线之间的接续。

为了实现上述的接续控制,电话交换设备必须具有以下基本功能：

（1）能正确接收和分析从用户线和中继线发来的呼叫信号和目的地址信号；

（2）能按目的地址正确选择路由,并在通信双方终端设备间建立连接；

（3）启动计费系统,监视用户状态的变化,准确统计通信时长；

（4）通信结束后根据收到的释放信号及时拆除连接,即连接释放。

将电话交换推广到一般通信交换系统,交换系统应具备接口功能、连接功能、控制功能和信令功能,如图 3-6 所示。

① 接口功能：接口分为用户接口和中继接口,终端用户通过用户线连接到交换系统的用户接口,交换设备之间通过中继线连接到中继接口。作用是分别将用户线和中继线接到交换设备。不同类型的交换系统具有不同的通信接口。

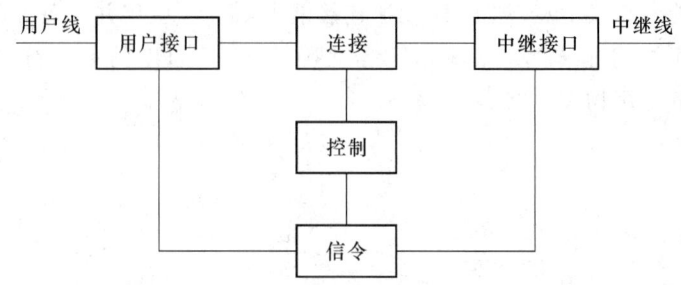

图 3-6 交换系统功能

② 连接功能:通过交换网络,在控制单元的控制下,实现任意入线和任意出线之间的连接。根据连接方式的不同可以分为物理连接和逻辑连接。

- 物理连接:在通信过程中,无论用户有无信息传送,交换网络始终按照预先分配的物理带宽资源保持其专用的接续通路。物理连接类似个人房屋,无论房主是否住在里面,房屋都属于房主。
- 逻辑连接:只有在用户有信息传送时,才按需分配物理带宽资源,提供接续通路,因此逻辑连接也称为虚连接。逻辑连接类似于宾馆,在客人需要时提供房间,不需要时立即收回。

③ 控制功能:有效的控制功能是交换系统实现信息自动交换的保障。控制功能的基本方式分为集中控制和分散控制。现代电信交换系统多采用分散控制方式,且控制功能多以软件实现,如程控电话交换机的地址信号识别程序等。

④ 信令功能:信令是通信网中的接续控制指令,通过信令可以使不同类型的终端设备、交换设备和传输设备协同运行。

3.2.4 电路交换的特点

从电路交换的基本过程可以得出电路交换具备如下特点:

- 任何一次通信的用户两端必须独占一条电路;
- 占用此电路直到通话结束,在此过程中其他用户无法再用该电路;
- 电路接通之后,通信过程中双方传送信息的内容与交换系统无关。

综上所述,电路交换是一种面向连接的技术。早期的电话网在通信过程中,为每个呼叫建立的每一个连接实际上就是一条物理线路。后来,随着时分复用技术的发展,可以使一条物理线路划分为多个时隙,每一个呼叫占用一个特定的时隙。这个由时隙建立起来的连接,实际上仍是一条临时专线,同样也只能由这一对用户固定占用,而不能被其他用户共享。

电路交换在技术上的特点决定了电路交换具有如下优点:

- 信息传输的实时性强,时延小,而且对于一次接续来说,传输时延固定不变;
- 信息传输效率比较高,信息以信号形式在通路上"透明"地传输,交换系统对用户的信息不存储、不分析、不处理;
- 如果利用电路交换网络传送数据信息,数据信号的编码方法和信息格式不受限制。

电路交换的主要缺点是网络利用率低,特别是对于计算机的突发性数据通信不适用;系统无数据存储及差错控制能力,不能平滑通信量。

3.2.5 数字程控交换机

数字程控交换机是最常用的电路交换系统。数字程控交换机直接交换数字化的话音信号,并且仅当正反两个方向的交换被同时建立时,才能完成数字话音信号的交换。

1. 数字程控交换机的组成

数字程控交换机由话路系统和控制系统组成,基本结构如图 3-7 所示。此外,还包括产生各种信令,辅助建立接续通路的信令设备。

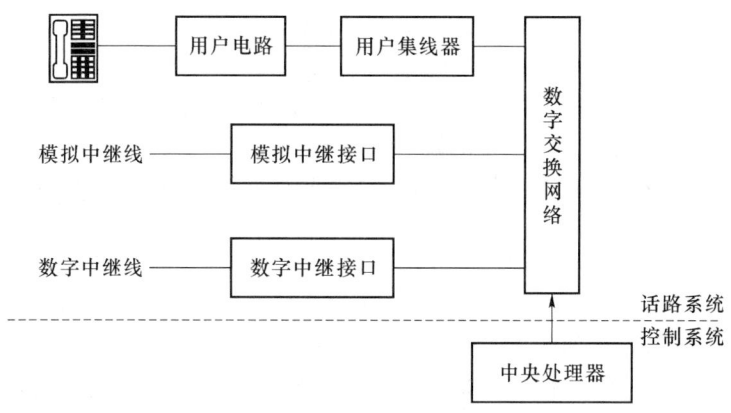

图 3-7　数字程控交换机基本结构

（1）话路系统

话路系统包括用户电路、用户集线器、数字交换网和各种中继接口。

- 用户电路:实现将电话机发出的模拟信号转换为数字信号,并对电话机进行馈电、振铃和测试等。
- 用户集线器:将一群用户的话务集中,通过较少的链路接到数字交换网络,以提高链路利用率。
- 数字交换网络:提供连接和数字话音信号的交换功能,是数字程控交换机的核心组成部分。
- 中继接口:中继接口是数字电话交换系统与其他交换系统连网的接口设备,分为模拟中继接口和数字中继接口。

（2）控制系统

控制系统对话路系统施加控制,以便完成通话接续。程控交换机的控制功能是通过运行在中央处理器中的软件完成的。控制系统的功能包括两个方面:一是对呼叫进行处理;二是对整个交换系统的运行进行管理、监测和维护。控制系统由三部分组成:一是中央处理器(CPU);二是存储器,用于存储交换系统的常用程序和正在执行的程序以及执行数据;三是输入输出系统,包括键盘、打印机、外存储器等,可根据指令打印出系统数据、存储非常用程序等。

2. 数字交换网络的工作原理

在数字电话系统中，通常采用时分复用的方式将多路话音信号复用在一起，每路信号占用一个时隙。在数字程控交换网络中，对话音信号的交换，本质上是对时隙的交换，即把 PCM 系统有关的时隙内容在时间位置上进行搬移。因此，数字程控交换机应具有如下功能：

- 在同一条 PCM 复用总线的不同时隙之间进行交换；
- 在不同 PCM 复用总线的同一时隙之间进行交换；
- 在不同 PCM 复用总线的不同时隙之间进行交换。

数字交换网络根据实现上述功能的交换方式的不同，可以分为时分交换网络和空分交换网络，实用的大规模电话交换机通常采用混合的交换方式，即复合型交换网络。

（1）时分交换

时分交换对应的是 T 接线器，它完成同一电路上不同时隙之间的交换。T 接线器由话音存储器（SM）和控制存储器（CM）组成。其中，话音存储器用于存储输入复用线上各路时隙的 8 bit 编码数字话音信号；控制存储器用于存储话音存储器的读出或写入地址，作用是控制话音存储器各单元内容的读出或写入顺序。

根据对话音存储器的读写控制方式的不同，T 接线器可以分为顺序写入控制读出和控制写入顺序读出两种。

- 顺序写入控制读出：话音存储器中的内容是按照时隙到达的先后顺序写入的，在读出时，则受控制存储器的控制，根据交换的要求来决定话音存储器的内容在哪一个时隙被读出，如图 3-8 所示。
- 控制写入顺序读出：话音存储器中的内容被写入时，受控制存储器的控制，根据目的时隙决定输入的各个时隙中的内容被写入话音存储器的位置；在读出时，则顺序读出话音存储器中的内容。

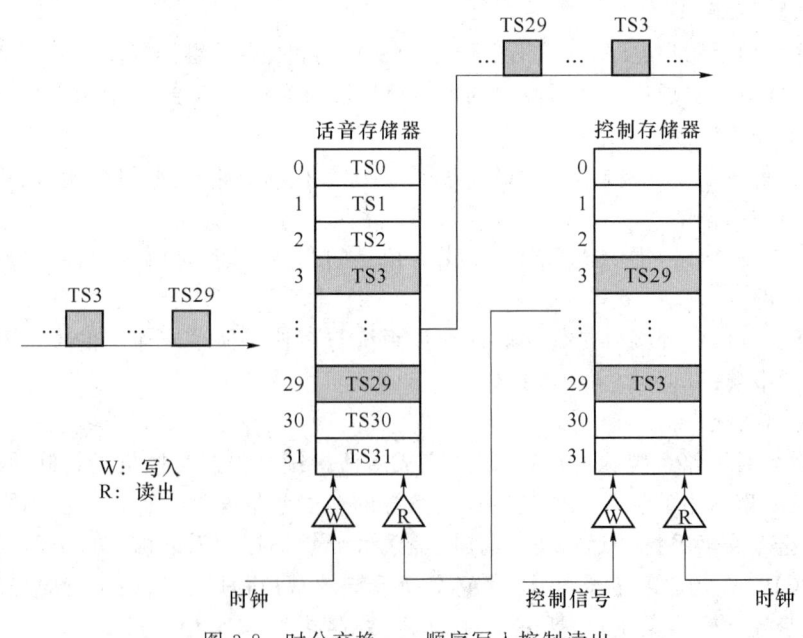

图 3-8 时分交换——顺序写入控制读出

(2) 空分交换

空分交换对应的是 S 接线器,它完成不同电路同一时隙之间的交换。S 接线器由交叉节点矩阵和控制存储器组成。交叉节点矩阵为每一个入线提供了和任意一个出现相交的可能,这些相交点的闭合时刻由控制存储器控制,如图 3-9 所示。空分交换器也分为输出控制和输入控制两种。

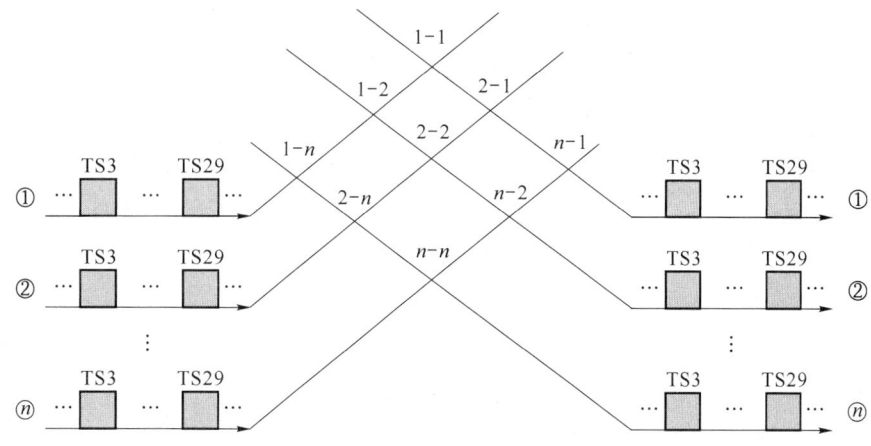

图 3-9 空分交换

(3) 复合型交换网络

对于大规模的交换网络,需要既能实现同一复用总线上不同时隙之间的交换,又能实现不同总线上同一时隙之间的交换,还要实现不同总线上不同时隙之间的交换,因此需要将时分交换和空分交换相结合组成复合型交换网络,如 TST 型交换网络、STS 型交换网络、TSST 型交换网络等多级交换网路。

3.3 报 文 交 换

3.3.1 报文交换的基本原理

为了解决电报、资料等数据信息的传输问题,研究者在电路交换的基础上提出了报文交换(Message Switching)。

所谓报文就是用户拟发送的完整数据。在报文交换中,报文始终以一个整体的结构形式存在。报文交换与电路交换的工作原理不同,每个报文传送时没有建立/释放连接的阶段,其工作原理基于"存储—转发"的思想。

假定用户甲有报文要发送给用户乙,甲用户不需要先接通与乙用户之间的电路,而是先与连接甲的一个中间节点接通,报文传到该节点后先将信息存储,该交换设备根据报文提供的目的地址,在交换网内确定信息通路,并将要发送的报文送到输出电路队列中去排队等候,依次进行信息发送。一旦该输出线路空闲,就立即将报文发送给下一个交换节点,从而依次完成从源点向目的节点的传送任务,如图 3-10 所示。

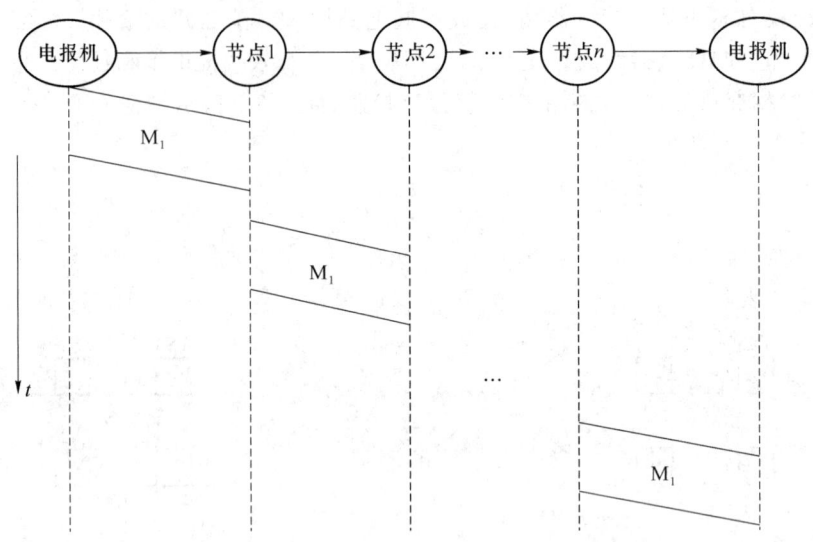

图 3-10 报文交换的基本过程

3.3.2 报文交换的信息格式

为了便于现代通信网中各个节点自动处理输入的信息并完成报文的传送,通常要求在报文正文的前后分别加入一个报文头和报文尾,如图 3-11 所示。

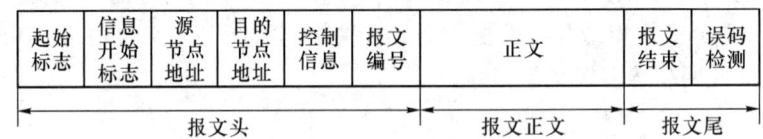

图 3-11 报文交换的信息格式

1. 报文头

报文头中至少应包含起始标志、信息开始标志、源节点地址、目的节点地址、控制信息和报文编号等信息。

(1) 起始标志:通知节点有信息输入。

(2) 信息开始标志:说明信息正文的开始端出现。

(3) 源节点地址:说明信息来自何处。

(4) 目的节点地址:说明信息去往何方,既包括信息要达到的目的地,还可能包括传输路由的信息。

(5) 控制信息:提供必要的控制说明和标志,如说明所传报文的排队优先权等。

(6) 报文编号:由信息的发送方给定。

2. 报文尾

报文尾主要包含报文结束和误码检测两类信息。当接收端收到报文并经误码检测后,用报文编号向发送端回送应答信号。应答时,若报文检测无误,则给予肯定回答;若报文检测有误,则给予否定回答,并要求重发。

3.3.3 报文交换的特点

1. 报文交换的优点

报文交换采取"存储—转发"的工作原理:第一,可以提高链路的利用率——没有电路交换的接续过程,也不存在把一条电路固定分配给一对用户使用;第二,可以有效匹配输入/输出传输速率,易于实现不同类型终端之间的互通;第三,不需要收、发两端同时处于激活状态,发送端可以将报文全部发送至交换节点,并由发送节点将其存储起来,伺机进行转发,因而不存在呼损现象;第四,便于对报文实现多种功能服务,如优先级处理、差错控制与恢复等。

2. 报文交换的缺点

报文交换的主要缺点为:
(1) 传送信息通过交换网时延较长,不适用于交互型实时业务;
(2) 对设备要求较高,交换设备必须具有大容量存储、高速处理和分析报文的能力。

在实际应用中,报文交换主要用于传输报文较短、实时性要求较低的通信业务,如公用电报网。

3.4 分 组 交 换

尽管分组交换目前被广泛应用于数据通信,但是分组交换的概念却起源于电话通信,而不是数据通信。

公认的分组交换技术的发明人是兰德公司的保罗·布朗和他的同事们。分组交换技术是他们在1961年美国空军RAND计划的研究报告中首先提出来的。他们当时所从事的研究工作是如何确保电话通信安全,不被窃听。布朗等人的想法是,将通话双方的对话内容分成一个个很短的小块(即分组),在每一个交换站将这一呼叫的"分组"与其他呼叫的"分组"混合起来,并以"分组"为单位发送。通话的内容通过不同的路径到达终点,终点站收集所有到达的"分组",然后将它们按顺序重新组合成可听懂的语言。基于这一思想即使传输线路在网内的某一位置被截收,但是收听到的是由多个对话交错在一起的"分组",而无法获得原始信息。

尽管这个方案在1964年公布于世,但是由于在一个大型网络中需要执行复杂的处理和控制功能,在当时的技术条件下未能实现。

然而,此时美国国防部高级研究计划局正在出资建设一个实验型的网络架构ARPAnet。由于参与建设的大学院校、研究机构等时区的不同以及各个计算中心工作量和所配置的计算机硬件和软件有所不同,希望寻求一种资源共享的方法,使计算机有效工作。所谓资源共享就是指网络给用户提供的资源,包括线路、中央处理机、打印机、数据库等并不是由某一个用户独立占用的,而是由许多的用户共同占用、分时使用。ARPAnet采用了分组交换的思想,进而成为世界上第一个分组交换网。

3.4.1 分组交换的基本原理

分组交换是数据通信网中广泛应用的交换方式,与报文交换一致,分组交换也采用"存储—转发"的处理方式。但与报文交换不同的是,分组交换并不是以整个报文为交换单位,而是将报文分解为若干个小的数据单元进行传送。为了保证每个数据单元能够准确地传送到目的节点,需要在每个数据单元前面添加上首部,提供交换时所需的呼叫控制信息以及差错控制信息,从而形成一个规定格式的交换单元。这个规定格式的交换单元通常称为分组(packet)或数据包,如图3-12所示。由于分组长度较短,同时又具有统一的格式,因此与报文交换相比,更有利于交换设备的存储、分析和快速转发。

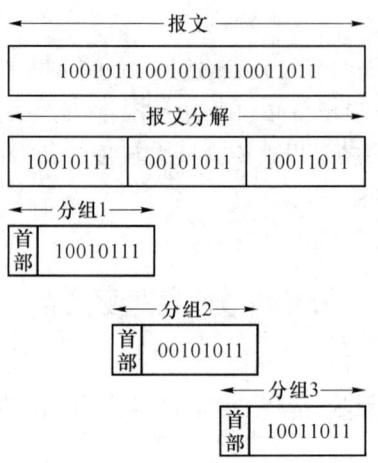

图3-12 分组形成过程

3.4.2 分组交换的工作方式

在分组交换中,为了控制和管理分组,目前主要采取两种工作方式:数据报方式和虚电路方式。

1. 数据报方式

数据报是指自带寻址信息的独立数据分组。数据报的处理过程与报文交换相类似,采用无连接的工作方式,不需要事先建立连接,每个分组作为一个独立的信息实体,根据网络当前的工作状态由交换节点分配传送路径,因此不同的分组可能经由不同的路径到达目的地。

数据报方式具有传送速度快、服务简单等优点,但由于每个分组经过的路径不同,在接收端可能存在接收分组失序、数据包丢失等问题(如图3-13所示),因此需要在此基础上采取进一步的处理。

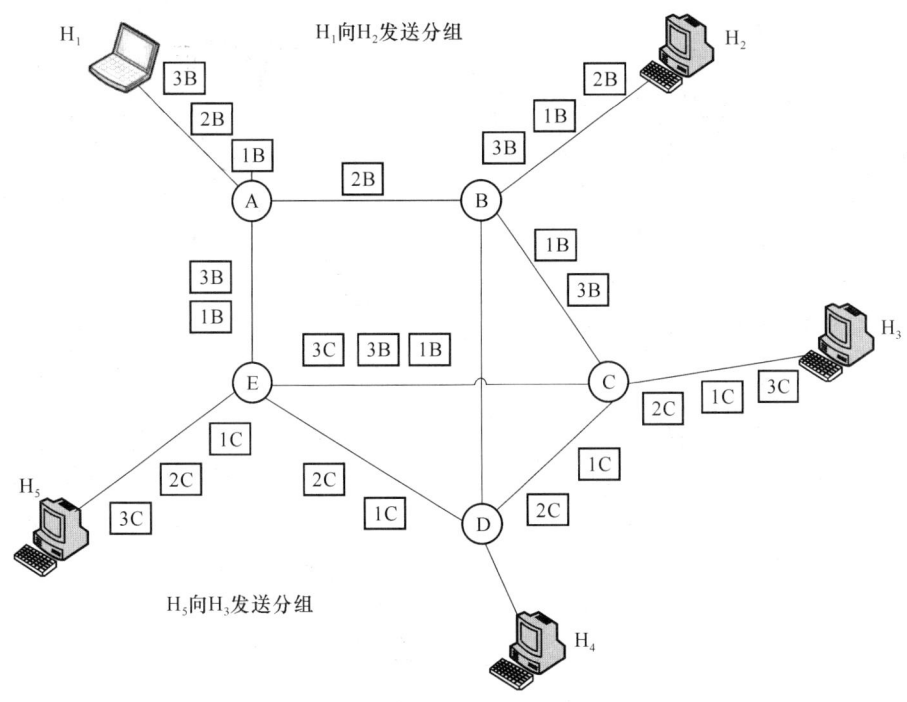

图 3-13 数据报方式

2. 虚电路方式

虚电路方式与电路交换类似,采用面向连接的工作方式,具有连接建立、数据传送和连接释放三个阶段。但是与电路交换不同,虚电路方式采用虚连接。虚连接又称虚电路,即逻辑电路,它不同于电路交换中实际的物理连接,而是通过通信过程中所有的交换节点保存选路结果和路由连接关系来实现连接的。

从表面上看,传送数据报的虚电路似乎与电路交换中建立的那条专用电路一样,但从本质上看,各分组在每个交换机中仍然需要存储,并在输出链路缓冲区中进行排队等候。虚电路方式与数据报方式的区别是,虚电路方式下交换机不必为每个分组做出路由选择,而只需在开始建立连接时作一次路由选择即可,如图 3-14 所示。

虚电路分为两种:一种是永久虚电路;另一种是交换虚电路。

永久虚电路(PVC):PVC 是由用户向电信管理部门申请,由管理人员通过操作平台设置的虚电路。在数据终端设备之间无须呼叫建立和释放,可直接进入数据传输,其效果如同网络向用户提供了一条专线。

交换虚电路(SVC):SVC 是由用户通过发送呼叫请求分组临时建立的虚电路。在虚电路建立后,属于同一呼叫的数据分组均沿着这一虚电路传送。当通信结束后,将虚电路释放。

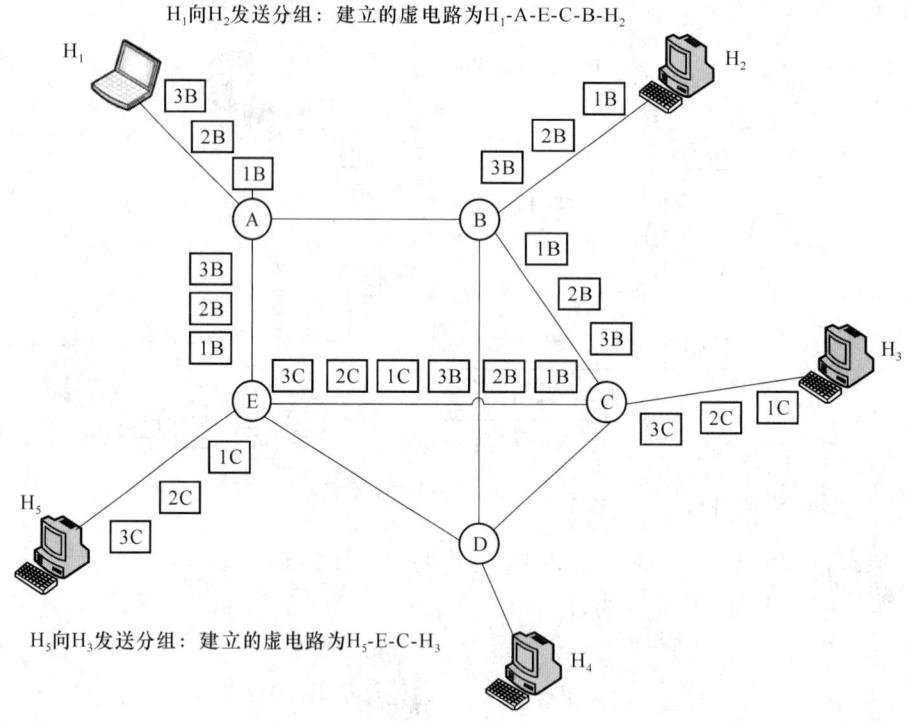

图 3-14 虚电路方式

| 面向连接 和无连接 | • 面向连接
　　无论是面向物理连接,还是面向逻辑连接,其通信过程都包括连接建立、传送信息和连接释放三个阶段。一旦连接建立,发送端的所有信息均沿着该连接路径传送,可以保证信息的有序性;信息传送的时延通常比无连接工作方式的时延小;但是对网络故障敏感,一旦建立的连接出现故障,信息传送就会中断,必须重新建立连接。
• 无连接
　　在无连接方式中,采用"存储—转发"模式,没有连接建立的过程,属于同一发送端的信息可能通过不同的路径到达目的地,无法保证信息的有序性,并且传输时延通常比面向连接方式大,但是对网络故障的敏感度低。|

3. 两种传输方式的区别

数据报方式和虚电路方式的主要区别如表 3-1 所示。值得注意的是,数据报方式没有呼叫建立/释放过程,每个分组均带有完整的目的地的地址信息,独立地选择传输路径,到达目的站的顺序与发送时的顺序可能不一致。而虚电路方式必须通过呼叫建立一条虚线路,每个分组不需要携带完整的地址信息,只需带上虚线路的号码标志,不需要选择路径,均沿虚电路传输,这些分组到达目的地的顺序与发送时的顺序完全一致。

表 3-1 数据报与虚线路的比较

比较项目	数据报	虚电路
端到端的连接	不需要,无连接	必须有,面向连接
传输路径	各分组传输路径不尽相同	各分组沿相同路径传送
目的地地址	每个分组均有目的地的全地址	仅在连接建立阶段使用
分组的顺序	到达目的地时可能不按发送顺序	总是按发送顺序到达目的地
复用方式	统计时分复用	统计时分复用

3.4.3 分组交换的特点

分组交换除具有报文交换的优点外,还具有以下优点:
- 分组交换的技术特点决定了分组交换的时延大于电路交换,但小于报文交换,可以支持中低速率的数据通信,但无法支持高速的数据通信;
- 易于实现链路的统计时分复用,提高了链路的利用率;
- 便于在传输速率、信息格式等方面都不同的数据终端之间实现互通;
- 分组交换作为独立的传输实体,便于实现差错控制,从而提高了系统的可靠性;
- 信息以"分组"为单位,在交换机中进行存储和处理时,节省了存储容量,提高了利用率,进而降低了通信的费用。

尽管分组交换具有很多优点,但由于附加的信息较多,从而影响了分组交换的传输速率,提高了对交换设备的要求,实现技术较为复杂。

3.5 帧 中 继

随着数据业务的发展,人们对数据通信的速度和可靠性提出了更高的要求,与此同时,网络技术发生了重大的变化——光纤技术的普遍应用大大提高了传输的可靠性,降低了误码率;终端系统的日益智能化,使纠错功能可以放在终端来实现。在这一背景下,帧中继(Frame Relay,FR)技术应运而生。

帧中继以分组交换为基础,又称快速分组交换,使用的前提是网络设施已经数字化,并且噪声引起的差错很少,从而流量控制、纠错功能改由智能终端去完成,这大大简化了节点之间的协议,提高了线路带宽的利用率。

与分组交换不同的是,帧中继的信息最小单位为帧,且帧长可变。帧中继与分组交换的具体比较结果如表 3-2 所示。

表 3-2　分组交换与帧中继交换的比较

比较项目	分组交换	帧中继
传输速率	64 kbit/s	2.048 Mbit/s
差错和流量控制	在通信子网的源端、终端和途径的相邻节点间均进行	只在通信子网的源端和终端进行
虚电路	支持永久虚电路和交换虚电路	只支持永久虚电路

除传输速度快外,帧中继的带宽控制技术也是帧中继吸引用户的另一重要原因。帧中继的带宽控制通过 CIR(承诺的信息速率)、B_c(承诺的突发大小)和 B_e(超过的突发大小)三个参数设定完成。在传统的数据通信业务中,用户申请了一条 64 kbit/s 的电路,那么他只能以 64 kbit/s 的速率传送数据。然而,在帧中继技术中,用户向帧中继业务运营商申请的是承诺的信息速率(CIR)64 bit/s,并签订了另外两个指标(B_c 和 B_e),则在实际使用过程中,当用户以低于或等于 64 kbit/s 的速率传送数据时,网络将确保此速率传送。当用户以大于 64 kbit/s 的速率发送数据时,只要网络不拥塞,且用户在承诺时间间隔($T_c=B_c/$CIR)内发送的突发量小于 B_c+B_e 时,网络还会传送;当突发量大于 B_c+B_e 时,网络将丢弃帧。所以帧中继用户虽然支付了 64 kbit/s 的信息速率费,却可以传送高于 64 kbit/s 的数据。

3.6　ATM 交换

电路交换的特点是固定分配带宽,面向物理连接,同步时分复用,适应实时话音业务;分组交换的特点是动态分配带宽,面向无连接或逻辑连接,统计时分复用,适应有突发特性的数据通信业务。然而,对于宽带多媒体业务,传统的电路传送模式和分组传送模式都不能满足需求,因此,兼具电路交换和分组交换优点的 ATM 交换技术应运而生。

3.6.1　ATM 交换的基本原理

ATM 通信网中传送信息的基本载体是 ATM 信元。ATM 将话音、数据及图像等所有的数字信息分解成信元。ATM 的信元和分组交换中的分组类似,但又有其自身的特点:信元具有固定长度,且长度较短,规定为 53 个字节,其中前 5 个字节是信头(Header),其余 48 个字节是信息段;信头的功能较为简单,主要包括信元去向的逻辑地址、优先级、信头差错控制、流量控制等信息。

ATM 是针对电路传送、分组传送这两种传送方式的不足研究出的一种新的传送方式。它以固定长度的信元为单位,采用面向连接、异步时分复用方式实现信息传送。

ATM 可以看作是电路交换的演变:ATM 与电路交换类似,采用面向连接的方式;但却是在电路传送方式的每个时隙中放入 ATM 信元,并且依据信元的信头值区分不同用户,各用户数据所占用的时间位置不受约束。因此,线路上的数据速率可在各个用户中间自由分配,不再受固定速率的限制。

> **ATM的基本业务类型**
>
> - CBR 业务
>
> CBR 业务(恒定比特率业务)是专用通道的最高优先级业务。该业务会在某个特定的通道中"独霸"带宽,即使没有业务发起,该通道也将保留而不被别人使用。政府、高端企业的特定应用往往会使用 CBR 业务。
>
> - VBR 业务
>
> VBR 业务(可变比特率业务)是指根据带宽需求大小进行业务流量调整。例如,在通话过程中,有声音的时候带宽被占用;没有声音的时候带宽被释放以供其他应用使用。语音、视频业务采用 VBR 类型是非常适合的。
>
> - UBR 业务
>
> UBR 业务(不确定比特率业务)也就是"尽力而为的业务"。当某个业务开始发起,但如果线路上的带宽已被高优先级的业务占去大部分或者全部,则该业务的数据流将被部分或全部抛弃。UBR 业务优先级最低,服务质量最差。
>
> ATM 的三种基本业务类型中的 CBR 业务类似于奥运会期间的奥运专用车辆。它可以在奥运专用车道上行驶,并且无论有无奥运专用车辆在奥运专用车道上行驶,奥运专用车道都不可以被其他车辆占用。VBR 业务类似于救护车等特殊车辆。它具有道路的优先使用权,其他车辆(UBR 业务)都得让其优先通过。

ATM 可以看作是分组交换方式的演变:ATM 使用信元为信息传送的基本单位,这类似于分组交换中的数据包;但 ATM 可以借助空闲信道填充信道的方式,使信道被分成等长的时间段。这为提供固定比特率、固定时延的电信业务,如语音业务,创造了条件。

综上所述,ATM 交换是电路交换和分组交换的结合,且同时具备了二者的优势。

3.6.2 ATM 交换的特点

ATM 具有如下的优点。

(1) 固定长度的信元和简化的信头

信元长度过长不利于实时业务;信元长度过短,信头占比过大,效率将降低。"53 个字节"可有效地平衡效率和效果,可谓"增之一分则长,减之一分则短"。

固定长度的信元和简化的信头使快速交换和简化协议处理成为可能,极大地提高了网络的传输处理能力,使实时业务应用成为可能。

(2) 不进行逐段差错控制和流量控制

由于光纤线路的可靠性很高,故没有必要逐段进行差错控制;若进行逐段链路的差错控制和流量控制,将增加网络操作的复杂性。因此,ATM 网络采用端到端的差错控制和流量控制。

(3) 采用异步时分复用方式

异步时分复用与统计时分复用相似，也是动态分配带宽，各路通信按需使用；不依靠时间位置，而是依据信头中的标志来区分是哪一路通信的信元。不同的是，异步时分复用将时间划分为等长的时间间隔，用于传送固定长度的信元。

(4) 采用面向连接的工作方式

为了提高处理速度，ATM采用了面向连接的工作方式，与分组交换的虚电路类似，它不是物理连接，而是逻辑连接。

(5) 采用透明的网络传输方式

ATM以语义透明和时间透明的传输方式工作。所谓语义透明是要求网络在传送信息时不产生错误，或者说端到端的错误概率非常低，低到不改变业务信息的语义。所谓时间透明是要求网络用最短的时间将信息从信源送到信宿，这个时间短到不改变业务信息之间的时间关系。

ATM的上述优点使得ATM交换可以广泛适用于各类业务的要求。但是，正因为ATM交换技术具有上述优点，从而导致ATM技术过于复杂。技术的复杂性造成了ATM系统研制、管理、故障定位等难度的加大，从而使其推广受到极大的限制。

3.6.3　常用交换技术的比较

各类常用交换技术实现方式比较如表3-3所示。

表3-3　常用交换技术实现方式比较

关键指标		电路交换	报文交换	分组交换		帧中继	ATM交换
				数据报	虚电路		
连接方式	面向连接	物理连接	✓					
		逻辑连接				✓	✓	✓
	无连接			✓	✓			
时分复用	同步时分复用		✓					
	统计时分复用			✓	✓	✓	✓	
	异步时分复用							✓
传输基本单元长度	固定长度		✓					✓
	可变	整体较长		✓				
		拆分较短			✓	✓	✓	
差错和流量控制	不进行逐段控制		✓				✓	✓
	进行逐段控制			✓	✓	✓		

3.7　其他交换技术

随着技术的快速发展，现有的通信网络正处于巨大的变化之中。IP交换、光交换、软交换等技术是应用于宽带网络的新一代交换技术。

3.7.1 IP 交换

随着互联网的快速发展，IP 交换(IP SWITCH)已成为宽带网络通信中重要的交换技术。

IP 交换技术与 ATM 交换技术之间的差别主要体现如下。

(1) 连接方式不同

IP 交换采用无连接方式；ATM 交换则采用面向连接的方式。

(2) 寻址方式不同

IP 交换的每个分组都带有收发地址，网络根据这个地址和路由表选择路由，并将 IP 包送到目的地址。ATM 交换是在建立连接的阶段，靠 ATM 地址和路由表选择路由；在通信阶段，沿虚电路传送信息。

(3) 支持用户的通信方式不同

ATM 交换支持点对点双向通信以及点对多点单向通信；IP 交换可实现点对点、点对多点、多点对点、多点对多点及广播方式的通信。

(4) 业务质量不同

ATM 交换具有业务类型划分和相应的 QoS 保证机制。IP 交换只支持非实时数据业务，且对用户业务仅能"Best Effort——尽力而为"。尽管随着技术的发展，IP 网也可以支持实时音频及视频业务，但目前的 IP 网仍是无 QoS 保证的网络。

此外，IP 网通常建立在 PSTN、FR 及 ATM 等网络的基础之上。目前，使用 ATM 技术承载 IP 是最为普遍的一种方式。在已有的 ATM 与 IP 融合技术中，多协议标记交换(MPLS)是较佳的方案。

3.7.2 光交换

随着光纤的广泛应用，在光网络中仍然采用上述交换技术，则光信号在进入交换节点时必须进行光电转换，在完成交换出交换节点时必须进行电光转换。光—电—光的转换过程中，由于受限于电信号的处理能力将产生效率瓶颈问题。为了克服光网络中的电信号处理瓶颈，具有高度实用性的全光网络(All-Optical Network,AON)成为宽带通信网发展的关键。

全光网络的演进过程可以分为三个阶段：第一阶段，骨干和传输光纤化，就是引入 WDM(波分复用)/OTN(光传送网)，把网络骨干线路铜缆网线全部换成光纤；第二阶段，接入网光纤化，就是使用 PON(无源光网络)系统，把用户端 ADSL 网线(电话线)上网，全部换成光纤宽带接入，即 FTTx(如 FTTH、Fiber To The Home、光纤入户)，也称接入网的"光进铜退"；第三阶段，传输节点引入光交换，即引入 ROADM(Reconfigurable Optical Add/Drop Multiplexers，可重构光分插复用器)和 OXC(Optical Cross Connect，全光交换)。光交换技术作为全光网络系统中的一个重要支撑技术，在全光通信系统中发挥着重要的作用。

所谓光交换技术是指不经过任何光/电转换,在光域直接将输入光信号交换到不同的输出端。从 FOADM 到 ROADM,再演进到 CDC-F ROADM,基本上已实现光层任意交叉的能力。但受限于业务的发展,设备内部连纤越来越复杂,导致运维等成本过高。因此,需要一种更为智能的光网络技术,OXC 全光交换技术正是在这样的背景下产生的。OXC 系统基于集成式互连全光交换理念,与 ROADM 相比,OXC 具有如下优点:交换方向多,网络扩展性强;占用机房空间较少,耗电较少;系统集成度高,故障点少,维护简单;设备成本较低。

光交换的前世今生

(1) "独自一人""两点一线"的生活

光纤作为一根"玻璃管道",里面传输的是光信号,很难附加信号和提取信号。一条光线路,过去只能让一路信号从某一起点传送到某一终点,即"独自一人""两点一线"的生活。

(2) 结伴同行的单调生活

为了能容纳更多用户,光纤通信引入了波分复用技术(WDM),在发送端用合波器(MUX)将不同波长的信号复用;在接收端用分波器(DEMUX)将信号解复用,从而实现将不同波长的光通过一根光纤进行传输。尽管用户多了,但其本质仍然是"两点一线"的点对点传输。

(3) 四通八达的精彩人生

"两点一线"显然无法满足实际需要,每个用户的起点和终点各不相同。为了构建复杂的多节点网络,固定式光分插复用器(Fixed Optical Add/Drop Multiplexers,FOADM)应运而生,如图 3-15 所示。

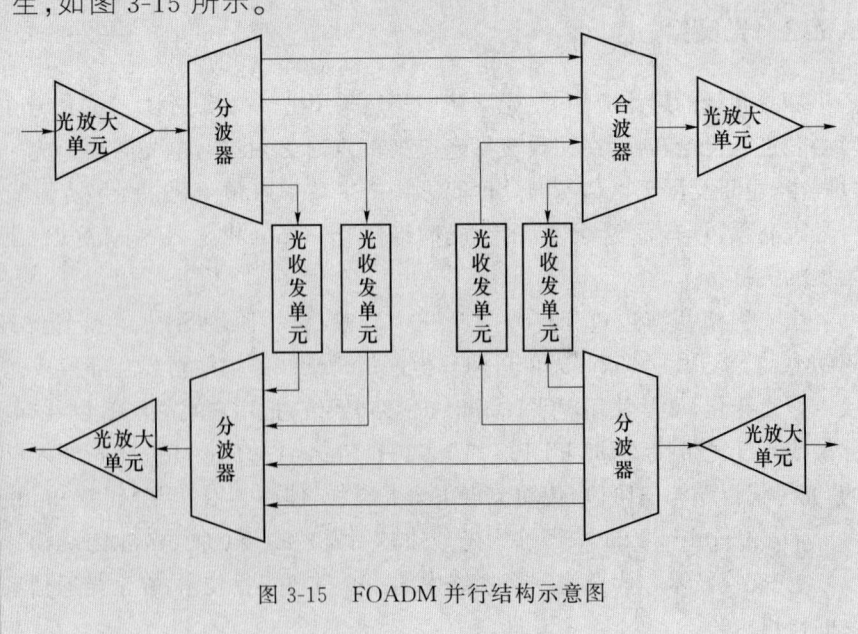

图 3-15　FOADM 并行结构示意图

在 FOADM 并行结构中,系统利用分波器将所有波长解复用后,根据需要将某些波长直接穿通,同时将特定波长下路至本地;要上路的特定波长和其他波长再经过合波器复用,然后转发。

FOADM 原理简单,但限制过强——能上下路的波长是固定的,除非人工参与,否则无法动态调整。正因如此,该方法被称为"固定式"光分插复用器。

与 FOADM 相对应的是,可重构光分插复用器(Reconfigurable Optical Add/Drop Multiplexers,ROADM)。ROADM 具有可重构、可动态配置、可灵活调整的优点。ROADM 可分为四类:D-ROADM、CD-ROADM、CDC-ROADM 和 CDC-F ROADM。这里的 C、D、C、F 分别指代 Colorless(波长无关)、Directionless(方向无关)、Contentionless(竞争无关)、Flexi-Grid(灵活栅格)。其中,波长无关是指任何波长通道都可以从任何端口进行上下路;方向无关是指任何本地业务可以配置为发送到任何方向,或者任何方向的业务都可以配置到本地下路;竞争无关是指支持同样波长的多个业务在同一个本地节点上下路;灵活栅格是指是波道间隔任意可调。由此可知:

- D-ROADM(方向无关,波长相关);
- CD-ROADM(方向无关,波长无关);
- CDC-ROADM(方向无关,波长无关,竞争无关);
- CDC-F ROADM(方向无关,波长无关,竞争无关,灵活栅格)。

(4)减肥是我一生的事业

光网络从 FOADM 到 ROADM,再演进到 CDC-F ROADM,基本上实现了光层任意交叉的能力,但设备内部连纤越来越复杂,机架数量多,占用机房空间大,耗电多,运维等成本越来越高,急需"减肥"。全光交换(Optical Cross Connect,OXC)在此背景下应运而生。光背板是 OXC 和 ROADM 的重要区别,它相当于把很多根光纤印刷在一张纸上,实现光路连接。极简光层 OXC 的光层集成度是传统 ROADM 方案的 9 倍以上,可实现 90% 光层场景一柜解决。

3.7.3 软交换

以因特网为代表的新技术正深刻地影响着传统电信网络的概念和体系,下一代网络(NGN)代表了信息网络的发展方向。

所谓 NGN,广义上是指采用大量新技术的不同于现有网络的面向业务而非面向传输、交换等技术细节的新型网络架构。狭义上的 NGN 是指以软交换为核心、以光传输网为基础、多网融合的开放体系架构。目前所说的 NGN 通常指狭义的基于软交换的 NGN。

在传统的电路交换网中,呼叫控制、业务提供以及交换矩阵均集中在一个交换系统中,是封闭的集成化一体机,其业务提供功能融合在交换机的软、硬件中,运营商被设备厂商锁定,几乎没有创新的空间。软交换技术是针对传统交换设备的这种缺陷而发展起来的。

软交换(Softswitch)于 1997 年由贝尔实验室提出,其核心思想是实现业务控制与呼叫控制的分离,实现媒体传送与媒体接入功能的分离,并采用一系列具有开放接口的网络部件去构建这 4 个功能平面,从而形成开放的、分布式的软交换体系结构。

3.7.4 IMS

NGN 网络技术像其他通信技术一样,随着时间的推移,本身也在不断进步。如果把软交换看成是 NGN 发展的初级阶段,那么 IP 多媒体系统(IP Multimedia Subsystem,IMS)可以认为是 NGN 发展的中级阶段。

IMS 进一步发扬了软交换的思想,其重要特点是对控制层功能做了进一步的分解,实现了呼叫控制实体(CSCF)和媒体控制实体(MGCF)在功能上的分离,使网络架构更为开放、灵活,所以 IMS 实际上比软交换更"软"。

IMS 网络互联互通	工业和信息化部组织中国电信、中国移动、中国联通开展 IMS 网络互联互通工作,于 2021 年 8 月完成全国移动通信网 IMS 网络互联互通部署,正式为用户提供服务。 • 2019 年 2 月,工业和信息化部在湖南、四川两省组织开展 IMS 网络互联互通试点工作。 • 2020 年 5 月,在两省试点取得成功的基础上,工业和信息化部决定在全国推广 IMS 网络互联互通。 • 在工业和信息化部组织下,中国电信、中国移动、中国联通、中国信通院研究制定技术方案、测试规范及 10 余项行业标准,开展网间测试 10 万余次,覆盖五个主流设备厂家十余种网元设备,分批次有序完成业务割接调整。

2021 年 8 月,全国移动通信网 IMS 网络实现 IP 化互联互通,正式为用户提供服务。

《中华人民共和国国民经济和社会发展第十四个五年规划和 2035 年远景目标纲要》中提出加快数字化发展,建设数字中国,推进网络强国建设,加快 5G 网络规模化部署。IMS 网络承载 5G VoNR 音/视频等业务,为用户提供更高质量的电信服务,对于 5G 网络建设发展具有基础支撑作用,为未来发展新型电信业务奠定良好基础。

本 章 小 结

本章介绍了交换技术的发展历程:从人工到自动、从机电到电子、从布控到程控。在此基础上介绍了常用的交换技术:电路交换、报文交换、分组交换、帧中继、ATM 交换以及其他的交换技术(如 IP 交换、光交换、软交换和 IMS 等)。

公用电话交换网(PSTN 网)和移动网(如 GSM 等)采用的都是电路交换技术。电路交换的基本特点是采用面向连接的方式,在双方进行通信之前,需要为通信双方分配一条具有固定带宽的通信电路,通信双方在通信过程中将一直占用所分配的资源,直到通信结束,并且在电路的建立和释放过程中都需要利用相关的信令。这种方式的优点是在通信过程中可以保证为用户提供足够的带宽,并且实时性强、时延小、交换设备成本较低,但同时带来的缺点是网络的带宽利用率不高,一旦电路被建立,无论通信双方是否处于通话状态,分配的电路都一直被占用。

报文交换基于"存储—转发"的思想,报文始终以一个整体的结构形式存在,每个报文传送时没有建立/释放连接的阶段。但是,由于报文长度差异很大,长报文可能导致很大的时延,并且对每个节点来说缓冲区的分配也比较困难,为了满足各种长度报文的需要并且达到高效的目的,节点需要分配不同大小的缓冲区,否则就有可能造成数据传送的失败。在实际应用中,报文交换主要用于传输报文较短、实时性要求较低的通信业务,如公用电报网。

分组交换技术主要应用于数据通信业务。分组交换的基本特点是面向无连接或逻辑连接,采用"存储-转发"的方式,每个节点首先将前一节点送来的分组收下并保存在缓冲区中,然后将其发送至下一个节点,这样在通信过程中可以根据用户的要求和网络的能力动态分配带宽。分组交换比电路交换的电路利用率高,适应可靠性要求较高、有突发特性的数据通信业务,但时延较大。

帧中继是在光纤技术的普遍应用和终端系统日益智能化的背景下产生的。与分组交换不同,它采用端到端的差错控制和流量控制。此外,帧中继带宽控制技术是其吸引用户的重要原因之一。

ATM 交换的优点有:固定长度的信元和简化的信头;不进行逐段差错控制和流量控制;采用异步时分复用方式;采用面向连接的工作方式;采用透明的网络传输方式。但是,正因为 ATM 交换技术具有上述优点,从而导致 ATM 技术过于复杂。技术的复杂性造成了 ATM 系统研制、管理、故障定位等难度的加大,从而使其推广受到极大的限制。

除上述交换技术外,随着技术的快速发展,现有的通信网络正处于巨大的变化之中,本章最后简要地介绍了应用于宽带网络的新一代交换技术,如 IP 交换、光交换、软交换和 IMS 等。

习　题

（1）简述电路交换的基本过程。
（2）简述电路交换的特点。
（3）简述数字程控交换机的组成。
（4）简述报文交换的基本原理和特点。
（5）简述分组交换的基本原理和特点。
（6）简述分组交换的工作方式。
（7）简述帧中继的主要特点。
（8）简述 ATM 交换的基本原理和特点。

第 3 章知识要点思维导图

第 3 章知识要点讲解

思政天地

心得示例：

　　华为 OXC 全光交换解决方案的发展历程使我们了解了光交换技术发展的最新进展，更重要的是这一实际案例使我们领悟到要应对前进道路上的各种风险挑战，解决前进道路上的各种矛盾和问题，实现我们的奋斗目标，离不开成熟稳健、有崇高威望的领导核心掌舵领航，离不开新时代党的创新理论的科学指引。只要全党深刻领悟"两个确立"的决定性意义，增强"四个意识"，坚定"四个自信"，做到"两个维护"，心往一处想、劲往一处使，团结凝聚成"一块坚硬的钢铁"，就一定能够带领人民战胜前进道路上的一切风险挑战，谱写全面建设社会主义现代化国家的崭新篇章，以中国式现代化全面推进中华民族伟大复兴。

第 4 章　公用电话交换网及电信支撑网

> **思政天地**
>
> **人类文明新形态的历史意义与世界贡献**
>
> 　　党的十八大以来,党领导人民再接再厉、开拓创新,成功创造了人类文明新形态并不断推进其丰富和发展。党的二十大报告将"创造人类文明新形态"作为中国式现代化的本质要求之一。作为一个重大的理论与现实问题,对于人类文明新形态必须从战略高度予以深刻把握、深入理解。基于中国共产党伟大创造的人类文明新形态具有丰富的文明意蕴,是中华文明的时代展现,是社会主义文明的伟大成果,为中华文明发展和人类文明进步作出了原创性贡献,对于中华民族伟大复兴、发展中国家现代化建设、世界社会主义发展和人类命运共同体构建具有极为重要的意义与贡献。
>
> 　　对于中华民族而言,人类文明新形态孕育于民族复兴的历史过程,汇聚着民族历史文明的精华,是民族复兴的伟大成就,是中华文明的时代样态。人类文明新形态的创造,为中华民族伟大复兴厚植了文明底色,使民族复兴本身具有丰富的文明意蕴,从而超出了民族的局限,凸显了世界的向度,在世界范围内产生了广泛而深远的文明影响。
>
> 　　人类文明新形态,本质上是社会主义的现代性文明,是中国在"一穷二白"的条件下独立自主进行现代化建设而取得的文明成果。人类文明新形态的创造,意味着经济文化落后的国家完全能够独立走出适合本国发展的现代化道路,创造具有民族特色的现代性文明。百年以来,中国共产党带领中国人民在艰辛探索中走出了一条有别于西方模式和苏联模式的社会主义现代化新路——中国式现代化,在此实践基础上创造了人类文明新形态,以巨大的文明成就和成功的实践经验为发展中国家走向现代化提供了新的选择。
>
> 　　人类文明新形态是中国特色社会主义实践的伟大产物,是社会主义的文明形态。它的成功创造,使马克思主义以崭新形象展现在世界上,使世界范围内社会主义和资本主义两种意识形态、两种社会制度的历史演进及其较量发生了有利于社会主义的重大转变。

> 当今世界,各国相互联系、相互依存的程度空前加深,人类生活在同一个地球村,生活在历史和现实交汇的同一个时空,越来越成为你中有我、我中有你的命运共同体。人类文明新形态作为中国特色社会主义实践的伟大产物,与西方国家创造的资本主义文明形态存在显著差异,具有诸多资本主义文明形态所不具备的特性和优势。它站在真理和道义的制高点上,扬弃了西方文明,与时俱进地反映了人类文明进步和国际社会发展的大趋势、总要求,指引人类文明发展、促进人类文明进步。
>
> ——李海青
>
> 节选自:李海青. 二十大精神关键词解读⑦|人类文明新形态的历史意义与世界贡献[EB/OL]. (2022-11-03)[2022-12-6]. https://export.shobserver.com/baijiahao/html/545518.html.

头脑风暴

结合本章内容,如何理解"人类文明新形态的历史意义与世界贡献"?

公用电话交换网(Public Switched Telephone Network,PSTN)是最早建立起来的一种通信网。自1876年贝尔发明电话、1891年史瑞乔发明自动交换机以来,随着先进通信技术的不断涌现,电话网已经成为人们日常生活、工作所必须的传输工具。我国公用电话交换网在经历了人工网和模拟网之后,现已进入了数字程控自动电话交换网时代。

然而,任何一个完整的通信网络除了应具有传递各种信号的业务网络外,还需要若干个起支撑作用的支撑网络。

为此,本章在介绍PSTN相关内容的基础上,介绍了提供保证网络正常运行的控制和管理功能的电信支撑网,包括信令网、数字同步网和电信管理网。

4.1 PSTN 概述

PSTN是以电话业务为主要业务,同时也提供传真等部分简单的数据业务的网络。它采用电路交换与同步时分复用技术进行信息传输,传输媒质以有线为主,本地环路级可以传输模拟信号和数字信号,主干级则实现全数字化。与移动通信相比,由于PSTN终端多为固定形式(除小灵通外),因此俗称固定电话网。

4.1.1 PSTN 的组成

与一般通信网络类似,PSTN由交换设备、传输系统和用户终端设备组成,如图4-1所示,此外为实现用户间的正常通信,还需要在交换局间提供以呼叫建立、释放为主的各种控制信号,即信令系统。

- 交换设备主要指设于电话局内的交换机,已逐步实现程控化、数字化。
- 传输系统是指终端设备与交换中心(称为用户环路)以及交换中心与交换中心之间的传输线路及其相关设备。以有线(电缆、光纤)为主,有线和无线(如卫星)交错使用,传输系统已由 PDH(准同步数字系列)过渡到 SDH(同步数字系列)、DWDM(密集型光波复用)。
- 用户终端设备包括电话机、传真机等终端。用户终端现已逐步实现数字化、多媒体化和智能化。

PSTN 的传输系统将各地的交换系统连接起来,用户终端通过本地交换机进入网络,从而构成了电话网。

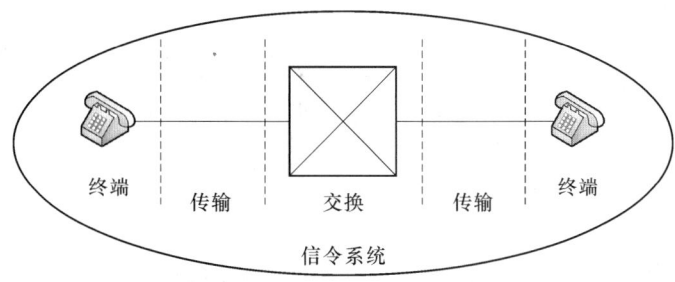

图 4-1 公用电话交换网的组成

4.1.2 PSTN 的等级结构

1. 传统的五级结构

根据我国国情并参照其他国家固定电话通信网结构,1985 年 12 月由原邮电部正式颁布的我国第一个通信网技术体制,即《电话自动交换网技术体制》,明确了我国电话网的五级结构,如图 4-2 所示。

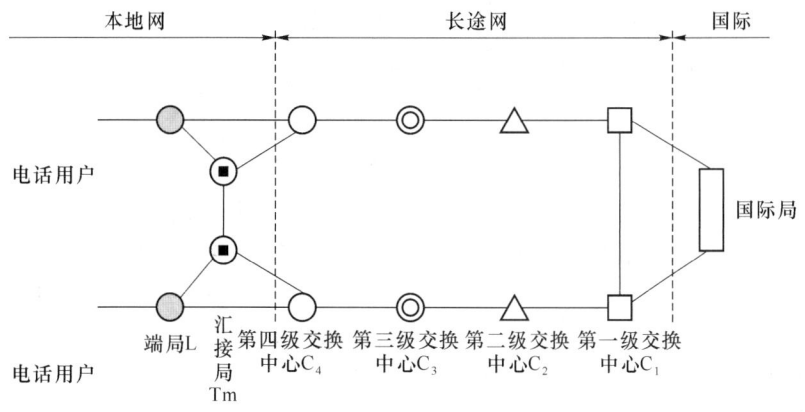

图 4-2 我国电话网的五级结构

五级网由第一级交换中心 C_1(大区交换中心)、第二级交换中心 C_2(省级交换中心)、第三级交换中心 C_3(地区级交换中心)、第四级交换中心 C_4(县级长途交换中心),以及第五级本地网交换中心组成。本地网可设置汇接局和端局两个等级的交换中心,以 Tm 和 L 表示,也可只设置端局一个等级的交换中心。

2. 现阶段的四级结构

1998 年 4 月由原邮电部和原电子部共同组建的国家信息产业部颁布了现阶段我国

电话网的新体制,明确了我国长途电话网的两级结构(如图 4-3 所示)和本地电话网的两级结构(如图 4-4 所示)。

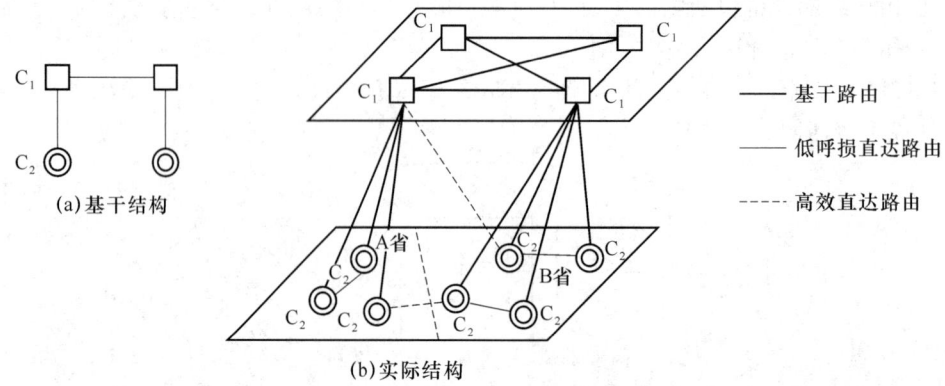

图 4-3 两级长途电话网的等级结构

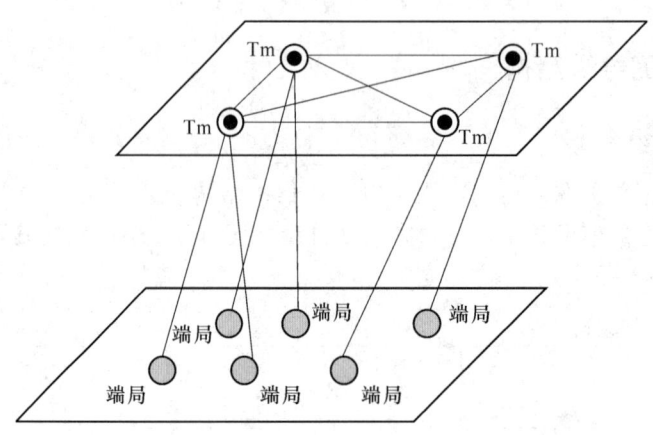

图 4-4 两级本地电话网的等级结构

图 4-3 中,C_1 为第一级交换中心,构成长途两级网的高平面网(省际平面)。C_1 通常设在各省会、自治区首府和中央直辖市,其主要功能是汇接所在省(自治区、直辖市)的省际和省内的国际和国内长途来话、去话和转话话务,以及 C_1 所在本地网的长途终端(落地)话务。C_2 为第二级交换中心,构成长途两级网的低平面网(省内平面),是长途网的终端长途交换中心,设在各省和地市本地网的中心城市,其主要功能是汇接所在地区的国际和国内长途来话、去话和省内各地市本地网之间的长途转话话务以及 C_2 所在中心城市的长途终端话务。

目前,我国长途电话网已由四级转变为二级结构,未来将逐步向无级网方向发展。

图 4-4 所示的本地电话网简称本地网。Tm 是本地网中的第一级交换中心,称为汇接局,与所管辖的端局(L)相连,以疏通这些端局间的话务;此外,汇接局还与其他汇接局相连,疏通不同汇接区间端局的话务;根据需要还可与长途中心相连,疏通本汇接区的长途转话话务。端局是本地网中的第二级交换中心,仅有本地交换功能和终端来话、去话功能。

综上所述,我国的电话网由三个平面组成:长途电话网平面、本地电话网平面和用户端平面。它们之间的关系如图 4-5 所示。

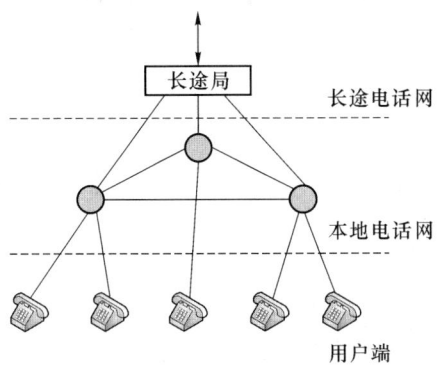

图 4-5 我国现阶段电话网的等级结构

4.1.3 PSTN 的编号规则

PSTN 的编号规则是指本地网、国内长途网、国际长途网、特种业务以及一些新业务等的各种呼叫所规定的号码编排和规程。PSTN 的编号规则是使电话网正常运行的一个重要规则,交换设备必须适应各项续接的编号需求。

PSTN 编号由本地电话编号和长途电话编号两部分组成。

1. 本地电话编号规则

同一长途编号范围内的用户属于同一个本地网。在一个本地网内,号码的长度要根据本地电话网的长远规划容量来确定。

本地电话网的用户号码由两部分组成:局号+用户号。其中,局号可以是 1 位(用 P 表示)、2 位(用 PQ 表示)、3 位(用 PQR 表示)、4 位(用 PQRS 表示);用户号为 4 位(用 ABCD 表示)。因此,如果本地电话网电话号长为 8 位,则可以表示为 PQRSABCD。

2. 长途电话编号规则

长途电话包括国内长途电话和国际长途电话。

国内长途电话号码的组成为:国内长途字冠+长途区号+本地号码。其中,国内长途字冠是拨打国内长途电话的标志,在全自动接续的情况下用"0"表示;长途区号是被叫用户所在本地网的区域号码,全国统一划分,长途区号的长度为 1～4 位长,用 $X_1X_2X_3X_4$ 表示。

国际长途电话号码的组成为:国际长途字冠+国家号码+长途区号+本地号码。其中:国际长途字冠是拨打国际长途电话的标志,在全自动接续的情况下用"00"代表;国家号码为 1～3 位,用 $I_1I_2I_3$ 表示。

例如,从上海某地拨打北京邮电大学话务中心的电话,则需拨打 0-10-6228-2222。

- 0:国内长途字冠。
- 10:北京的长途区号。
- 6228:局号,表示一个特定的海淀区交换局的交换机。
- 2222:用户号。

4.2 路由选择

4.2.1 路由的含义及分类

当用户有呼叫请求时,若两个用户不属于同一交换局,则需在交换局之间为其建立起一条传送信息的通道。通常,将网络中任意两个交换中心之间建立一个呼叫连接或传递信息的通道称为路由。

从不同角度出发,可以将路由进行不同的划分。

(1) 按路由选择可以分为:首选路由与迂回路由、直达路由、最终路由等。

① 首选路由与迂回路由

当某一交换中心呼叫另一交换中心时,有多个路由,第一次选择的路由称为首选路由。当第一选择的路由遇忙时,迂回到第二个或第三个路由,那么第二个或第三个路由就成为第一个路由的迂回路由。

② 直达路由

直达路由指由两个交换中心之间的电路群组成,不经过其他交换中心转接的路由。

③ 最终路由

最终路由是任意两个交换中心之间可以选择的最后一种路由。

(2) 组成路由的电路群根据要求可以具有不同的呼损指标。按呼损可将路由分为:低呼损直达路由和高效直达路由。

① 低呼损直达路由

低呼损直达路由是指任意两个交换中心之间由低呼损电路群所组成的直达路由。在该路由上的话务量不允许溢出到其他路由。

② 高效直达路由

高效直达路由是指任意两个交换中心之间由高效电路群所组成的直达路由。高效直达路由上的电路群没有呼损指标的要求,话务量允许溢出至规定的迂回路由上。

除上述各类路由外,还有一类路由称为基干路由。基干路由由同一交换区内相邻等级交换中心之间的低呼损电路群及 C_1 级交换中心之间的低呼损电路群组成。基干路由上电路群的呼损标准是为保证全网的接续质量而定,它要求呼损应小于或等于1%。在该路由上的话务量不允许溢出至其他路由。

> **呼损**　　当网络用户数大于可用信道数时,可能出现许多个用户同时要求通话而信道数不能满足要求的情况。这时只能让一部分用户通话,而另一部分用户不能通话。这一部分用户发出了呼叫请求,但因无信道可用而未能完成通话,这种现象被称为呼叫失败,即发生了呼损。
>
> 呼损率是指损失话务量与流入话务量的比值。
>
> 低呼损电路群要求呼损率小于或等于1%;高效电路群要求呼损率小于或等于7%。

4.2.2 路由的设置

在长途网中,路由设置通常按照如下的原则:

(1) C_1 间各个相连成网状网,C_1 间均设置低呼损路由;

(2) C_1 与其下属的 C_2 之间为星型网,均设置低呼损路由;

(3) 同一个汇接区的所有 C_2 之间,视话务关系的密切程度可设置低呼损路由或高效直达路由;

(4) 不同汇接区的 C_1 和 C_2 之间、C_2 和 C_2 之间,视话务关系的密切程度可设置低呼损路由或高效直达路由。

在本地网中,根据本地网的业务覆盖范围和通信容量的不同,可以有不同的路由设置方式。

(1) 适合于特大城市及大城市本地网的分区双汇接局结构。

在特大城市及大城市,将本地网划分成若干个汇接区,每个汇接区内设置两个大容量的汇接局,每个汇接区内的每个端局至这两个汇接局均设立低呼损基干电路群;当汇接局均为端/汇合的混合汇接局(用 Tm/L 表示)时,全网的所有汇接局间为各个相连的网状网,局间为低呼损基干电路群,如图 4-6(a)所示;当某一个汇接区的两个汇接局均为纯汇接局时,这两个汇接局之间不需要相连,如图 4-6(b)所示。

(2) 适合于中等城市本地网的汇接局全覆盖结构。

在中等城市的本地网通常设置 2~3 个汇接局,实现对全网的端局全覆盖。汇接局一般设置在本地网的中心城区,并且相互之间采用网状网结构,如图 4-7 所示。

(3) 适合于较小城市的本地网通常采用一级(无汇接局)的网状网结构。

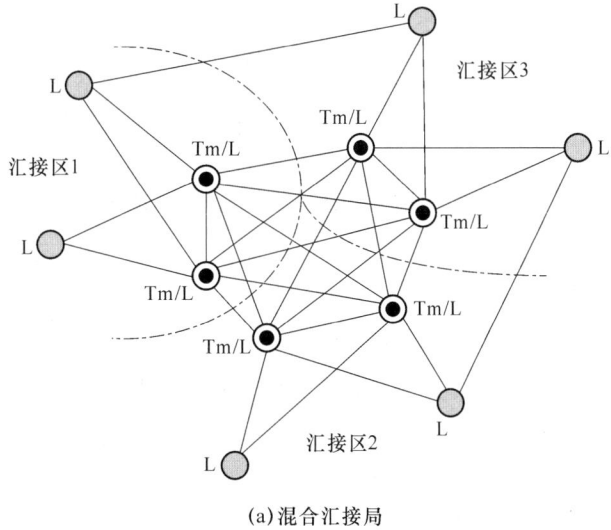

(a)混合汇接局

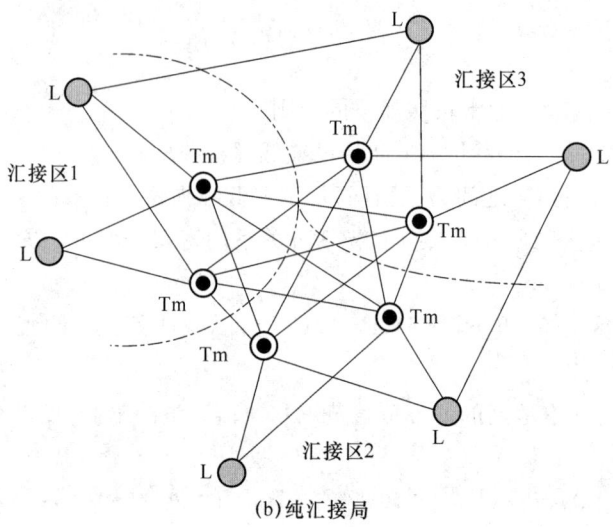

(b)纯汇接局

图 4-6 特大城市及大城市本地网的分区双汇接局结构示意图

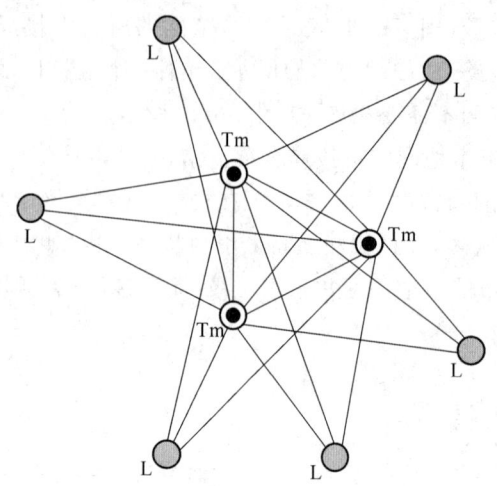

图 4-7 中等城市本地网的汇接局全覆盖结构示意图

4.2.3 路由的选择

路由选择又称选路,指一个交换中心呼叫另一个交换中心时,在多个可传递信息的途径中进行选择,对一次呼叫而言,直到选到了目标局路由选择才算结束。

路由选择的基本原则是:
- 确保传输质量和信令信息传输的可靠性;
- 有明确的规律性,确保路由选择中不出现死循环;
- 一个呼叫连接中的串接段数应尽量少;
- 能在低等级网络中流通的话务尽量在低等级网络中流通;
- 同一汇接区内的话务应在该汇接区内疏通;

- 发话区的路由选择方向为自下而上,受话区的路由选择方向为自上而下;
- 按照"自远而近"的原则设置路由选择顺序,也就是说,任意一节点选择下一节点时,总是选择沿基干路由距终局最接近的那一个节点,即首选直达路由,次选迂回路由,最后选最终路由。

以图 4-8 为例,若 C_{31} 欲与 C_{32} 通信,C_{31} 首先选择直达路由 C_{31}—C_{32},如果该路由中所有中继线都忙,则选择迂回路由,依次选择的替代路由如下:

C_{31}—C_{22}—C_{32};
C_{31}—C_{12}—C_{32};
C_{31}—C_{12}—C_{22}—C_{32};
C_{31}—C_{21}—C_{32};
C_{31}—C_{21}—C_{22}—C_{32};
C_{31}—C_{21}—C_{12}—C_{32};
C_{31}—C_{21}—C_{12}—C_{22}—C_{32};
C_{31}—C_{21}—C_{11}—C_{22}—C_{32};
C_{31}—C_{21}—C_{11}—C_{12}—C_{32};
C_{31}—C_{21}—C_{11}—C_{22}—C_{22}—C_{32}。

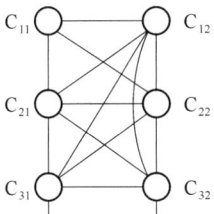

图 4-8 等级制网络中的路由选择

其中,C_{31}—C_{21}—C_{11}—C_{22}—C_{22}—C_{32} 为最终路由。

4.3 信令与信令系统

| hi 与信令 | A:hi!
B:hi!
A:最近忙什么呢?
B:刚从马尔代夫度假回来。
……
A:88!
B:88!
A、B 两人见面后从约定俗成的"hi"开始,达成同步,开始对话,并通过"88"结束对话。人是智能生物,但机器不是。如何让电话系统自动实现连接的建立和释放呢?信令就可以实现这一功能。|

信令是一种通信语言,是通信系统中各节点为协调工作而发送、传递、接收和执行的一种控制指令。它类似于人体中的神经系统,控制着人的四肢和五官等。信令由专用设备或专用装置产生和接收,通过信令传输通道传送。因此,信令设备、信令的传输通道,以及信令的结构形式、传送方式和控制方式等构成了信令系统。信令系统在通信网中起着指挥、联络、协调的作用。

4.3.1 信令的基本类型

1. 按信令的传送区域分类

按传送区域可以将信令分为用户线信令和局间信令。用户线信令是指用户话机和交换机之间传送的信令，如交换设备发送给用户的铃声、忙音，以及用户向交换设备发送的主/被叫摘挂机信令等都属于用户线信令。局间信令是指交换机之间的信令，在局间中继线上传送，用来控制呼叫的接续和拆线等。

2. 按信令的功能分类

按信令的功能可以将信令分为监视信令、选择信令、铃音信令、维护管理信令等。

- 监视信令：用以检测或改变呼叫状态和条件，以控制接续的进行，如反映用户话机的摘、挂状态。
- 选择信令：又称地址信令，主要用来传送被叫或主叫的电话号码，以供交换机选择路由以及选择被叫用户。
- 铃音信令：交换机通过用户线发给用户的各种可闻信令称为铃音信令，包括拨号音、忙音、振铃信号、回铃音、催挂音等。
- 维护管理信令：仅在局间中继线上传送，在通信网的运行中起着维护和管理作用，如检测和传递网络拥塞信息，提供呼叫计费所需的相关信息等。

3. 按信令的传送方向分类

按信令的传送方向可以将信令分为前向信令（主叫端局到被叫端局）和后向信令（被叫端局到主叫端局）。

4. 按信令的传送信道分类

按传送信道，即信令信道与话音信道之间的关系，可以将信令分为随路信令（Channel Associated Signaling, CAS）和公共信道信令（Common Channel Signaling, CCS）。

- 随路信令：指用话音信道传送各种信令，即信令和话音在同一条通路中传送，如图 4-9 所示。

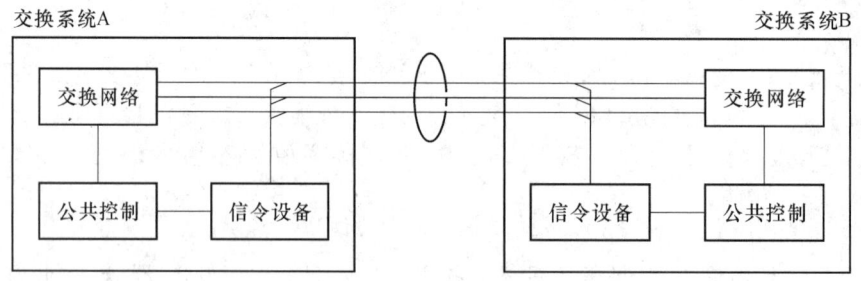

图 4-9 随路信令示意图

- 公共信道信令：又称共路信令，指传送信令的通道和传送话音的通道在逻辑上或物理上完全分开，有单独传送信令的通道，如图 4-10 所示。共路信令方式的主要特点是信令的传送与话路分开，互不干扰。在话音传送期间，信令不间断传送。

共路信令方式具有信令传送速度快、信令容量大、可靠性高、改变和增加信令较为灵活、通话的同时可以处理信令等优点。No.7 信令系统就是一种共路信令系统。

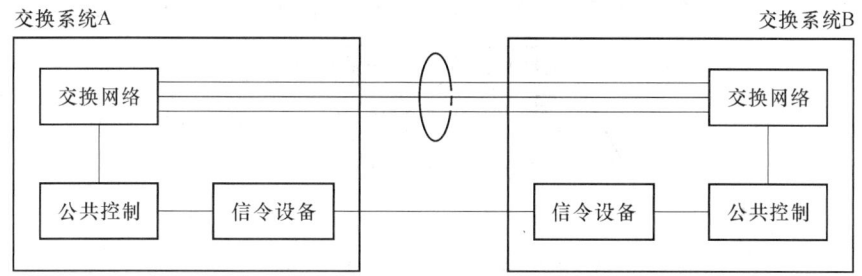

图 4-10 共路信令示意图

部队中的 通信兵	部队战斗需要获取敌情、发送情报,这些工作往往由通信兵完成。通信兵在部队中存在的形式通常有两种:一种是隶属于野战部队内部,如每个班配备一个通信员,这类似于随路信令;另一种是建立一个专门的通信部队,独立于该野战部队,辅助野战部队收集和发送情报,这类似于共路信令。

4.3.2 No.7 信令系统概述

最初电话网采用的是随路信令,但由于随路信令速度慢、信息容量小以及在通话期间不能传递信令,因此出现了共路信令技术。1968 年,原 CCITT 提供第一个公共信道信令系统,也就是 No.6 信令系统,主要用于模拟电话网。随着数字技术的不断发展,1980 年原 CCITT 又提出了信令系统的总体结构和消息传递部分(MTP)、电话用户部分(TUP)和数据用户部分(DUP)的相关建议,从而建立了 No.7 信令系统技术规程。No.7 信令系统具有如下特点:

- 信令传送速度快、信令容量大;
- 具有提供大量信令的潜力及具有改变和增加信令的灵活性;
- 可靠性高、适应性强;
- 适合将来多种新业务发展的需求。

目前,No.7 信令系统的主要用途包括:

- 传送电话网的局间信令;
- 传送电路交换的数据网的局间信令;
- 传送 ISDN 网(综合业务数字网)的局间信令;
- 传送智能网信令;
- 传送移动通信网信令;
- 传送管理网信令。

1. 信令网的组成

将各种单独传送信令的通道组合起来就构成了信令网。No.7 信令网是由 No.7 信令本身的传输和交换设备构成的,是一个专门用来传送信令的计算机网络,信令网与电话网之间的关系如图4-11所示。No.7信令网由信令点(Signaling Point,SP)、信令转接点(Signaling Transfer Point,STP)和信令链路(Signaling Link,SL)组成。

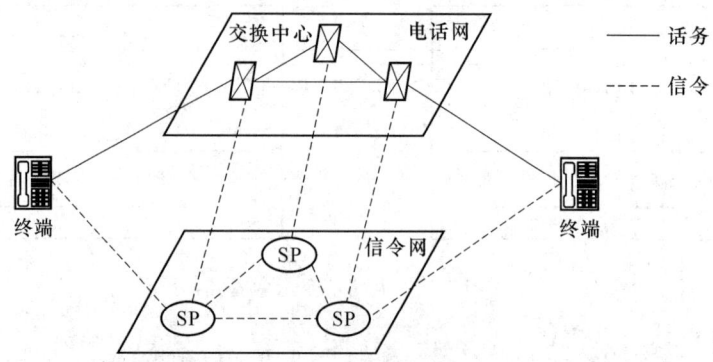

图4-11 电话网与信令网关系示意图

- 信令点:是处理控制消息的节点,包括信令消息的源点(产生消息的信令点)和目的点(消息到达的信令点)。
- 信令转接点:把一条信令链路收到的消息,转发到另一条信令链路。
- 信令链路:是连接各个信令点以传送信令消息的物理链路。

信令网与电话网在物理实体上是同一个网络,但从逻辑上却是两个不同功能的网络。二者之间是寄生和并存的关系。

2. 信令网的拓扑结构

No.7信令网可以分为无级信令网和分级信令网。

- 无级信令网:指信令网中不引入信令转接点,各信令点间采用直联工作方式的信令网,如图4-12(a)所示。

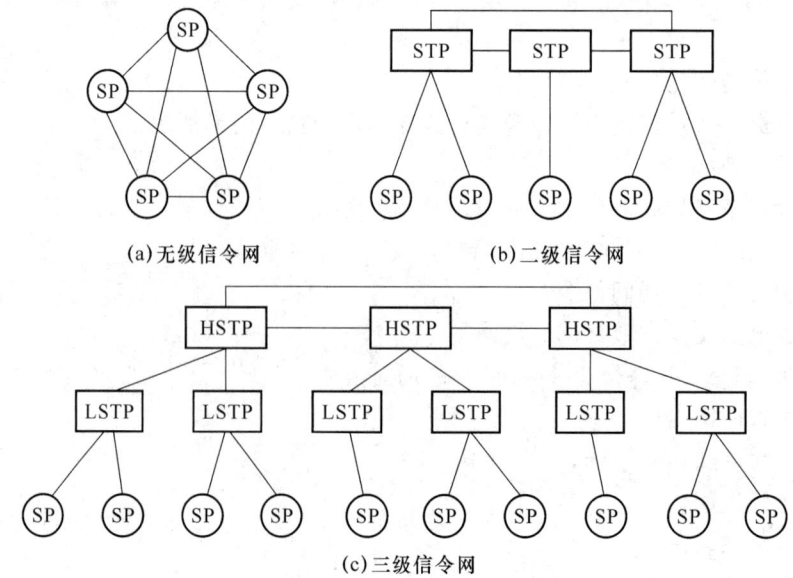

图4-12 信令网结构示意图

- 分级信令网:指含有信令转接点的信令网。分级信令网又可以分为具有一级信令转接点的二级信令网、具有二级信令转接点(高级信令转接点 HSTP 和低级信令转接点 LSTP)的三级信令网,如图 4-12(b)和(c)所示。

无级信令网从容量和经济角度都不能适应较大范围的信令网的要求,所以无级信令网未被广泛采用。与三级信令网相比,二级信令网具有经过信令转接点少和信令传递时延短的优点,因此在信令网容量可以满足要求的条件下,大多数国家都采用二级信令网。但是,对信令网容量要求大的国家,若二级信令网容量不能满足要求时,就必须使用三级信令网。三级信令网中的 HSTP 之间通常为网状网结构。

在三级信令网中,信令链路可以分为五类:A 链路、B 链路、C 链路、D 链路、F 链路,如图 4-13 所示。

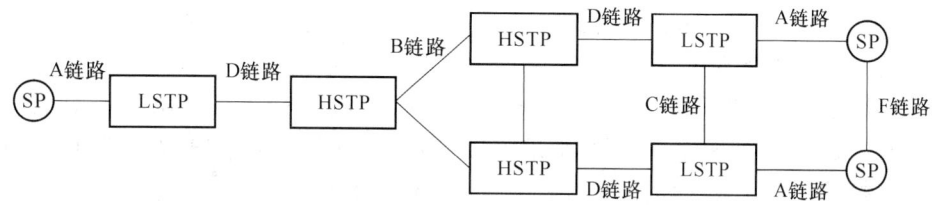

图 4-13 信令链路的组织方式

- A 链路(Access Link):SP 至所属 STP(HSTP 或 LSTP)间的信令链路。
- B 链路(Bridge Link):两对 STP(HSTP 或 LSTP)间的信令链路。
- C 链路(Cross Link):一对 STP(HSTP 或 LSTP)间的信令链路。
- D 链路(Diagonal Link):LSTP 至所属 HSTP 间的信令链路。
- F 链路(Full Associated Link):SP 间的直连信令链路。

3. 信令网的连接方式

信令网中的连接方式是指信令转接点之间的连接方式及信令点与信令转接点之间的连接方式。

(1) STP 间的连接方式

通常,对于 STP 间连接方式的基本要求是:在保证信令转接点信令路由尽可能多的同时,信令连接过程中经过的信令转接点转接的次数尽可能少。符合这一要求且得到实际应用的连接方式通常有两种:网状网连接方式和 A/B 平面连接方式,如图 4-14 所示。

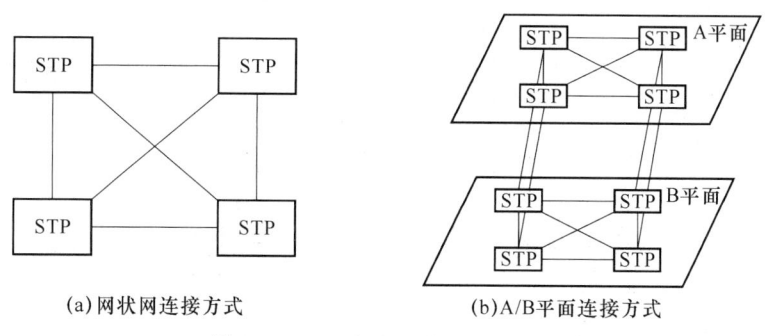

图 4-14 STP 间的连接方式示意图

① 网状网连接方式

网状网连接方式的主要特点是 STP 间都为直联方式。网状连接方式的优点是安全可靠性好,且信令连接的转接次数少;缺点是经济性较差。

② A/B 平面连接方式

A/B 平面连接方式是网状网连接的简化。A/B 平面连接方式的主要特点是 A 或 B 平面内部的 STP 间都为直联方式,A、B 平面间 STP 成对相连。在正常情况下,同一平面内的 STP 间信令不经过 STP 转接;在故障情况下,需经由不同平面的 STP 连接时,要经过 STP 转接。A/B 平面连接方式的优点是经济性较好,但转接次数要比网状网连接时多。

(2) SP 与 STP 间的连接方式

SP 与 STP 间的连接方式分为两种:分区固定连接和随机自由连接。

① 分区固定连接方式

分区固定连接方式是把整个信令网分成若干个信令区,如图 4-15 所示,主要特点如下:

- 每一信令区内,每个 SP 需成对地连接到本信令区的两个 STP,从而保证信令可靠转接的双倍冗余。
- 某一信令区内的一个 STP 故障,该信令区的全部信令业务都转到另一个 STP;若两个 STP 同时故障,则该信令区的全部信令业务中断。
- 两个信令区之间,SP 至少需要经过两个 STP 的两次转接。
- 采用分区固定连接时,信令网的路由设计及管理方便。

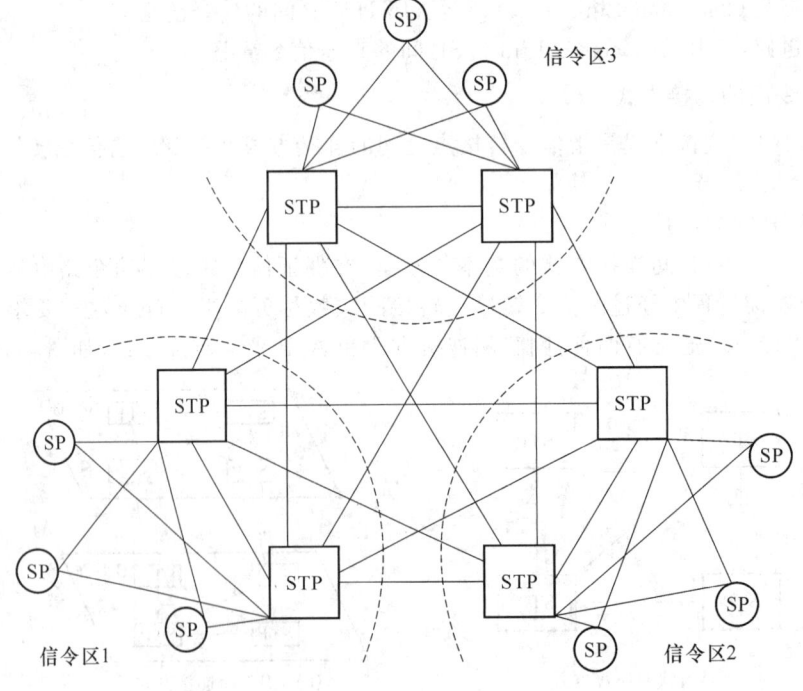

图 4-15　分区固定连接方式示意图

② 随机自由连接方式

随机自由连接方式是按信令业务量的大小采取随机自由连接,如图4-16所示,主要特点如下:

- 本信令区的SP可以根据信令业务负荷的大小连接至其他信令区的STP。
- 每个SP至少与两个相同信令区或不同信令区的STP相连接,从而保障信令可靠转接的双倍冗余。
- 在两个信令区之间,SP可以只经过一次STP转接。

显然,随机自由连接的信令网中SP间的连接比固定连接灵活,然而信令路由比固定连接复杂,所以信令网的路由设计及管理较为烦琐。

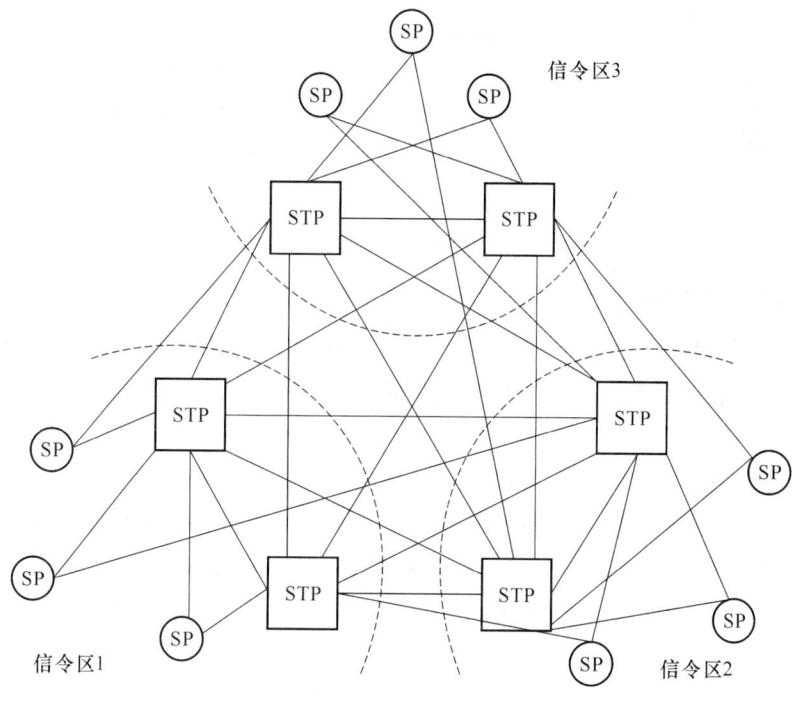

图4-16 随机自由连接方式示意图

4.3.3 我国信令网的网络结构

1. 我国信令网的拓扑结构

在我国,信令网采用了三级结构,这是由我国行政区域的划分、电信业务网的容量与结构,以及今后的发展而确定的。三级信令网结构由长途信令网和大、中城市本地信令网组成。其中,长途信令网是全国信令网的第一级(HSTP);大、中城市本地信令网为两级结构信令网,相当于全国信令网的第二级(LSTP)和第三级(SP),如图4-17所示。

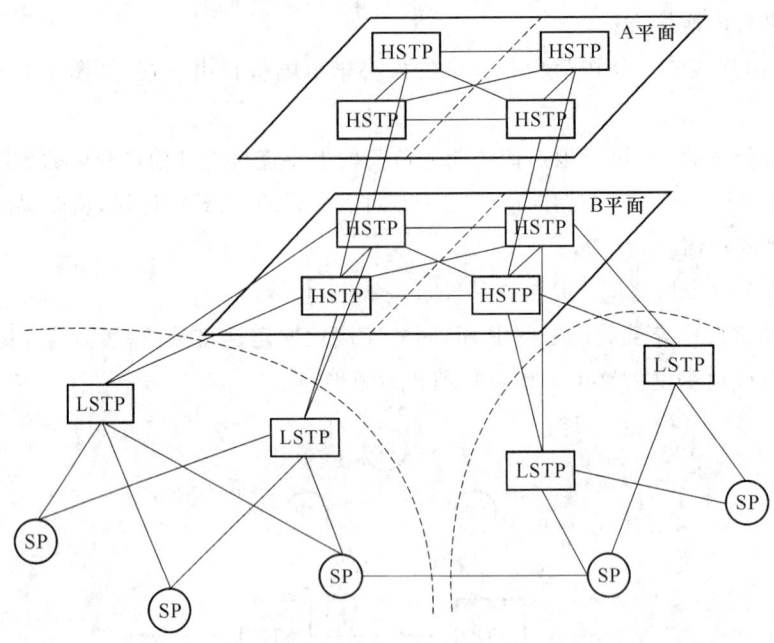

图 4-17 我国信令网的拓扑结构

2. 我国信令区划分

我国信令网中信令区的划分与我国三级信令网的结构相对应，在我国信令网中信令区分为三级：主信令区、分信令区和信令点。我国目前有 33 个主信令区，每个主信令区又划分为若干个分信令区。

各主信令区和分信令区及信令转接点的设置原则如下。

- 主信令区按中央直辖市、省和自治区设置，其 HSTP 一般设在直辖市、各省省会、自治区首府。一个主信令区内一般设置一对 HSTP。若某些主信令区内信令业务量较大，一对 HSTP 不能满足信令点容量的要求，也可以设置两对及两对以上的 HSTP。
- 分信令区的划分原则是以一个地区或一个地级市为单位来划分。一个分信令区通常设置一对 LSTP。若信令业务量较大，也可以设置两对及两对以上的 LSTP。

3. 我国信令网的组网原则

为保证信令网的安全可靠运行，我国电信管理部门制定了如下的 No.7 信令网组网原则。

（1）各分信令区的 LSTP 只能与所属主信令区的 HSTP 相连，不能同分信令区内的 LSTP 连接；不同分信令区的信令业务均由 HSTP 转接。每一主信令区的 HSTP 除负责本主信令区的各信令点到其他主信令区的信令业务转接外，还负责主信令区内各分信令区间的信令转接业务。

（2）LSTP 与 HSTP 的连接方式：

① LSTP 以固定连接方式连接至 A/B 平面中对应的 HSTP；

② 根据话务流量与流向采用随机自由连接方式。

（3）当一个分信令区设置一对 LSTP 时，这对 LSTP 要连接至本信令区的 HSTP；若一个分信令区内有多对 LSTP 时，应根据信令业务流量、流向以及传输条件来选择连接方式，并至少有一对 LSTP 连接至 HSTP。

（4）SP 与 LSTP 的连接方式：各 SP 按分区固定连接方式分别与所在分信令区的两个成对的 LSTP 相连。在一般情况下，不允许其他信令汇接区内的 SP 与本分信令区内的 LSTP 相连。如果不同信令区相邻的两地间信令业务流量较大时，可以设置直联方式信令链路。

4.4 数字同步网

> **音乐会中的指挥家**　任何一场音乐会都离不开指挥家，无论钢琴演奏者、小提琴演奏者……本身多么出色，演奏时多么认真，如果不在指挥家统一指挥下，也很难共同演奏出和谐的乐曲。
>
> 乐队从开始演奏到结束，整个过程中拥有统一节奏的这种状态可以称为同步状态。在通信网中，各个节点也需要保持同步状态，否则就可能出现各种错乱的现象。

4.4.1 同步技术概述

所谓同步是指收、发双方在时间上步调一致。

在模拟通信中，同步是指交换传输系统各个频率之间的同步，它要求收、发双方的频率和相位保持一致。

在数字通信中，按照同步的功用可以将同步技术分为载波同步、位同步、帧同步和网同步。

1. 载波同步

载波同步是指在解调时，接收端需要提供一个与接收信号中的调制载波同频同相的载波。这个载波的获取称为载波提取或载波同步。以二进制移相键控为例，可使用平方环法实现载波同步。

若接收到的二进制移相键控信号为

$$s_{2\text{PSK}} = b(t)\cos 2\pi ft$$

其中，$b(t)$ 为双极性不归零码序列。将接收信号进行平方，可得

$$s_{2\text{PSK}}^2 = b^2(t)\cos^2 2\pi ft = \frac{1}{2}\left[b^2(t) + b^2(t)\cos 4\pi ft\right]$$

借助窄带滤波器可将 $2f$ 频率分量滤出，然后利用锁相环、二分频、移相器，即可得到所需

的载波,如图 4-18 所示。

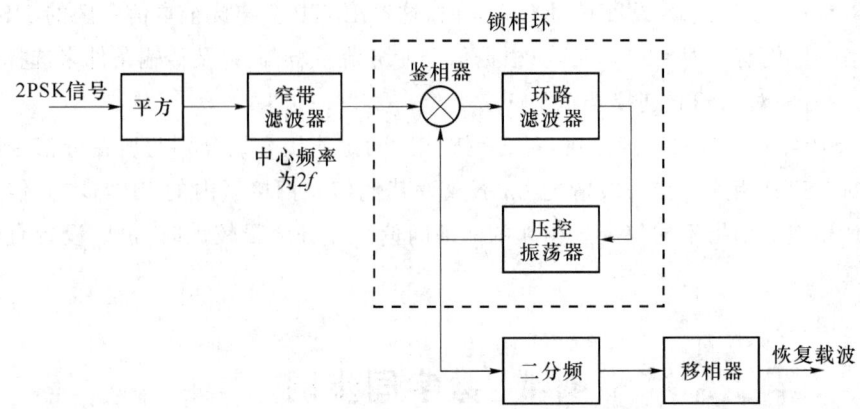

图 4-18　平方环提取载波

2. 位同步

位同步又称为码元同步。在数字通信系统中,任何消息都是通过一连串码元序列传送的,所以接收时需要知道每个码元的起止时间,以便在恰当的时刻进行取样判决。这就要求接收端必须提供一个定时脉冲序列,该序列的重复频率要与码元速率相同,相位与最佳取样判决时刻一致。提取这种定时脉冲序列的过程称为位同步。以码分多址信号为例,可借助地址码实现位同步,即伪码同步。

位同步可以分为粗同步和细同步,粗同步又称为捕获,细同步又称为跟踪。粗同步是使接收伪随机码与本地伪随机码的相位差 $\Delta\tau$ 小于一个码元宽度;细同步是使相位差进一步缩小,甚至趋近于 0。

粗同步可以利用伪随机码的自相关特性,借助并行相关检测法实现,如图 4-19 所示。通过检测比较各路输出,选择最大者对应的时延即可作为检测的时延估值。并行相关检测法在理论上只需一个周期即可完成捕获。

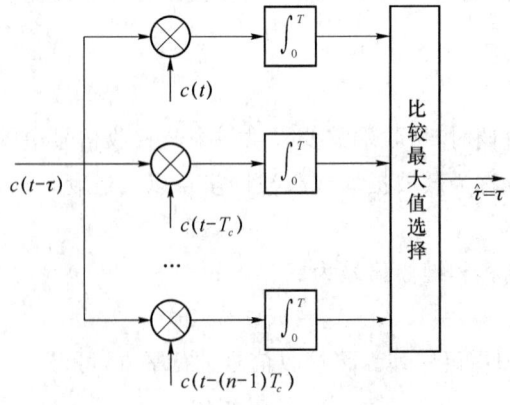

图 4-19　并行相关检验

细同步同样利用伪随机码的自相关特性,可以按照如图 4-20 所示的方式实现。图 4-21 为检验误差特性。

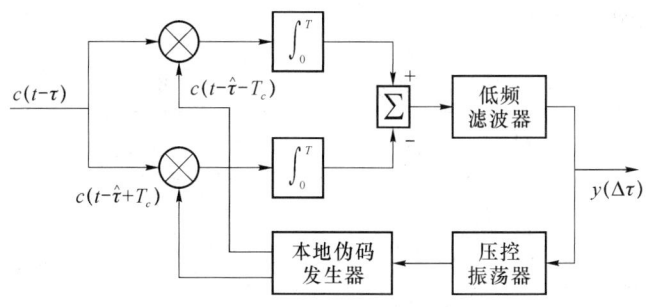

图 4-20　伪码延时锁定电路

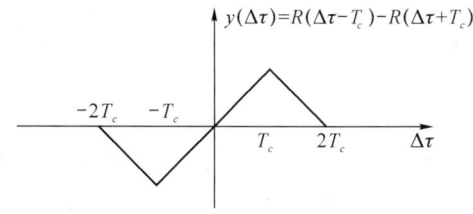

图 4-21　检验误差特性

3．帧同步

在数字通信系统中,信息流使用若干码元组成一个帧。帧同步的任务就是在位同步的基础上识别出这些数字信息帧的起止时刻,使接收设备的帧定时与接收到的信号中的帧定时处于同步状态。

实现帧同步的方法通常有两种:起止式同步法和插入特殊同步码组法。其中,起止式同步法很简单,一般是在数据码元的开始和结束位置加入特定的起始和停止脉冲来表示数据帧的开始和结束;插入同步码组法又可分为连贯式插入法和间隔式插入法。

(1) 连贯式插入法

连贯式插入法又称集中插入法。它是在每一个信息帧的开头处插入作为帧同步码组的特殊码组,该码组在信息码中很少出现,即使偶尔出现,也不可能符合帧的规律周期。接收端按照帧的周期连续数次进行检测,即可获得帧同步信息。A 律 PCM 基群、二次群、三次群、四次群都采用连贯式插入同步。其中,基群帧中 T_{s0} 为帧同步码。T_{s0} 帧同步码为 0011011,占偶数帧 T_{s0} 时隙的后 7 位,第一位暂定为 1,留国际通信用;奇数帧的 T_{s0} 各位分配规律为:第 1 位暂定为 1,留国际通信用;第 2 位固定为 1,表示是奇数帧;第 3 位失步告警,正常为 0;第 4~8 位暂定为 1,留国际通信用。

(2) 间隔式插入法

间隔式插入法是将 n 比特帧同步码分散地插入到 n 个帧内,每帧插入 1 比特,μ 律 PCM 基群采用间隔式插入法。

4. 网同步

在数字通信系统中,如果数字交换设备之间的时钟频率不一致,就会导致传输节点中出现滑码现象,如图4-22所示。

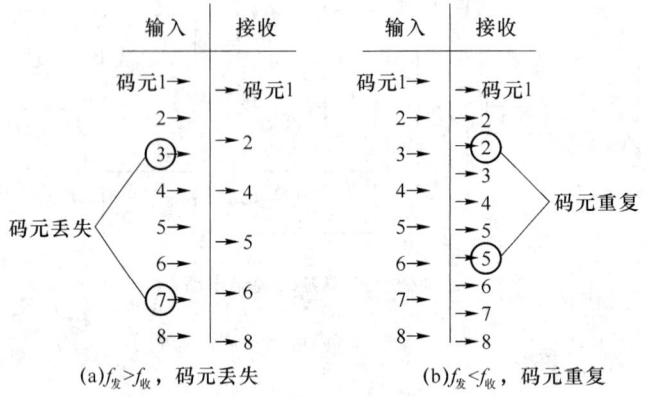

图 4-22 时钟频率偏差引起的滑动现象

从图4-22可以得出,当发端时钟速率$f_发$大于接收端时钟速率$f_收$时,将会导致码元丢失;当发端时钟速率$f_发$小于接收端时钟速率$f_收$时,将会导致码元重复。这两种情况都会使传输发生畸变。当滑动较大时,使一帧或更多的信号丢失或重复,将会产生"滑码",从而影响通信质量。

在语音通信中,滑码现象的出现会导致"喀剌"声;在视频通信中,滑码现象则会导致画面定格的现象。为降低滑码率,必须使通信网络中各个单元使用共同的基准时钟频率。实现数字通信网络中数字设备内的时钟频率与相位达到相互同步的过程称为网同步。以下将着重介绍数字通信网同步问题。

4.4.2 数字同步网的实现方式

目前,数字通信网的同步方式主要包括主从同步方式、互同步方式和独立时钟分配方式。

(1) 主从同步方式

在主从同步方式中,通信网内的高等级交换局或中心局设有一套精度高且稳定度高的时钟,称为主节点时钟或时钟源;其他各交换局设有从时钟,它们受控并同步于时钟源的时钟频率。也就是,在整个通信网中,以时钟源的频率作为时钟基准,通过时钟分配网络传输到各个交换局作为同步的基准信息,从而控制各局的从时钟频率。

主从同步网主要由主时钟节点、从时钟节点及基准信息传送链路组成。按网络的规模可以分为直接主从同步方式和等级主从同步方式。

① 直接主从同步方式

在直接主从同步方式中,各从时钟节点的时钟基准都直接从主时钟节点获取,无转接过程,如图4-23(a)所示。直接主从同步方式一般用于规模较小的通信网同步,或用于同一通信楼内各设备的同步。

② 等级主从同步方式

等级主从同步方式又称为分级主从同步方式,适用于规模较大的通信网的同步。在等级主从同步方式中,网内各交换局被划分为不同等级的节点,级别越高,其时钟的准确度和稳定度越高,并且基准时钟通过树状的时钟分配网络逐级向下传递,如图 4-23(b)所示。在正常运行时,通过各级时钟的逐级控制就可以实现网内各节点时钟锁定于基准时钟,从而达到全网时钟统一,即同步的目的。

等级主从同步方式的优点是:各同步节点和设备的时钟都直接或间接地受控于主时钟源的基准时钟,在正常情况下能够保持全网的时钟统一;对作为基准时钟的主时钟源的性能要求较高,但除此之外,对其他从时钟的性能要求都比较低,因而可以降低成本。

等级主从同步方式的缺点是:在传送基准时钟信号的链路和设备中,若有任何故障或干扰,都会影响同步信号的传送,并且产生的扰动会沿着传输途径逐级积累;为避免网络中形成时钟传送闭合环,同步网的规划和设计较为复杂。

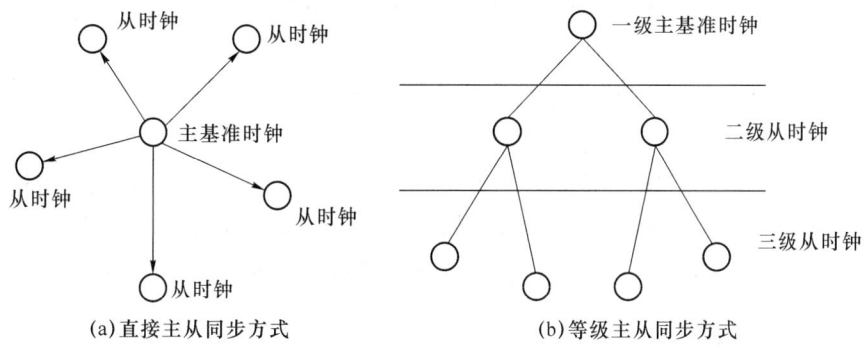

图 4-23 主从同步方式

(2) 互同步方式

在互同步方式中,通信网内各交换局都有自己的时钟,并且都是受控时钟。通信网内各局的交换设备互连时,其时钟设备也是互连的,各时钟无主从之分,相互控制、相互影响,如图 4-24 所示。如果网络各参数选择适当,各局的时钟频率可以达到一个统一的稳定频率,从而实现全网时钟同步。

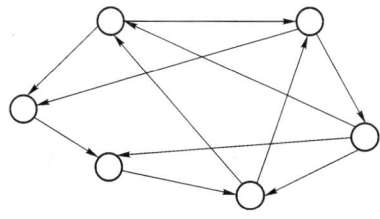

图 4-24 互同步方式

(3) 独立时钟分配方式

独立时钟分配方式又称为准同步方式。在该方式中,通信网中各同步节点都设置相互独立、互不控制、标称速率相同、频率精度和稳定度相同的时钟。为降低节点之间的滑动率,要求各个节点都采用高精度和高稳定度的原子钟。准同步方式目前主要用于国际数字网的同步。

4.4.3 数字同步网的同步设备

1. 基准时钟源

在数字同步网中,符合基准时钟指标的基准时钟源可以是铯(Cs)原子钟组、美国卫星全球定位系统(Globe Positioning System,GPS)北斗卫星导航系统等。

(1) 铯原子钟

原子钟是原子频率的简称,是根据原子物理学及量子力学原理制造的高准确度和高稳定度的振荡器。在通信网中,目前将铯原子钟作为最高等级的基准时钟。基准时钟的标准输出为 2 048 kHz,也可以根据实际情况的需要配置为 64 kHz、1 MHz、5 MHz、10 MHz等。此外,通常将铷(Rb)原子钟作为受控钟使用。

(2) 卫星全球定位系统

GPS 是美国海军天文台设置的一套高精度的卫星全球定位系统。接收者可对收到的 GPS 信号进行必要处理后作为基准时钟频率使用。

GPS 设备体积小,天线可架装在建筑物上方,通过电缆将信号引至机房内的接收器。用 GPS 作为定时信号的同步节点,一般使用高稳定度的铷(Rb)原子钟作为基准时钟源。如果使铷原子钟的短期稳定度与 GPS 的长期稳定度相结合,则可得到较高准确度和稳定度的时间基准。

(3) 北斗卫星导航系统

北斗卫星导航系统(以下简称北斗系统)是我国着眼于国家安全和经济社会发展需要,自主建设运行的全球卫星导航系统,是为全球用户提供全天候、全天时、高精度的定位、导航和授时服务的国家重要时空基础设施。北斗系统自提供服务以来,已在交通运输、农林渔业、水文监测、气象测报、通信授时、电力调度、救灾减灾、公共安全等领域得到广泛应用。

北斗卫星导航系统的发展路径分为三步:2000 年年底,建成北斗一号系统,向中国提供服务;2012 年年底,建成北斗二号系统,向亚太地区提供服务;2020 年,建成北斗三号系统,向全球提供服务。

2. 受控时钟源

受控时钟源输出的时钟信号受高等级的时钟信号控制,且其频率和相位都被锁定在更高等级的时钟信号上。在主从同步网中的受控时钟也称为从钟。

通信楼综合定时供给系统(BITS),简称综合定时供给系统,属于受控时钟源。BITS 是整个通信楼内或管辖区内的专用定时时钟供给系统,向区域内所有被同步的数字设备提供各种定时信号,用一个基准时钟统一控制各业务网及设备的定时时钟。综合定时供给系统的主钟通常采用受控铷钟或受控高稳晶体时钟。

4.4.4 我国数字同步网

目前,我国数字同步网采用四级主从同步网络结构,其与 PSTN 网结构的对应关系如图 4-25 所示。

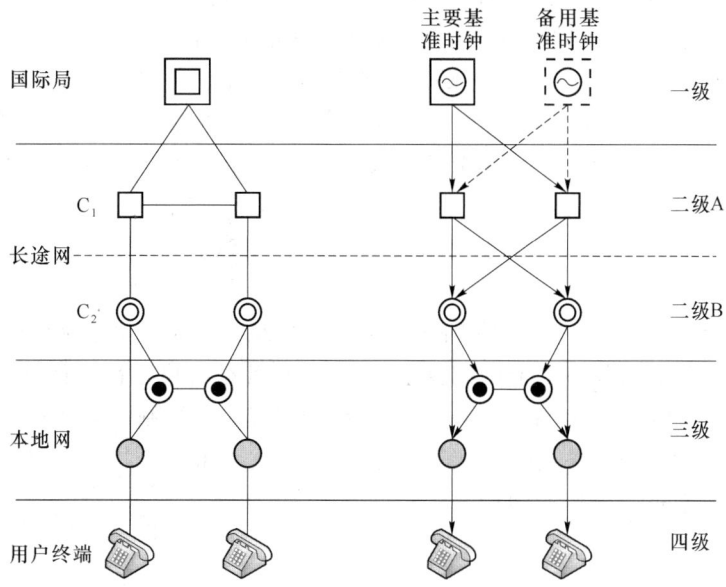

图 4-25 交换网与同步网的对应关系示意图

由于同步网划分为四级,其对应的同步时钟也分为四级,如表 4-1 所示。

表 4-1 同步时钟的等级

国际局	第一级	北京、武汉	基准时钟:铯原子钟	
长途网	第二级	A	C_1	长途一级交换中心局内综合定时供给设备的主钟采用受控铷钟,根据需要可配以 GPS 等	在大城市内有多个长途交换中心时,应按他们在网内的等级相应地设置时钟
		B	C_2	长途二级交换中心局内综合定时供给设备的主钟采用高稳定晶体时钟,需要时也可采用受控铷钟	
本地网	第三级	汇接局、端局	本地网汇接局疏通本汇接区内的长途话务时,该汇接局时钟等级为二级 B;端局的局内综合定时供给设备的主钟采用高稳定晶体时钟	
	第四级	数字用户交换设备、数字终端设备	一般晶体时钟	

(1)第一级为基准时钟,采用铯原子钟组。它是数字通信网中最高等级的同步时钟源,是同步网中所有时钟的唯一基准。我国在北京、武汉各设置了一个铯原子钟组作为高

精度的基准时钟源,称为 PRC。

(2) 第二级为具有保持功能的高稳定度时钟,可以是受控铷钟或高稳定度晶体钟,前者称为 A 类,后者为 B 类。

- A 类:设置于长途一级交换中心的通信楼综合定时供给系统的时钟属于 A 类,它是通过同步链路直接与基准时钟相连接并与之同步。
- B 类:设置于长途二级交换中心的通信楼综合定时供给系统的时钟属于 B 类,它是通过同步链路受 A 类时钟的控制间接地与基准时钟同步。

在我国,各省中心和自治区首府以上城市都设置可以接收卫星导航系统的信号和 PRC 信号的地区基准时钟,称为 LPR。LPR 作为省、自治区内的二级基准时钟源。

例如,当 GPS 信号正常时,各省中心的二级时钟以 GPS 信号为主;当 GPS 信号出现故障或降质时,各省的 LPR 则转为经地面数字电路跟踪北京或武汉的 PRC,实现全网同步。

各省和自治区的二级基准时钟 LPR 均由通信楼综合定时供给系统构成。

(3) 第三级是具有保持功能的高稳定晶体时钟,其频率稳定性可低于二级时钟。一般设置于本地网的汇接局和端局,通过同步链路受二级时钟控制并与之同步。

(4) 第四级为一般晶体时钟,设置在远端模块、数字用户交换设备和数字终端设备中,通过同步链路与第三级时钟同步。

4.5 电信管理网

随着科学技术的进步,社会各方面对通信技术与网络的依赖越来越大,要求也越来越多。通信网络一旦发生拥塞或故障,将直接给公众带来不便,甚至对社会政治、经济等诸多方面造成十分严重的后果。保障通信网络的畅通与安全是对通信的基本要求。

通信网络的服务质量一方面与通信网的基础设施有关;另一方面与通信网络的管理密不可分。正像为了建设一个完整、统一的交通网络,除了需要交通基本设施外,还需要交通部门实施全面有效的管理,通信网络也需要在电信管理网的全面协调控制下,才能提高网络的运行效率和对用户的服务质量。

4.5.1 通信网络管理概述

1. 通信网络管理的必要性

"人有旦夕祸福,月有阴晴圆缺。"尽管通信网络在建设时都会进行业务预测与网络规划。例如,PSTN 网根据话务量的分布、局间话务量的流量与流向以及话务量与业务发展情况,在保证一定服务质量的前提下进行网络的规划、设计、配置交换设备和传输设备等,从而保证在网络话务量不超过负荷设计值下,通信设备和网络能够正常高效地运行。但是,在以下几种情况下,网络仍可能无法正常运行。

- 网络内部因素:交换系统或传输系统故障,路由调度或维护工作失误等,都会引起网络负荷能力下降,从而异常地增加迂回话务量,造成网络过负荷。
- 网络外部因素:发生诸如节日庆典、重要比赛等各种政治、文化及商务事件,将使局部范围的话务量突增,大大超过设计负荷,呼损增加,无效拨号在网络中反复寻找路由,形成大量的虚假话务量,从而进一步增加网络负荷。若不及时采取有效措施,恶性循环将使得交换和传输设备的有效处理能力迅速下降,从而导致网络拥塞,甚至发生全网混乱。
- 自然因素:主要指突发自然灾害,造成交换或传输设施的损坏,从而出现异常变动的话务量。

上述现象在数据传输、移动通信等各类电信业务中也会发生。

对于能够预见的情况,通过事前制订周密的计划、措施和通过实施管理可以预防和化解;但是,有些情况是突发和无法预见的,这就需要增加网络的实施管理功能,设置电信管理网络,以便及时发现异常情况并采取措施。

2. 网络管理的概念

(1) 网络管理的定义

网络管理就是对通信网络的运行进行实时或接近实时的监视,及时发现异常情况,并采取必要的调控措施和维护手段,从而保证在任何情况下最大限度地保持传输设备的正常运行和有效利用。

需要注意的是,在本小节中网络管理没有涉及业务管理,但是在实际的网络管理系统中,除了对设备与网络的监测调控外,还应包括业务管理。

(2) 网络管理的目标及任务

网络管理的目标是最大限度地利用通信网络资源,提高网络运行质量与效率,向用户提供高质量的通信服务。

网络管理的任务是尽可能识别那些可能严重影响网络负荷能力等的因素,并采取相应的网管措施予以调控,防止异常情况的发生,减少故障的影响及损失。具体而言,网管的任务包括以下内容。
- 监测分析:实时监视网络状态和负荷性能,收集并分析相关数据。
- 查找原因:检测网络的异常情况并找出网络异常的原因。
- 纠正异常:针对网络的具体状态,采取网络控制或其他措施来纠正异常情况。
- 协商处理:与其他网管中心协商有关网络管理和业务恢复问题。
- 提供对策:针对已发现或预见到的网络问题提供对策。

(3) 网络管理的原则

为了实现网络管理的目标和任务,网络管理需要服从如下原则:

① 利用一切可以利用的电路。针对网络不同地区业务不平衡的现象,应采取网络管理措施,将高负荷区的部分业务转移到较空闲的区域的电路上。

② 应尽量腾出可用电路给能够接通的呼叫。当话务负荷较重时,应尽快释放那些不可以接通的无效呼叫,以便能腾出电路给能够接通的呼叫,提高电路的利用率。

③ 对可以通过直达电路连接或串接电路最少的呼叫给予优先,以提高电路的利用率。

④ 从控制交换机的拥塞入手,减轻网络负担,防止拥塞的扩散。

4.5.2 通信网络管理的演变

随着通信技术和通信网络的发展,通信网的管理经历了从人工管理、分散的计算机辅助管理和集中的分布式管理三个阶段。直至今日,电信管理网仍在不断建设和完善,并且提出了电信管理网(Telecommunications Management Network,TMN)的概念。

第1阶段:当通信系统采用人工接续方式时,话务员在接续过程中,直接在机台上了解电话通信网中各部分机线设备的忙闲状况和话务疏通情况。当话务较忙或遇到设备质量不好的时候,可以采取迂回接线方法,选择负荷轻的路由把呼叫接通。遇到更严重的情况导致接续不能进行时,可将用户的请求推延一定时间,待设备空闲后再进行接续。在这一阶段,话务员不仅担负接线工作,也担负着一定的话务管理工作。电话接续是人工方式,网络管理也是人工方式。

第2阶段:当交换技术从人工发展到自动,由布控发展到程控后,接续实现了全自动化。此时,由于通信网络还比较简单,设备供应厂商比较单一,通信设备本身所具有的管理能力还基本能满足要求。因此,从网络管理的角度来看,这一时期可以称为分散在低水平上的自动化管理阶段。

第3阶段:随着网络规模的不断扩大,设备种类不断增多,人们开发了基于计算机辅助的集中维护管理系统。此时,管理系统开始进入了集中的自动化管理阶段,并且产生了集中的多主机的分布式管理系统。其中,集中不是指物理空间,而是指对一种网络及其业务进行集中管理;分布式不是指分散管理,而是指主机可以分布在不同的物理位置上。

此时的电信网络管理思想是将整个电信网络分成不同的"专业网"进行管理,如分成用户接入网、信令网、交换网、传输网等分别进行管理,如图4-26所示。

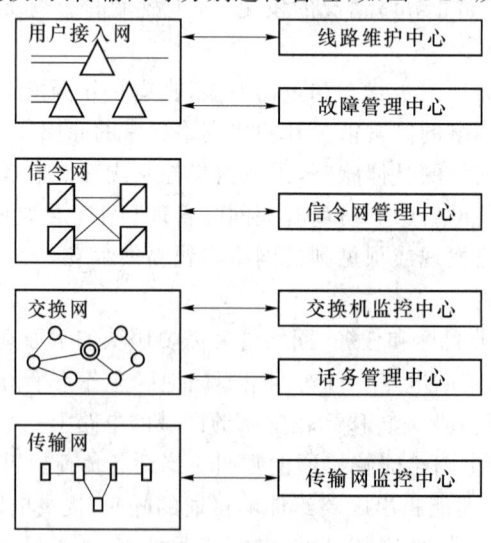

图4-26 第3阶段网络管理思想

由于这一阶段网络结构是针对不同的专业网设置不同的监控管理系统,并只对本专业网进行管理,导致不同的网管系统往往属于不同的管理部门,缺乏统一监管目标。此外,这些专业网管系统是根据本网的设备条件和组织结构以及网络规模等设计的专业管理系统,因此系统之间通常很难完全兼容,从而造成各网的运行状态数据和管理信息无法共享。然而,在各专业网的网络与业务日益频繁互通的情况下,这种专业网管方式导致对整个网络故障分析与处理的难度增大。为解决这一问题,ITU-T 开发了对通信网络实行统一的综合维护管理的新手段——电信管理网,同时也提出了通信网络管理的标准化和综合化的发展方向。

第 4 阶段:电信管理网的管理思想是采用系统控制的观点,将整个通信网络看作是一个由一系列传送业务的相互连接的动态与系统构成的模型。网络管理的目标是通过实时监测和控制各个子系统资源,确保端到端用户业务的质量。

4.5.3 电信管理网的基本概念

根据 ITU-T 的 M.3010 建议,电信管理网(TMN)是提供一个有组织的网络结构,以取得各种类型的操作系统之间、操作系统与通信设备之间的互联。它是采用商定的具有标准协议和信息的接口进行管理信息交换的体系结构。

对于 ITU-T 给出的定义,从理论和技术角度看,TMN 就是一组原则和为实现原则中定义的目标而制定的一系列技术标准和规范;从逻辑和实施角度看,TMN 就是一个完整的独立的管理网络,是各种不同应用的管理系统按照 TMN 的标准接口互联而成的网络。这个网络在有限的节点上与通信网互联,与通信网是管与被管的关系。

TMN 的目标是最大限度地利用通信网络资源,提高网络的运行质量和效率,向用户提供良好的通信服务。

TMN 的应用可以涉及通信网及通信业务管理的许多方面,从业务预测到网络规划;从系统安装到维护;从业务控制和质量保障到通信企业的事物管理等。TMN 可以进行管理的典型的通信业务和通信设备包括:公用网和专用网(如 PSTN 网、移动网、数据网等);TMN 本身;各种传输终端设备(如复用器等);数字和模拟传输系统(如电缆、光纤、卫星等);各种交换设备(如数字程控交换机等);承载业务及通信业务;相关的电信支撑网(如信令网、数字同步网)等。

4.5.4 电信管理网的功能

TMN 的功能可以分为两部分:一般功能和应用功能。

(1) 一般功能

一般功能是对 TMN 应用功能的支持,包括传送、存储、安全、恢复、处理及用户终端支持等。

(2) 应用功能

应用功能是指 TMN 为通信网及通信业务提供的一系列管理功能,主要包括性能管理、故障(或维护)管理、配置管理、计费管理和安全管理。

① 性能管理

性能管理主要提供：性能监测功能，连续收集有关网络单元（如交换设备、传输设备、复用器、信令终端等）性能的数据；负荷管理和网络管理功能，从各网络单元收集负荷数据，并在需要时发送命令到各网络单元重新组合通信网络或修改操作，以调节异常的负荷；服务质量观察功能，从各网络单元收集服务质量数据并支持服务质量的改进。

② 故障（或维护）管理

故障（或维护）管理主要提供：告警监视功能，以近实时的方式监测网络单元的失效情况，当失效发生时，网络单元给出指示，TMN 确定故障性质和严重程度；故障定位功能，首先启用备份设备来代替故障设备，然后启动故障诊断系统对发生故障的部分进行测试和分析，以便能够确定故障的位置和故障的程度，启动故障恢复部分排除故障；测试功能，在需要时或提出要求时或作为例行测试时进行。

③ 配置管理

配置管理主要提供：保障功能，包括设备投入业务所必需的程序，但不包括设备安装，它可以控制设备的状态，如开放业务、停开业务、处于备用状态或恢复等；状况和控制功能，在需要时立即监测网络单元的状况并实时控制，如校核网络单元的服务状态，改变网络单元的服务状况，启动网络单元内的诊断测试等；安装功能，对通信网中设备的安装起支持作用，如在增加或减少各种通信设备时，TMN 内的数据库要及时把设备信息装入或更新。

④ 计费管理

计费功能可以测量网络中各种业务的使用情况和使用的费用，并对业务的收费过程提供支持。

⑤ 安全管理

安全管理主要提供对网络及网络设备进行安全保护的能力，如接入及用户权限的管理、安全审查及安全告警处理等。

4.5.5 电信管理网的体系结构

1. 电信管理网的逻辑体系结构

TMN 从管理层次、管理功能和管理业务三个方面界定通信网络的管理。这一界定方式也称为 TMN 的逻辑分层体系，具体划分如图 4-27 所示。

TMN 将管理功能划分为故障管理、配置管理、性能管理、计费管理和安全管理，如第 4.5.4 小节所述。

TMN 将管理业务划分为用户管理、用户接入网管理、交换管理、传输管理和信令管理等。

TMN 采用分层管理的思想，将通信网络的管理应用功能划分为四个层次：经营管理层、业务管理层、网络管理层和网元管理层。

- 经营管理层：经营管理层处于 TMN 管理层次模型的最高层，由支持整个企业决策的管理功能组成，确定各类通信业务总的服务目标，决策并处理 TMN 全部经营业务和网络运营等各方面事务。
- 业务管理层:执行业务管理,包括业务提供、业务控制与监测以及与业务相关的计费处理等。
- 网络管理层:提供对传输网络所有网络单元(网络中的通信设备,如交换、传输、复用等设备)的管理,包括整个网络运行状态的管理、路由的安排与调整、传输信息量的分配与平衡等。
- 网元管理层:执行对网络单元(简称网元)的直接管理,包括控制与协调各网元的运行;编辑、统计、记录网元运行状态的数据以及与网元相关的其他数据。

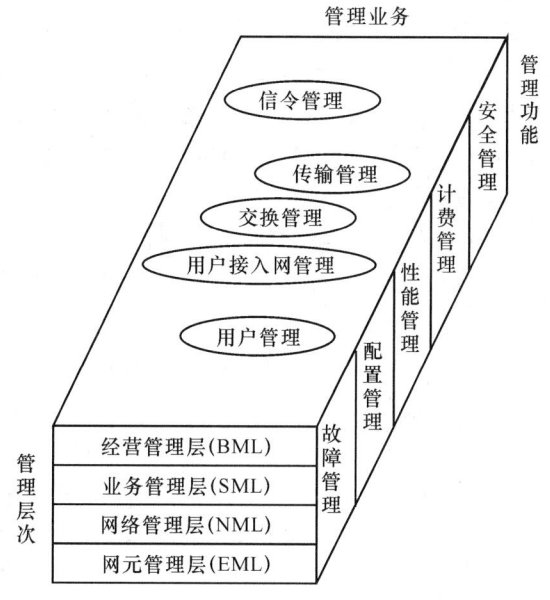

图 4-27 TMN 的逻辑体系结构

2. 电信管理网的物理体系结构

ITU-T 在 M.3010 建议中指出:TMN 的基本概念是提供一个有组织的网络结构,以取得各种类型的操作系统(OS)之间、操作系统与通信设备之间的互联,如图 4-28 所示。

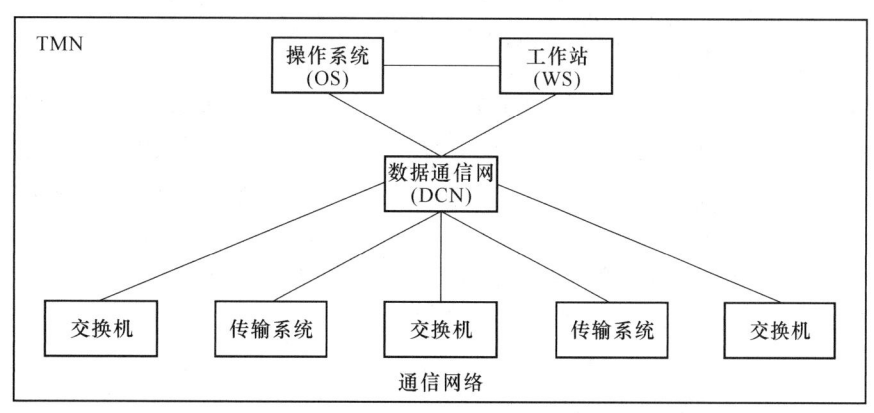

图 4-28 TMN 的物理体系结构

在 TMN 中,操作系统和工作站(WS,一种高档的微型计算机,通常配有高分辨率的大屏幕显示器及容量很大的内存储器和外存储器,并且具有较强的信息处理功能以及联网功能等)构成了网络管理中心,对整个电信网进行管理;数据通信网可以是多种数字传输与交换网络,它为 TMN 提供网络管理数据信息的传输通道;网络单元(如交换、传输、复用等设备)是被管理的对象。

4.5.6 我国电信管理网发展现状及趋势

TMN 只解决通信网络管理功能和结构划分的原则,接口的标准和规范并不涉及网管和运行支持系统的任何具体功能的实施。

网管系统的实现途径是从网元管理到网络管理。具体而言,就是先发展专业网的网管功能,然后在相应的管理层次上实现综合。综合网管的操作系统是一个与各专业网管平行的 OS,它与各专业网管系统按标准的规范和接口交换管理信息,形成一个综合的管理界面,实质性的网络管理功能仍然在各专业网管系统上实现。因此,需要首先实现专业网络的网管功能,再利用 TMN 的原则实现多专业的网管综合。

目前,我国通信网络从不同的角度可以分为传输网、固定电话交换网、移动电话交换网、数字数据网(DDN)、数据通信网、数字同步网、No.7 信令网等,这些网络都有各自的网络管理系统,并对其各自专业网的网络运行和业务服务起着管理和监控的作用。这些已经投入使用的管理系统,有的是基于 TMN 标准的,但有的还只是在功能方面和概念上遵从 TMN 的原则。

从传统的管理应用向 TMN 标准应用的过渡是一个逐步演进的过程,当各类通信设备及通信业务的管理系统都按照 TMN 的标准发展时,最终将会演变为一个完整的符合国际标准的电信管理网。

本 章 小 结

公用电话交换网(PSTN)是最早建立起来的一种通信网。本章在介绍公用电话交换网组成的基础上,介绍了我国 PSTN 等级结构的演变历程,即由传统的五级结构演变为现阶段的四级结构,并说明了 PSTN 的编号规则。

当用户有呼叫请求时,若两个用户不属于同一交换局,则需在交换局之间为其建立起一条传送信息的通道,此通道称为路由。本章在介绍路由含义和分类的基础上,进一步说明了在长途网和本地网中路由设置的原则,以及当存在多个备选路由时进行路由选择的原则。

任何一个完整的通信网络除了应具有传递各种信号的业务网络外,还需要若干个起支撑作用的支撑网络。为此,本章介绍了提供保证网络正常运行的控制和管理功能的电信支撑网,包括信令网、数字同步网和电信管理网。

习 题

(1) 简述路由的含义及分类。
(2) 简述长途网和本地网中路由设置的原则。
(3) 简述随路信令和公共信道信令。
(4) 简述我国信令网的拓扑结构。
(5) 简述 STP 间的连接方式。
(6) 简述数字通信中同步技术的分类。
(7) 简述数字通信网的同步方式。
(8) 简述电信管理网的基本概念及对其的理解。
(9) 简述电信管理网的功能。

第 4 章知识要点思维导图　　第 4 章知识要点讲解

思政天地

心得示例：

党的十八大以来，北斗系统建设步伐加快，应用深度、广度不断拓展。2020 年 7 月 31 日，习近平总书记向世界宣布北斗三号全球卫星导航系统正式开通，标志着我国建成独立自主、开放兼容的全球卫星导航系统，成为世界上第三个独立拥有全球卫星导航系统的国家。人类文明新形态强调中华文明对世界文明的伟大贡献，以广阔的世界胸怀把中华文明与世界文明联系起来，将中国的发展置于世界场域。从北斗一号服务我国及周边地区，到北斗二号服务亚太地区，再到北斗三号服务全球，中国北斗始终立足中国、放眼世界。让中国的北斗成为世界的北斗，书写开放融合的生动篇章。

第5章 数据通信

> **思政天地**
>
> **共同富裕的重大意义、战略目标和实践途径**
>
> 　　共同富裕是马克思主义的基本目标之一,也是自古以来我国人民的基本理想。习近平总书记强调:"共同富裕是社会主义的本质要求,是人民群众的共同期盼。我们推动经济社会发展,归根结底是要实现全体人民共同富裕。"党的二十大报告把实现全体人民共同富裕摆在更加重要的位置,将其作为中国式现代化五大特征和本质要求之一,大会同意把逐步实现全体人民共同富裕写入党章。这为我们全面深入理解新时代实现共同富裕的重大意义、战略目标和实践途径提供了理论指引。
>
> 　　当前,我国社会已经发展到了扎实推动共同富裕的历史阶段。实现共同富裕对建设中国特色社会主义、实现中国式现代化、实现中华民族伟大复兴、夯实党的执政基础都具有重大意义。
>
> 　　实现共同富裕的战略目标是一项长期艰巨的历史重任,是全面建成社会主义现代化强国的核心内容。在推动共同富裕的进程中,要遵循规律、稳扎稳打、循序渐进地向实现全体人民共同富裕的目标不断迈进。
>
> 　　实现共同富裕,必须始终不渝地走中国特色社会主义道路。具体而言,必须坚定不移地走深化改革开放之路。一方面,改革原有制度中的顽疾,贯彻公平正义原则,坚持人民至上原则和共享发展的理念,形成发展的成果由人民共享的制度体系;另一方面,推进高水平对外开放,既要积极主动融入世界经济体系,推动经济持续健康发展,又要向世界展现作为人类文明新形态的中国式现代化,深化各领域的交流合作。
>
> 　　　　　　　　　　　　　　　　　　　　　　　　　　　　　　——张海东
>
> 　　节选自:张海东. 共同富裕的重大意义、战略目标和实践途径[EB/OL].(2022-11-06)[2022-12-6]. 上观新闻 https://export.shobserver.com/baijiahao/html/546598.html.
>
> **头脑风暴**
>
> 　　结合本章内容,如何理解"共同富裕的重大意义、战略目标和实践途径"?

5.1 数据通信概述

5.1.1 数据通信的基本概念

在通信领域中,信息一般可以分为语音、数据和由视频和音频等组成的多媒体三大类型。其中,数据是指具有某种含义的数字信号的组合,如字母、数字和符号等,可以用离散的数字信号逐一准确地表达出来,并能够由计算机或数字终端设备进行处理。

数据通信是指以传输和交换数据为主要业务的一种通信方式,是计算机与通信相结合的产物。具体而言,数据通信是指计算机和其他数字设备之间,通过通信节点、有线或无线链路,按照一定协议,进行数字信息交换的过程。

协议是指为了能有效、可靠地进行通信而制定的通信双方必须共同遵守的一组规则,包括相互交换信息的格式、含义,以及过程间的连接和信息交换的节拍等。

5.1.2 数据通信的特点

与语音业务通信相比,数据通信具有如下的特点。

- 数据通信可以是"人-机"或"机-机"之间的通信,通信过程一定有计算机或其他数字设备的直接参与,但不一定需要人的直接参与,为了保证数据通信的顺利进行,必须采用严格统一的通信协议。
- 数据通信具有突发度高、持续时间短的特点。其中,突发度是指数据通信的峰值速率与平均速率之比。
- 数据通信要具备极高的可靠性,通常要求误码率不大于 10^{-7},而语音和视频业务要求误码率不大于 10^{-4}。因此,数据通信必须采用严格的差错控制技术。
- 数据通信对时延及时延抖动不敏感。
- 数据通信业务对实时性要求比较低,可以采用"存储-转发"方式传输信号。
- 数据通信对传输速率要求较高,需要具备同时处理大量数据的能力。

5.1.3 数据传输方式

从不同的角度出发,数据传输方式可以进行不同的分类。

(1) 单工、半双工和全双工

① 单工通信

单工通信传输方式是指两个通信终端间的信号只能在一个方向上传输,即一方仅为发送端,另一方仅为接收端。例如,传统的电视、广播等都是单工方式。

② 半双工通信

半双工通信方式是指两个通信终端可以互传数据信息,都可以发送或接收数据,但不能同时发送和接收,而只能在同一时间一方发送,另一方接收。

③ 全双工通信

全双工通信方式是指两个通信终端可以在两个方向上同时进行数据的收发传输。双工技术可以分为时分双工(TDD)和频分双工(FDD)。

(2) 并行传输和串行传输

① 并行传输

并行传输是指数据以成组的方式,在多条并行信道上同时进行传输。常用的方式是数据按其码元数分成 n 路(通常,n 为一个字符长度,如 8 路、16 路、32 路等),并行在 n 路信道中进行传输。

并行传输的优点是传输速度快,一次传送一个字符,因此收发双方不存在字符的同步问题,不需要另加"起""止"信号或其他同步信号来实现收发双方的字符同步。但是,并行通信需要多条信道,通信线路复杂,成本较高。

② 串行传输

串行传输是指数据流以串行方式在一条信道上传输,即数字信号序列按信号变化的时间顺序,逐位从信源经过信道传输到信宿。

串行传输只需要一条传输信道,易于实现,成本较低。但是,传输速度远远慢于并行传输。

(3) 异步传输与同步传输

在串行传输时,接收端如何从串行数据码流中正确地划分出发送的一个个字符所采取的措施称为字符同步。根据实现字符同步的方式不同,数据传输可分为异步传输和同步传输。

① 异步传输

异步传输一般以字符为单位,无论所采用的字符代码长度为多少位,在发送每一个字符代码时,前面均加入一个"起"信号;字符代码后面均加入一个"止"信号,如图 5-1 所示。起、止信号的加入可以方便区分串行传输的"字符",即实现串行传输收发双方字符的同步。

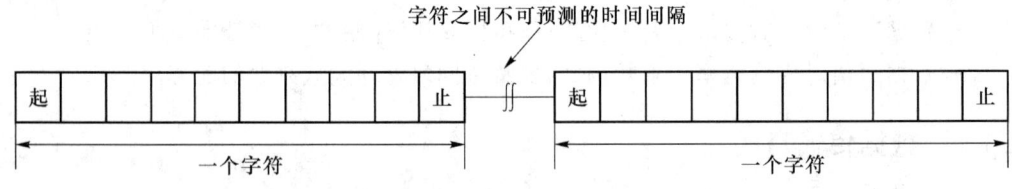

图 5-1 异步传输方式

字符可以连续发送,也可以单独发送。当不发送字符时,连续发送"止"信号。因此,每一个字符的起始时刻可以是任意的,因此称为异步传输(字符之间是异步的)。

异步传输的优点是字符同步实现简单,收、发双方的时钟信号不需要严格同步;缺点是对每一个字符都需要加入"起、止"码元,降低了系统的传输效率。

② 同步传输

同步传输每次以固定的时钟节拍来发送数据信号,因此在一个串行的数据流中,各信号码元的相对位置都是固定的(即同步)。在同步传输中,数据的发送以帧为单位,在帧的开头和结束位置上加入预先规定的起始序列和终止序列作为标志,以便实现帧同步。

与异步传输相比,同步传输在技术上较为复杂,收发双方必须建立位同步和帧同步;但是,由于不需要对每个字符加入单独的"起、止"比特,因此传输效率高,属于高速传输系统。

5.2 数据通信系统模型

5.2.1 数据通信系统的构成

在数据通信系统中,远端的数据终端设备通过数据电路与计算机系统实现连接,其中,数据电路由数据电路终端设备和传输信道组成,如图 5-2 所示。

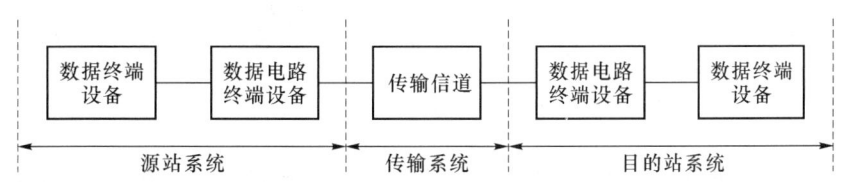

图 5-2 数据通信系统构成

(1) 数据终端设备

数据终端设备(Data Terminal Equipment,DTE)是数据通信网中用于处理用户数据的设备,从简单的数据终端、I/O 设备到复杂的中心计算机均称为数据终端设备。

(2) 数据电路终端设备

数据电路终端设备(Data Communications Equipment,DCE)提供数据终端设备和传输信道之间的接口。它在数据终端设备和传输信道之间建立、维持和终止连接。数据电路终端设备负责确保从数据终端设备发出的信号与传输信道兼容,如模/数转换等。

(3) 传输信道

传输信道是用户向运营商申请的网络服务,是信号传输的通道。

5.2.2 数据通信系统的功能

为了完成不同数据终端设备间数据的有效、可靠传输,要求数据通信系统必须具备如下功能。

(1) 接口功能:建立设备与传输系统之间的接口是进行通信的必要条件。

(2) 产生信号:信号的产生必须满足一定的条件——能够在传输系统上进行有效、可靠的传输;能够被接收器转换为数据。例如,报文格式化,即收、发双方必须就数据交换或传输的格式达成一致的协议。

(3) 寻址和路由选择：传输系统必须保证只有目的站系统才能收到数据，即寻址。由于达到目的站的路径可能不止一条，需要从中选择合适的路由，即选路。

(4) 同步：收、发双方必须达成某种形式的同步，接收端应能准确判断信号的开始时间、结束时间以及每个信号单元的持续时间。

(5) 差错控制：为保证系统传输的可靠性，系统需要具备差错检验和纠正的能力。

(6) 流量控制：为避免系统超载，需要进行流量控制以防止源系统数据发送过快。

(7) 拥塞控制：传输设备通常会被多个正在通信的设备所共享。为保证系统不会因过量的传输服务请求而超载，需要引入拥塞控制技术。

(8) 恢复：当信息正在交换时，若因系统故障而中断，则需使用恢复技术，使系统能够从中断处继续工作，或把系统恢复到数据交换前的状态。

(9) 网络管理：为保证系统正常运行，需要各种网络管理功能来设置系统、监视系统状态，以便在发生故障和过载时进行处理。

5.2.3 数据通信系统的评价指标

评价一个数据通信系统性能的指标主要包括带宽、数据传输速率、最大传输速率、吞吐量、利用率、码元传输速率、延迟及延迟抖动、差错率。

(1) 带宽

根据研究对象的不同，带宽可以分为信道带宽和信号带宽。信道带宽是指一个信道能够传送电磁波的有效频率范围；信号带宽是指信号所占据的频率范围。

(2) 数据传输速率

数据传输速率是指每秒能够传输的比特数，单位为 bit/s。

(3) 最大传输速率

最大传输速率是指信道传输数据速率的上限。

(4) 吞吐量

吞吐量是指信道在单位时间内成功传输的信息量。

(5) 利用率

利用率等于吞吐量和最大数据传输速率之比。

(6) 码元传输速率

码元传输速率为单位时间内传输的码元个数，单位为 chip/s。

(7) 延迟及延迟抖动

延迟是指从发送者发送第一位数据开始，到接收者成功地收到最后一位数据为止所经历的时间，可分为传输延迟和传播延迟。传输延迟与数据传输速率、收发信机及中继和交换设备的处理速度有关；传播延迟与传播的距离有关。

延迟的实时变化称为延迟抖动。抖动往往与设备处理能力和信道拥塞程度有关。

(8) 差错率

差错率是衡量通信系统可靠性的重要指标。在数据通信系统中，常用的差错率指标主要包括比特差错率、码元差错率和分组差错率。比特差错率是指二进制比特位在传输过程中被误传的概率;码元差错率是指码元被误传的概率;分组差错率是指数据分组被误传的概率。

5.3 数据通信网

为实现多个节点之间的数据通信,将数据终端设备通过数据电路按照某种结构组合就形成了数据通信网。

在数据通信中,由于计算机型号不同、终端类型各异,加之线路类型、连接方式、同步方式、通信方式等的不同,就需要实施国际标准,力争实现包括硬件接口、信息编码制度、报文格式、传输命令、差错控制等的统一。

国际标准化组织(ISO)制定了开放系统互连(Open System Interconnection,OSI)参考模型,OSI 是实现各个网络之间互通的一个标准化理想模型,是网络互连的理论基础。

OSI 参考模型把网络协议从逻辑上分为七个功能层,包括物理层、数据链路层、网络层、传输层、会话层、表示层和应用层,如图 5-3 所示。OSI 参考模型描述了通过网络传递信息所必须完成的工作,即当数据通过网络传输时,在发送端必须自上而下地通过 OSI 模型的每一层,并在每一层上都需要附加一些信息;在物理层的两个端点进行通信;在接收端接收数据时,则自下而上将这些附加信息逐层移除。

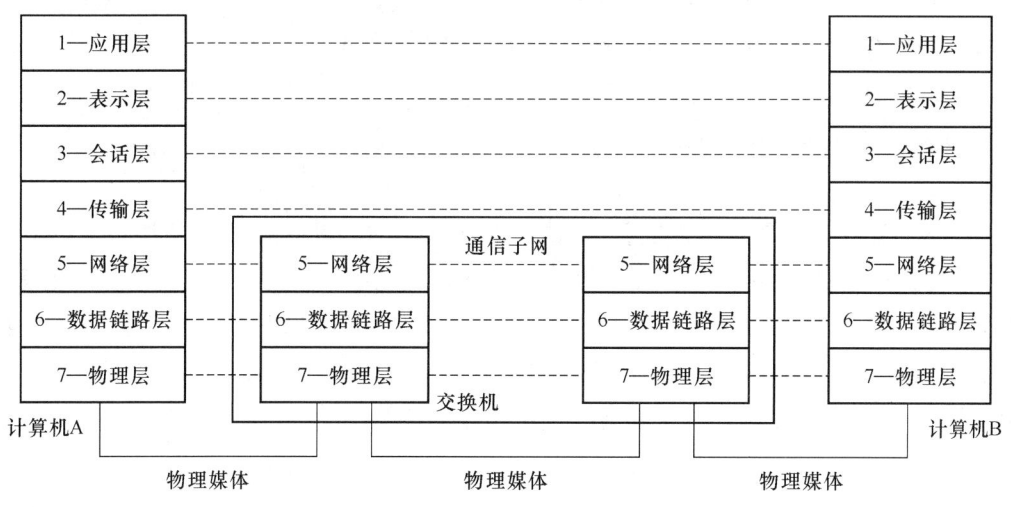

图 5-3　OSI 参考模型

(1) 物理层

物理层对物理线路进行数字化,以便透明地传送比特流。"透明"是指上层交给的数据流不会被过滤掉或屏蔽掉,能够原封不动地传送到接收端。例如,在模拟电话线路上进行数据传输,需要使用调制解调器。发送端的调制解调器将数字信号进行调制后发送到模拟线路上,接收端的调制解调器将模拟信号进行解调后恢复出数字信号。调制解调器属于物理层,其对计算机的接口通常为典型的物理层接口标准,即 RS-232 标准。

(2) 数据链路层

数据链路层将数据封装进一个帧中,使信息可以在相邻节点之间无差错地传送。数据帧中包括必要的同步信息、差错控制信息和流量控制信息等。接收方若发现帧中有错,将通知发送方重发该帧。

(3) 网络层

网络层在网络"端—端"之间传送分组数据,并实现通信子网中的路由选择、拥塞控制、计费信息管理等功能。网络层服务可以分为面向连接服务和无连接服务。常见的网络层协议包括 X.25、网际协议(IP)等。

(4) 传输层

传输层负责纠正传输差错,为用户提供可靠的传输服务。它提供端到端的差错恢复和流量控制。传输层只存在于用户计算机,网络交换机中则没有。传输层协议与网络层服务质量相关,若网络层服务质量较高(如虚电路服务),则传输层协议较为简单;若网络层服务质量较低(如数据报服务),则传输层协议较为复杂。常见的传输层协议包括传输控制协议(TCP)、用户数据报协议(UDP)等。

(5) 会话层

会话层管理和协调两个计算机之间的信息交互,提供建立和使用连接的方法。例如,选择工作方式(单工或双工);进行通信任务的分解以便于重传等。在会话层中,一个连接称为一个"会话"。会话层按照在应用进程之间约定的原则,建立、监视计算机之间的会话连接,提供进程间通信的控制结构。

(6) 表示层

表示层解决用户信息的语法表示问题。它采用软件应用可以理解的格式来表示信息,完成数据格式的转换,从而可以提供一个标准的应用接口和公共的通信服务。表示层提供的服务包括加密、压缩和转换格式等。表示层在每个包中增加了一个字段,用来说明对包中的信息进行了何种处理,如是否对数据进行了压缩,如果是,还需要说明采用了哪种压缩方法,以便接收端可以正确地解压缩。表示层保证了收、发双方能看见相同格式的信息。

(7) 应用层

应用层是 OSI 参考模型的最高层,为应用进程提供通信接口,直接为网络用户或应用程序提供各类网络服务,如电子邮件、文件传输等。应用层可以处理一般的网络接入、流量控制、差错恢复和文件传输等。应用层协议提供完成特定网络服务功能所需的各种应用协议,如文件传输协议(FTP)、简单邮件传输协议(SMTP)和超文本传输协议

(HTTP)等。

在上述七层协议中,第一层到第三层在端节点实现,称为上层协议,是在低层协议提供的端到端连接的基础上,生成用户服务和一些附加功能;第四层(传输层)是底层与上层之间的过渡层,它屏蔽通信子网的差异,向用户提供恒定的通信界面;第五层到第七层为低层协议,又称为通信子网,其作用是保证系统之间跨过网络的可靠信息传送。

5.4 局 域 网

局域网(Local Area Network,LAN)是指在某一区域内由多台计算机互联成的计算机组。局域网最主要的特点是网络地理范围和站点数目有限。

5.4.1 网络拓扑结构

局域网的拓扑结构是指网络中节点和通信线路的几何排序。局域网的网络拓扑结构对整个网络的设计、功能、经济性和可靠性等都有很大的影响。局域网常用的拓扑结构包括星型、总线型、树型、环型等。

(1) 星型拓扑结构

在星型拓扑结构中,采用集中化的资源分配和管理,即以中央节点为中心,一个节点向另一个节点发送数据时,必须向中央节点发出请求,信息传输通过中央节点的"存储—转发"完成,如图5-4所示。

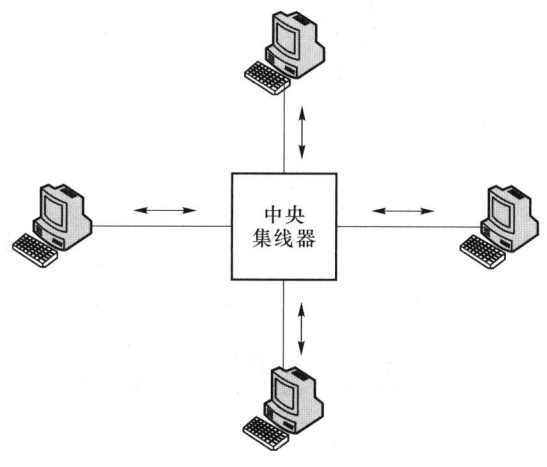

图 5-4　星型拓扑结构

星型拓扑结构的优点是易于故障隔离,网络结构变更或增加新的节点较为容易;不足在于当中央集线器发生故障时,整个网络将面临崩溃。

(2) 总线型拓扑结构

在如图5-5所示总线型拓扑结构中,所有节点都通过相应硬件接口连接到一条无源公共总线上。每一个站点都可以按照访问控制原则在总线上侦听和发送信号。但是，在某一时刻，只能有一台计算机在总线上发送信号。任何一个节点发出的信息都可沿着总线向两个方向传输，并被总线上的其他任何一个节点接收。

总线结构的优点在于安装简单、易于扩充、可靠性高，一个节点损坏，不会影响整个网络。总线结构的不足在于共用一条总线：一方面，如果电缆故障会影响到很多用户，并且在流量很大时网络速率将会下降；另一方面，当两个节点同时发送信息时会出现碰撞问题。

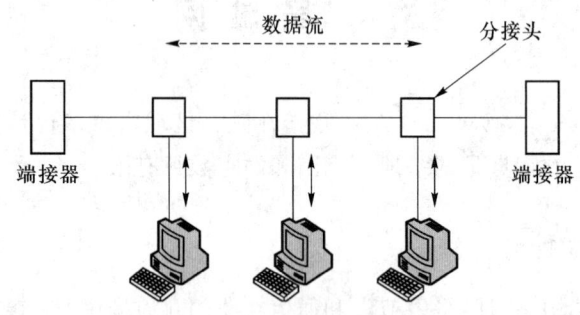

图 5-5　总线型结构

（3）树型拓扑结构

树型结构是总线型结构的延伸，是一个分层分支结构。在树型拓扑结构中，树的根是头端；与树根相连的是干线电缆；各种分支电缆连接到干线电缆上；用户设备则连接在分支电缆上，如图 5-6 所示。

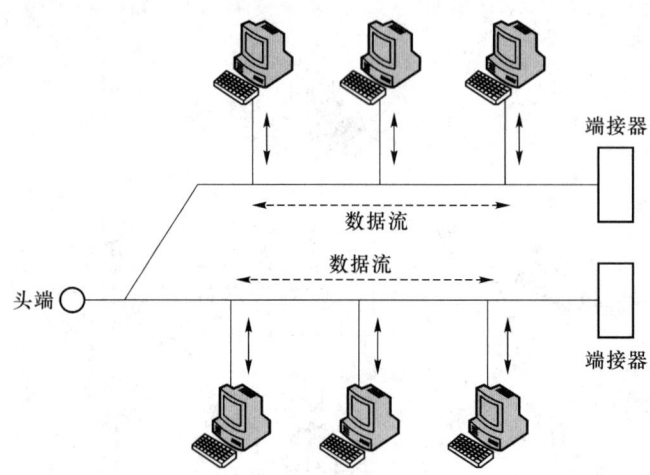

图 5-6　树型拓扑结构

与总线型结构相类似，树型结构也是一种广播式网络，任何一个节点发送的信息，其他节点都能够接收；但是，与总线型结构不同的是，树型结构一个分支或节点发生故障不会影响到其他分支或节点。

（4）环型拓扑结构

在环型拓扑结构中，各节点以点到点的方式连接，形成一个封闭的环结构，如图 5-7

所示。信号在每个站点接收、再生,并传送到环上的下一个节点,并且数据在环上的传送总是朝着一个方向进行的。

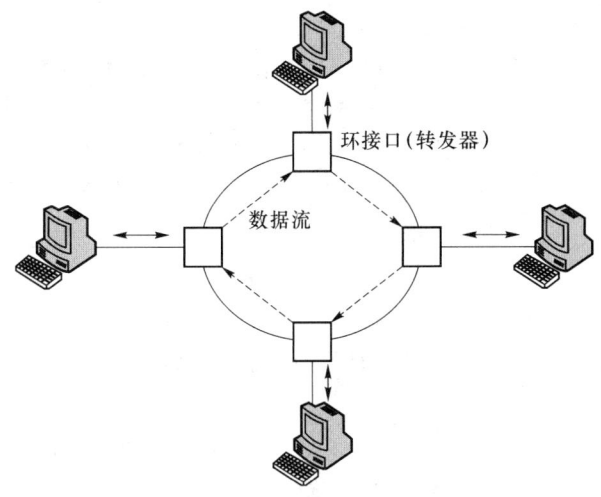

图 5-7 环型拓扑结构

环型拓扑结构的优点是由于每个站点都可以再生信号,因此信号的传输距离远;环型拓扑结构的缺点在于封闭的环路不便于网络扩充,此外,对站点的故障比较敏感,即一个站点的故障可能会破坏整个环。

5.4.2 局域网技术

IEEE 802 又称 LMSC(LAN/MAN Standards Committee,局域网/城域网标准委员会),致力于研究局域网和城域网的物理层和 MAC 层中定义的服务和协议,对应 OSI 网络参考模型的最低两层,即物理层和数据链路层。

IEEE 802 将 OSI 的数据链路层分为两个子层,分别是逻辑链路控制(Logical Link Control,LLC)子层和介质访问控制(Media Access Control,MAC)子层。

(1) 逻辑链路控制子层

逻辑链路控制子层为上层提供了处理任何类型 MAC 的方法。LLC 子层主要执行 OSI 基本数据链路协议的大部分功能和网络层的部分功能,如具有帧的收、发功能。在发送时,帧由发送的数据加上地址和循环冗余(CRC)校验等构成;在接收时,将帧拆开,执行地址识别、CRC 校验,并具有差错控制、流量控制等功能。

(2) 介质访问控制子层

介质访问控制子层主要提供载波监听多路访问/冲突检测(Carrier Sense Multiple Access/Collision Detect,CSMA/CD)、令牌环等多种访问控制方式的有关协议。它还具有管理多个源、多个目的链路的功能。

> **如何查看MAC地址？**
>
> MAC地址又称硬件地址,烧录在网卡里。它犹如身份证号一样,全球唯一,是用于识别局域网节点的标识。在网络低层的物理传输过程中,是通过物理地址来识别主机的。
>
> 在Windows 2000/XP中,查看MAC地址的方法有两种：
>
> (1) 依次单击"开始"→"运行"→输入"CMD"→回车→输入"ipconfig/all"→回车,即可看到MAC地址。
>
> (2) 依次单击"开始"→"运行"→输入"CMD"→回车→输入"getmac"→回车,即可快速获取MAC地址。

局域网是由一组共享网络传输带宽的设备组成的,因此需要利用介质访问控制技术来控制网络中各个节点之间信息有序、有效地传输,从而实现对网络传输带宽公平合理地分配。

根据控制实现的方式,介质访问控制技术可以分为集中式控制和分布式控制。在集中式控制模式中,存在一个有权决定接入网络的控制器,每个站必须等到收到控制器发来的许可后方能发送信息；在分布式控制模式中,各站共同完成媒体接入控制功能,动态决定各站发送的顺序。

根据信道的划分方式,介质访问控制技术可以分为静态信道方式和动态介质访问方式。其中,静态信道方式是将介质划分为彼此独立的信道后由特定的用户专用这些信道；动态介质访问方式又可以进一步细分为循环、预约和争用三种方式。

① 循环方式

在循环方式中,每个站轮流拥有发送机会。在轮到某个站发送时,它可以选择不发送,也可以选择发送信息,但发送信息量不能超过事先规定的上限。一旦该站完成当前一轮的发送,它将取消自己的发送资格,进而把发送权传送到逻辑序列的下一个站。发送次序的控制既可以是集中式的(如轮询法),也可以是分布式的(如令牌法)。

当很多站都有数据需要发送时,循环方式效率较高；但若仅有少数站需要发送数据时,循环接入方式就会造成大量不必要的开销。

② 预约方式

预约方式适用于通信量大、持续时间长的通信,如语音通信、大批文件传输等。在预约方式中,类似同步时分复用方法,把占用媒体的时间细分为时隙,需要发送数据的站可以预约未来的时隙。

③ 争用方式

争用方式适用于以短的、零星的传输方式为特征的突发通信。在争用方式中,事先并不确定各站占用媒体的机会,而是让所有站以同样的方式竞争。争用方式的优点是实现简单,在网络负荷小的情况下较为实用。载波监听多路访问/冲突检测(CSMA/CD)属于典型的争用技术。

CSMA/CD 　　载波监听多路访问技术(CSMA)的使用基于下述假设:两站间的信息传播时间远小于帧的发送持续时间。

在这种情况下,当一个站发送信息时,其他站立刻就会知道。如果某个站想要发送消息,而这时它监测到有其他站在发送信息,它就会等这个站发送完再发。这样,只有在两个站几乎同时发送信息时,才会发生冲突。而这种情况很少发生,因此大大降低了冲突的概率。

但是,当信道空闲时,每个站都可以发送数据,因此就可能有两个或多个站同时要发送数据,从而产生冲突。这时冲突各方的数据会互相干扰,无法被目的站点正确接收。因此,当站发送数据后,在一段时间内没有收到确认信息,就假定发送冲突并且重传。

在 CSMA 中,存在一个显著低效的情况:当两个帧发生冲突时,在两个被破坏帧的发送持续时间内,信道是无法使用的。此时,帧越长,所浪费的带宽就越大。但是,如果在发送时可以继续监听信道,就可以减少这种浪费,为此提出了 CSMA/CD。

CSMA/CD 的算法如下:

(1) 如果信道空闲,则发送,否则转到第(2)步。

(2) 如果信道忙,继续监听,直到信道空闲,然后立即发送。

(3) 如果在发送过程中,检测到冲突,就发送一个干扰信号,保证所有站都知道发生了冲突,然后停止发送数据。

(4) 随机等待一段时间,继续重传(从第(1)步开始重复)。

对于基带总线来说,冲突发送时,会产生一个比正常发送的电压更高的摆动。因此,如果某个站在发送分接头点检测到电缆上的信号值超过了单独发送所能产生的最大值,就认为发生了冲突。由于信号在传输过程中会产生衰减,因此,当两个站离得很远时,会导致冲突信号的强度无法超过冲突检测的门限值。所以,IEEE 明确规定了不同协议中电缆的最大长度。

5.4.3 网络互联

根据 OSI 参考模型,计算机局域网之间的互联可在不同层次上借助不同硬件实现,如中继器、集线器、网桥、路由器和网关等,如图 5-8 所示。

(1) 中继器

中继器的作用是放大网络中传输的信号,从而扩展网络的传输范围。中继器工作在 OSI 参考模型中的最低层,即物理层,因此它对于高层协议是完全透明的,无论高层采用什么协议都与中继器无关。

1—应用层	网关	1—应用层
2—表示层		2—表示层
3—会话层		3—会话层
4—传输层		4—传输层
5—网络层	路由器	5—网络层
6—数据链路层	网桥	6—数据链路层
7—物理层	中继器/集线器	7—物理层

图 5-8 网络互联的实现方式

（2）集线器

集线器是中继器的一种，它将接到工作站的线缆集中起来，是大多数网络中不可缺少的组件。由于集线器一般有多个连接计算机的端口，因此也称为多端口中继器。常用的集线器有三种：有源集线器、无源集线器和智能集线器。

① 有源集线器

有源集线器也称共享媒体集线器，就像中继器一样，可以实现再生和转发信号。这种集线器需要电源。

② 无源集线器

无源集线器只是作为一个连接点，不能再生信号，信号仅仅经过集线器。这种集线器不需要电源，如配线板和分线盒都属于无源集线器。

③ 智能集线器

智能集线器也称交换集线器，可以提供综合管理网络互联功能以及基于简单网络管理协议（SNMP）的网络管理功能，还提供桥接、选路和交换功能。

（3）网桥

网桥属于数据链路层的网络互联设备。当一个信息包通过网桥时，网桥检查它的源地址和目的地址，若源地址和目的地址分属两个不同的网络，则网桥把该信息包转发到另一个网络上；反之则不转发。因此，与中继器相比，中继器仅仅起到了扩展距离的作用，但不能提供隔离功能；然而网桥具有过滤和转发功能，能起到网络隔离作用，提高了网络的整体效率。

当网桥首次接入网络时，网络中的其他设备将自己的地址发送给它，网桥根据获知的地址建立一个本地地址表，称作介质访问控制子层地址。网桥借此控制对共享传输介质的访问。但是，它仅判断目的地址是否和它在同一个网段上，如果目标地址是其他网段的，它不能提供选路功能，而只是向它所知道的每一个网段发送消息。由于网桥不具备智能化的路由功能，因此网桥比传统的路由器处理速度更快，价格也更低。

（4）路由器

路由器是网络层的网络互联设备。路由器中存放着一个路由表，根据路由表可以决定用户数据的流向。路由器首先检测由输入端口输入的分组信息的报头,获取目的地址,查找路由表,根据路由表中的信息,将分组送到某个特定的输出端口,然后输出端口将分组发送到下一个路由器。

路由器具有如下功能。

- 学习功能:路由器可以获知与它相连的网络设备的地址,并据此建立路由表。
- 过滤功能:路由器根据地址信息过滤分组。
- 选路和交换功能:路由器根据网络地址、距离成本以及可达性等因素为分组选择最佳路径,从而适应网络状况的变化。
- 适应能力:路由器根据网络流量,通过改变它所选择的最佳路径,来适应网络状况的变化。

(5) 网关

网关用于两个完全不同的网络互联。网关工作在 OSI 的高层,即会话层、表示层和应用层。网关的重要特点是具有协议转换功能,即把一种网络协议转换到另一种协议,因此网关也称为协议转换器。

5.4.4 以太网

以太网(Ethernet)最初是美国施乐(Xerox)公司和斯坦福大学于 1975 年合作推出的一种局域网。后来,由于计算机的快速发展,DEC、Interl、Xerox 三家公司合作,于 1980 年 9 月第一次公布 Ethernet 物理层和数据链路层的规范,即 DIX 规范。IEEE 802.3 是以 DIX 规范为主要来源制定的以太网标准。目前,IEEE 802.3 已成为国际流行的局域网标准之一。

以太网使用载波侦听多路访问/冲突监测(CSMA/CD)的差错监测和恢复技术,采用基带传输,通过双绞线、光纤和传输设备,实现 10 Mbit/s、100 Mbit/s、1 Gbit/s 的网络传输。

通常所说的以太网一般指以下几种局域网技术:

(1) 以太网/IEEE 802.3,通常采用同轴电缆作为网络媒体,传输速率为 10 Mbit/s。

(2) 100 Mbit/s 以太网,又称快速以太网,通常采用双绞线作为网络媒体,传输速率达到 100 Mbit/s。

(3) 1 000 Mbit/s 以太网,又称千兆以太网,通常采用光缆或双绞线作为网络媒体,传输速率达到 1 Gbit/s。

(4) 光以太网集中了以太网和光网络的优点。

5.5 广 域 网

5.5.1 广域网概述

广域网(Wide Area Network,WAN)是将地理位置上相距较远的多个计算机系统通过通信线路按照网络协议连接起来,实现计算机之间相互通信的计算机系统的集合。广域网也称远程网,通常跨接很大的物理范围,所覆盖的范围从几十千米到几千千米,它能连接多个城市或国家,或横跨几个洲并能提供远距离通信,形成国际性的远程网络。

广域网由交换机、路由器、网关、调制解调器等多种数据交换设备、数据连接设备构成,具有技术复杂性强、管理复杂、类型多样化、连接多样化、结构多样化、协议多样化、应用多样化等特点。广域网的组成如图5-9所示。

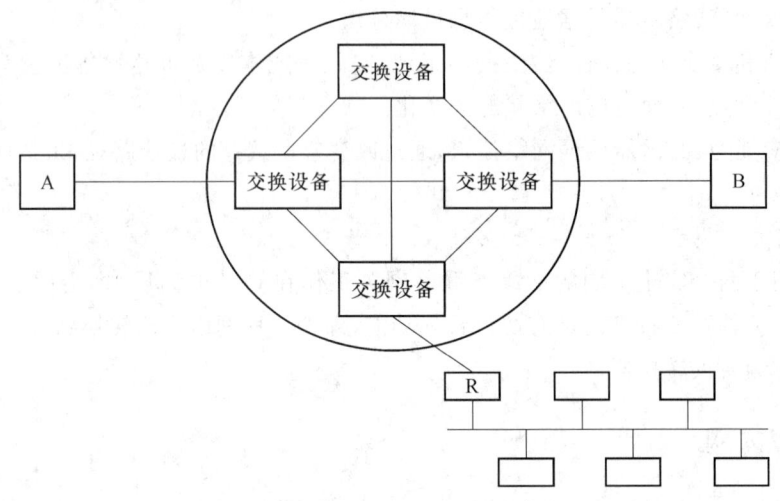

图 5-9　广域网的组成

20世纪80年代以来,广域网得到了空前的发展,追其原因主要有两点:一是在ISO公布了OSI参考模型后,各种计算机的互联网络有了一个公认的协议准则;二是随着计算机的高速发展,促进了局域网的标准化、产品化,使它成为广域网的一个可靠的基本组成部分。

广域网是由多个局域网相互连接而成的,其与局域网的不同之处如表5-1所示。

表 5-1　局域网与广域网的区别

关键指标	局域网	广域网
作用范围	通常分布在一座办公楼、实验室或者宿舍大楼中,为一个部门所有,设计范围一般在几千米以内	通常覆盖在一个地区、一个国家甚至全球的范围
网络结构	结构简单,计算机数量少,一般是规则的结构,可控性、可管理性以及安全性都比较好	由众多异构、不同协议的局域网连接而成,结构不规则,管理和控制较为复杂,安全性也难以保证
通信方式	大多采用广播式的通信方式,采用数字基带传输	通常采用分组点到点的通信方式
通信管理	局域网信息传输的时延小、抖动小,传输的带宽比较宽,线路的稳定性比较好,通信管理比较简单	传输时延大、抖动大,线路稳定性比较差,并且通信设备多种多样,通信协议种类繁多,因此通信管理非常复杂
通信速率	传输速率比较高,一般能达到10 Mbit/s、100 Mbit/s、1 Gbit/s 甚至 10 Gbit/s,传输误码率比较低,一般为 $10^{-11} \sim 10^{-8}$	传输速率受多种因素影响;由于经过多个中间链路和中间节点,因此误码率比局域网高

5.5.2 广域网关键技术

根据信号传输方式的不同可以将通信网络分为交换网络和广播网络。交换网络根据交换方式的不同又可以分为电路交换网络和分组交换网络(包括帧中继和 ATM 等);广播网络根据网络结构又可以分为总线型网络、环型网络和星型网络等。

在广域网中,由于用户数量巨大,而且需要双向的交互,如果采用广播方式会产生广播风暴,导致网络失效,因此在广域网中主要采用交换网络。

对于采用交换网络的广域网而言,主要的技术问题包括路由选择、分组交换和拥塞控制。其中,各类分组交换技术在第 3 章中进行了详细介绍,因此,本章着重介绍路由选择和拥塞控制。

1. 路由选择

第 4.2 节介绍了 PSTN 中路由的选择问题,本节主要介绍数据广域网中的路由选择问题。

路由算法的目的是根据所定义的最佳路径含义选择网络上两个主机之间的最佳路径。常见的路由算法根据响应的特性可以分为静态路由算法(非自适应算法)和动态路由算法(自适应算法)。

(1) 静态路由算法

在静态路由算法中,首先,根据网络的拓扑结构确定路径;其次,将这些路径填入路由表中,并且在相当长的时间内这些路径保持不变。这种路由算法适用于网络拓扑结构比较稳定而且网络规模比较小的网络。当网络规模较大时,静态路由算法不能根据网络的故障和负载的变化来做出快速反应。

(2) 动态路由算法

在动态路由算法中,每个路由器通过与其相邻节点进行通信,不断学习网络的状态。借助这种方式,网络拓扑结构的变化最终可以传播到整个网络。根据收集到的信息,每个路由器都可以计算出到达目的主机的最佳路径。尽管动态路由算法增加了路由器的复杂性,并且选路时延较大,但在所有的分组交换网络中都使用了某些自适应路由选择技术。

根据控制方式,路由算法可以分为集中路由算法和分布路由算法。

(1) 集中路由算法

在集中路由算法中,所有可选择的路由都由一个网络控制中心算出,并且网控中心将这些信息加载到各个路由器中。这种算法只适用于小规模的网络。

(2) 分布路由算法

在分布路由算法中,每个路由器进行各自的路由计算,并且通过路由消息的交换来互相配合。这种算法可以适应大规模的网络,但是容易产生一些不一致的路由结果。而这些不同路由器计算的不同路由结果可能会导致路由环路的产生。

目前,广泛使用的路由算法主要有 Bellman-Ford 算法、Dijkstra 算法、扩散算法、偏差路由算法和源路由算法等。

(1) Bellman-Ford 算法

Bellman-Ford 算法的原理是,A 和 B 之间最短路径上的节点到 A 节点和 B 节点的路径也是最短的。这种算法容易实现,但是这种算法对链路故障的反应很慢,有可能会产生无穷计算的问题。

（2）Dijkstra 算法

Dijkstra 算法比 Bellman-Ford 算法更加有效。它的主要思想是在增加路径费用的计算中不断标记出离源节点最近的节点。这种算法要求所有链路的费用是可以得到的。

（3）扩散算法

在扩散算法中，分组交换机将输入分组转发到交换机的所有端口。因此，只要源和目的地之间有一条路径，分组就可以最终到达目的地。当路由表中的信息不能得到时，或者对网络的健壮性要求很高时，可以采用扩散算法。但是，扩散算法很容易淹没网络，因此必须加以控制。

（4）偏差路由算法

偏差路由算法要求网络为每一对源和目的地之间提供多条路径。每个交换机首先将分组转发到优先端口，若此端口正忙，再将分组转发到其他端口。偏差路由算法可以很好地工作在有规则的网络拓扑中。这种算法的优点是交换机可以不用缓存区，但由于分组可以走其他替代路径，因此不能保证分组的传输顺序。

（5）源路由算法

源路由算法不要求中间节点保存路由表，但要求源主机承担更繁重的工作。在分组发送之前，源主机必须知道目的主机的完整路由，并将该信息包含在分组头中。根据这个路由信息，中间各节点可以将分组转发到下一个节点。

2．拥塞控制

从本质上看，一个数据网络是一个由队列组成的网路。在每一个节点的每一个输入、输出信道上都有一个分组队列。当分组到达的速率超出输出端分组传输的速率时，队列的长度就会越来越长，分组被转发的时间也就越来越长。

如图 5-10 所示，在没有拥塞控制的网络中，当负荷较低时，随着负荷的增加，网络吞吐量以及网络利用率会随之增加。当负荷增加到 A 点时，网络吞吐量的增长速率将比输入负荷的增长速率慢，网络进入初级拥塞状态。此时，虽然网络时延变长，但是网络还可以处理增长的负荷。负荷继续增加，最终达到 B 点，此后随着负荷的增加，网络的实际吞吐量将急剧下降。

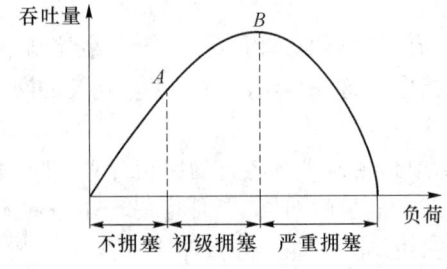

图 5-10　拥塞示意图

网络拥塞是广域网中最难解决且十分重要的问题之一。导致拥塞的原因可能如下：

① 传输带宽不足；

② 多个输入对应一个输出；

③ 节点缓存容量较小；

④ 节点处理速度不高。

在解决拥塞问题时，不能只针对某个因素进行调整。目前常用的拥塞控制的方式大致可以分为开环控制和闭环控制。

(1) 开环控制

开环控制是通过良好的网络系统设计来避免拥塞问题的发生，而不需要依靠反馈信息来调整业务流，是在拥塞发生之前避免拥塞的控制策略。在网络运行过程中，何时接受新分组，何时丢弃分组以及丢弃哪些分组都是事先规划好的。若源端发送的业务流被接受，则该业务流就不会导致网络过载。

常用的开环控制的方式主要包括连接接纳控制、流量监管、流量整形等。

① 连接接纳控制

当某个源节点请求建立连接时，连接接纳控制(Connection Admission Control，CAC)需要决定接受或拒绝这个连接。如果能保证同一路径上所有源的 QoS 都能得到满足，则接受这个连接；否则拒绝连接请求。

为了确保同一路径上所有源的 QoS 都能得到保证，连接接纳控制必须知道每个源的业务流特征，因此，每个源应在连接建立期间用一组称为业务量描述器的参数(如峰值速率、平均速率、最大突发容量等)来说明它的业务流。

② 流量监管

为了防止源节点违反合约，网络在连接期间对业务流进行监视，并强制业务流执行合约。当流量违反了一致商定的合约时，对违约的流量，网络可以丢弃或标记。被标记的流量可以在网络中传送，但优先级较低，只要下游出现拥塞，就会被丢弃。

③ 流量整形

当某个源试图发送分组时，需要首先改变业务流的输出速率，使其符合传输的需要。这种将业务流改变为另一个业务流的过程称为流量整形(Traffic Shaping)。流量整形常用的方式包括漏桶流量整形和令牌桶流量整形。

漏桶流量整形器借助一个固定间隔周期读出的缓存器实现。输入的分组存储在缓存器中，然后对分组进行周期性地读出。缓存器用来存储短时的分组突发，如果缓存器已满，则再输入的分组就属于非法分组将被丢弃。

与漏桶流量整形器不同，令牌桶流量整形器只对违约分组进行调节，而对于守约的分组将直接通过整形器，不增加时延，从而保证了业务的实时性。

漏桶算法　若水正流入底部有孔的木桶，当桶不空的时候，水流以恒定的速度从桶中流出，只要桶未满，流入的水就由桶来调节；当桶满的时候，流入的水会溢出。

(2) 闭环控制

闭环控制需要根据反馈信息来调节信源速率。反馈信息可以是隐含的信息(隐式反馈)，或者是明显的信息(显式反馈)。在隐式反馈中，当网络发生拥塞时，会出现个别分组的传输时延增加或者分组丢弃，如果源站能够检测到传输时延的增加或分组丢失的情况，则间接说明了网络出现拥塞，从而源站通过减缓流量来消除网络拥塞。在显式反馈中，当网络拥塞正在形成时,将有某种形式的显式消息到达源站,向源站发出警告,源站继而采取相应的措施降低网络负荷。

5.6 互联网

5.6.1 互联网概述

互联网是由广域网、局域网及单机等按照一定的通信协议构成的国际计算机网络。

互联网可以分为内联网(Intranet)和因特网(Internet)。其中,内联网是指一个相互合作的网络,一个内联网在一个组织内运作,以满足内部需求,存在方式可以是一个独立的、自包容的互联网,也可以具有连接到因特网的链路;因特网是一个起源于美国、覆盖范围遍及全球的互联网。

互联网中的每个成员网络都能支持与该网络相连的设备之间的通信,这些设备被称为端系统或主机。网络和网络之间通过被称为"中间系统"的设备相连接。中间系统提供了通信路径,并执行必要的中继和路由选择等功能,从而使连接到互联网的不同网络的设备之间能够交换数据。常用的中间系统包括网桥和路由器等。

5.6.2 互联网的关键技术

1. IP 地址与域名

(1) IP 地址

在互联网中,欲实现计算机之间的正常通信,就必须为网络中的每一台计算机配备一个地址,且该地址必须唯一。在进行数据传输时,通信协议需要在传输的数据中添加发送信息的计算机地址(源地址)和接收信息的计算机地址(目标地址)。在互联网中,为每个计算机分配的这个唯一的识别地址被称为 IP 地址。

目前使用的互联网网际层协议 IP 协议版本(IPv4)规定 IP 地址的长度为 32 位,若将比特换算成字节,则为 4 个字节。例如,一个采用二进制形式的 IP 地址是"00001010000000000000000000000001"。显然,采用这种记述方式并不方便,因此 IP 地址经常被写成十进制的形式,并使用符号"."区分不同的字节,即点分十进制表示法。采用这种方式,上面的 IP 地址可以表示为"10.0.0.1"。

现有的互联网是在 IPv4 协议的基础上运行的。IPv6 是下一版本的互联网协议。它的提出是由于出现了 IP 地址不够用的现象;一方面是因为 IP 地址被大量分配;另一方面是许多地址已分配给申请者但没有得到充分利用。为了扩大地址空间,IPv6 采用 128 位地址长度,几乎可以不受限制地提供地址。据估算若采用 IPv6,地球每平方米面积上可以分配 1 000 多个地址。

(2) 域名

IP 地址是一种数字型网络和主机标识,这种数字型标识不便记忆,因此提出了字符型的域名标识。域名(Domain Name)是由一串用点分隔的名字组成的 Internet 上某一台计算机或计算机组的名称,用于在数据传输时标识计算机的电子方位。目前域名已经成为互联网的品牌、网上商标保护必备的产品之一。

一台计算机根据需要可以有多个域名,但只能有一个 IP 地址。一台计算机从一个地方移到另一个地方,当它属于不同的网络时,其 IP 地址必须更换,但是域名可以保留。

域名采用层次结构,每一层构成一个子域名,子域名之间用圆点隔开,越靠右的位置表示其层级越高。例如,www.bupt.edu.cn,其中,cn 为第一级域名,表示中国。除美国外,其他国家一般采用国家代码作为第一级域名;edu 表示教育科研单位;bupt 表示北京邮电大学。

(3) 地址解析

IP 地址不能直接用来通信。因为 IP 地址只是主机在抽象的网络层中的地址,不能直接在链路层寻址。若要将网络层中传送的 IP 数据包交给目的主机,需要传送到数据链路层转换为帧后才能发送到实际的网络上,将 IP 地址转换为物理地址(MAC)的过程称为地址解析。当数据链路层为以太网时,因特网采用的地址解析协议是 ARP 协议。

(4) 域名解析

主机域名到 IP 地址的转换过程称为域名解析。实现域名解析的软件称为域名系统(Domain Name System,DNS)。DNS 的功能类似于电话号码簿,已知一个域名就可以查找到一个 IP 地址。完整的域名系统可以双向查找,即可以完成域名和 IP 地址的双向映射。装有域名系统的主机称为域名服务器。

| **Lion 呼叫 Tiger** | 若域名为 Tiger 的主机的 IP 地址为 209.0.0.6,网卡的物理地址为 08002B00EE0A。当主机 Lion 呼叫 Tiger 时,需要完成如图 5-11 所示步骤:
(1) Lion 主机将域名 Tiger 发送给域名服务器;
(2) 域名服务器根据域名 Tiger 查找 IP 地址为 209.0.0.6;
(3) 根据 IP 地址查找目的主机所在的网络,根据 ARP 协议,将目的主机的 IP 地址翻译成为目的主机网卡的物理地址,根据这个物理地址就可以在局域网中寻找目的主机。
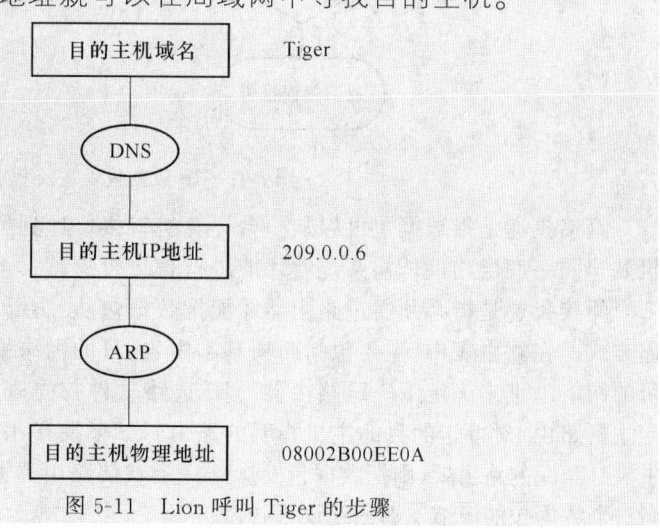
图 5-11 Lion 呼叫 Tiger 的步骤 |

2．IP 数据包的传输

当主机或路由器处理一个 IP 数据包时,首先选择数据包发往的下一站;然后将 IP 数据包封装入物理网络帧的数据区内;收、发双方在帧的类型域中的值达成一致,以标识该帧的数据区为一个 IP 数据包;最后将下一站的 IP 地址解析成物理地址,填入帧头的目的地址域。

在接收端,路由器或主机从帧中取出数据包,同时丢弃帧头,若仍需路由器转发,则按照上述步骤重新封装。

根据源节点和目的节点的不同,IP 数据包在发送过程中可能被直接投递或间接投递,如图 5-12 所示。

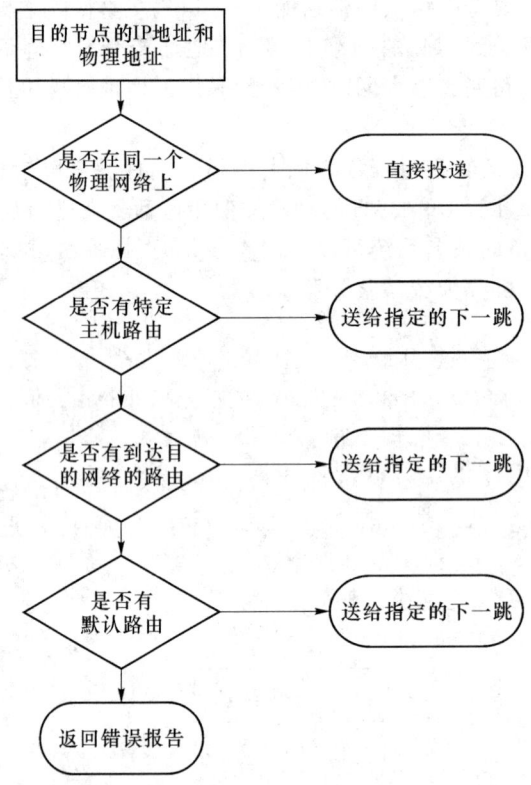

图 5-12 IP 数据报发送流程

直接投递是指数据包可以从一台计算机直接传送到另一台计算机。只有当两台计算机处于同一底层物理传输系统时才能进行直接投递。

间接投递是指必须通过路由器才能把数据包从一台计算机传送到另一台计算机的投递方式。在路由表中,主要包括两项基本内容:目的网络地址和下一跳地址。路由器根据目的网络地址来确定下一跳路由器。IP 选路软件首先查找是否存在符合目的地址的特定主机路由(对特定的目的主机指明的路由),如果没有,则在选路表中查找目的网络,若表中没有匹配的路由项,则把数据包发送到一个默认路由器上,若没有默认路由器,则路由器向这个数据包的源节点返回错误报告。

由于路由器往往需要连接异构物理网络,为了克服异构物理网络帧格式的不同,互联网络协议(IP协议)定义了一种独立于底层硬件的通用的、虚拟的数据报,该报可以无损地在低层硬件中传输。

5.6.3 因特网

因特网(Internet)是典型的互联网,是全球范围内采用 TCP/IP 协议组的众多计算机网相互连接而成的开放式的计算机网络。因特网的前身是美国的 ARPAnet。

1. 因特网的接入

接入因特网(将主机连接到因特网边缘路由器)的方式大致可以分为三类:拨号接入、以太网接入和无线接入。

(1) 拨号接入

拨号接入是指通过拨号的方式将主机与因特网相连,通常用于家庭上网。拨号接入技术主要包括电话线上网、ISDN 上网、ADSL 上网和 Cable Modem 上网。

① 电话线上网

电话线上网是指借助普通电话调制解调器(Modem)和电话线接入因特网的方式,是早期接入方式的一种,速率较低,一般为 56 kbit/s。

② ISDN 上网

综合业务数字网(Integrated Services Digital Network,ISDN)是一个数字电话网络国际标准,是一种典型的电路交换网络系统。ISDN 上网虽然也是拨号上网,但与电话线上网存在本质的区别。ISDN 上网需要专用的终端,并需要专用的数据线。上网号码(ISDN 号码)在申请时由电信局提供。ISDN 能够提供端到端的全数字化连接,可以实现语音、传真、可视图文等多种综合通信服务。

ISDN 有 2B+D 通道,2B 代表有两条 64 kbit/s 基本数据通道,D 代表一条 16 kbit/s 的指令通道,ISDN 上网用户可以选择用一条 64 kbit/s 数据通道,也可以选用两条,即 128 kbit/s。

ISDN 上网投资较少,但速度较普通电话线上网速度快,比较适合中小型企业和网吧。

③ ADSL 上网

ADSL(Asymmetric Digital Subscriber Line,非对称数字用户环路)是一种上行和下行带宽不对称的异步传输方式(ATM)。

传统电话线系统使用的是铜线的低频部分(4 kHz 以下频段);而 ADSL 采用频分复用技术,将原来电话线路 0 kHz~1.1 MHz 频段分成 256 个频宽为 4.3 kHz 的子频带。其中,4 kHz 以下频段用于传送传统电话业务;20~138 kHz 的频段用来传送上行信号;138 kHz~1.1 MHz 频段用来传送下行信号。通常在不影响正常通话的情况下,ADSL 可以提供 640 kbit/s~1 Mbit/s 的上行速率和 1~8 Mbit/s 的下行速率。虽然 ADSL 使用的还是原来的电话线,但传输的数据并不通过电话交换机,所以上网不需要缴付额外的电话费,节省了费用。

DSL　　数字用户线路(Digital Subscriber Line,DSL)技术是美国贝尔通信研究所于1989年为视频点播(VOD)业务开发的利用双绞线传输高速数据的技术,由于 VOD 业务受挫而没有得到广泛的应用。后来,随着 Internet 的迅速发展,对固定连接的高速用户线需求日益高涨,基于双绞铜线的 DSL 技术因其以低成本实现用户线高速化而重新崛起,打破了高速通信由光纤独揽的局面。DSL 包括 HDSL、SDSL、VDSL、ADSL 和 RADSL 等,一般称之为 xDSL。它们主要的区别体现在信号传输速度和距离的不同以及上行速率和下行速率对称性的不同这两个方面。

　　HDSL 与 SDSL 支持对称式传输。其中:HDSL 的有效传输距离为 3~4 km,且需要 2~4 对铜质双绞电话线;SDSL 最大有效传输距离为 3 km,只需 1 对铜线。

　　VDSL、ADSL 和 RADSL 属于非对称式传输。其中:VDSL 技术是 xDSL 技术中最快的一种,在一对铜质双绞电话线上,下行数据的速率为 13~52 Mbit/s,上行数据的速率为 1.5~2.3 Mbit/s,但是 VDSL 的传输距离只在几百米以内;ADSL 在 1 对铜线上支持上行速率 640 kbit/s~1 Mbit/s,下行速率 1~8 Mbit/s,有效传输距离在 3~5 km 范围以内;RADSL(速率自适应数字用户线路)能够提供的速度范围与 ADSL 基本相同,但它可以根据双绞铜线质量的优劣和传输距离的远近动态地调整用户的访问速度。正是 RADSL 的这些特点使 RADSL 成为用于网上高速冲浪、视频点播、远程局域网络访问的理想技术,因为在这些应用中用户下载的信息(接收指令)往往比上传的信息(发送指令)多得多。

　　比较而言,对称 DSL 更适用于企业点对点连接应用,如文件传输、视频会议等收发数据量大致相同的工作。与非对称 DSL 相比,对称 DSL 的市场要小得多。

④ Cable Modem 上网

Cable Modem 是一种允许用户通过有线电视网进行高速数据接入的设备。随着有线电视网双向化、数字化进程的推进,Cable Modem 的应用范围将进一步拓展。

Cable Modem 的技术实现一般是从 42~750 MHz 电视频道中分离出一条 6 MHz 的信道用于下行传送数据。下行数据采用 64QAM 调制方式,最高速率可达 27 Mbit/s;如果采用 256QAM,最高速率可达 36 Mbit/s。上行数据一般通过 5~42 MHz 的一段频谱进行传送,为了有效抑制上行噪声积累,一般选用 QPSK 调制,传输速率可达 10 Mbit/s。

(2) 以太网接入

以太网接入方式充分利用了以太网简单、低成本、可扩展性强、与 IP 网络和业务融合性好的特点。但是，由于以太网本质上是一种局域网技术，用于公共电信网的接入领域时，在认证计费和用户管理、用户和网络安全、服务质量控制、网络管理等方面需要发展和完善。

（3）无线接入

无线接入是继有线接入之后发展起来的一种互联网接入，借助无线接入技术，无论在何时、何地，人们都可以轻松地接入互联网。无线接入的相关技术详见第5章。

2. 因特网的技术特点

（1）自适应路由算法

因特网采用自适应、分布式路由选择协议。由于因特网规模大且部分用户不希望外界了解内部网络布局的细节信息，因此因特网采用了层次路由选择方法。因特网将整个区域划分为许多小的自治系统（AS）。每个自治系统有权自主地决定在本系统内应采用何种路由选择协议。因此，因特网的协议可以分为两类：内部网关协议（IGP）和外部网关协议（EGP）。

- 内部网关协议：内部网关协议是在一个自治系统内部使用的路由选择协议，其与在互联网中其他自治系统选用什么路由协议无关。
- 外部网关协议：如果源节点和目的节点处在不同的自治系统中，当数据包传到本节点所在的自治系统的边界时，需要使用一种协议将路由选择信息传送到另一个自治系统中，这类协议称为外部网关协议。

（2）网络连接模式

目前，因特网中常见的网络连接模式包括C/S（Client/Server，客户端/服务器）模式、B/S（Browser/Server，浏览器/服务器）模式和P2P（Peer to Peer，点对点）模式等。其中，B/S模式是C/S模式的改进。

① C/S模式

在C/S模式中，服务器是网络的核心，客户端是网络的基础，客户端依靠服务器获得所需要的网络资源。在C/S模式中的客户端不是毫无运算能力的输入、输出设备，而是具有一定的数据处理和数据存储能力的设备。通过把应用软件的计算和数据合理地分配在客户端和服务器两端，可以有效地降低网络通信量和服务器运算量。与此同时，这种方式对客户端的要求不高，能够很好地适应因特网中客户端多样化的特点，使得通过简单的终端就可以完成复杂的工作。

② B/S模式

B/S模式是随着互联网技术的兴起而对C/S模式的一种改进。在B/S模式中，客户端只需要浏览器即可以进行业务处理。与C/S模式相比，B/S具有数据安全性、一致性、实时性高等特点。

③ P2P模式

在P2P模式中，所有的节点是对等的，各节点具有相同的责任和能力，并协同完成任务。

对等点之间通过直接互联共享信息资源、处理器资源、存储资源甚至高速缓存资源等，无须依赖集中式服务器就可以完成。

相对于C/S模式而言，P2P模式的优点主要体现为以下几点。

- 资源的高度利用:在 P2P 模式中,闲散资源可以得到充分利用,所有节点的资源总和构成了整个网络的资源,整个网络可以被用作具有海量存储能力和巨大计算处理能力的超级计算机。但是在 C/S 模式中,纵然客户端有大量的闲置资源,也无法被利用。
- 网络随规模的增大而越发稳固:在 P2P 模式中,每个对等体都是一个活动的参与者,每个对等点都向网络贡献一些资源,所以对等点越多,网络的性能越好。但是,在 C/S 模式中,客户端越多,服务器的负载就越重,服务器一旦崩溃,整个网络也随之瘫痪。
- 信息在网络设备间直接流动,高速、及时,并且降低了中转服务成本。

尽管 P2P 模式具有上述优点,但却不易管理,安全性也难以保障,同时由于对等点可随意进入或退出网络,可能会造成网络带宽和信息存在的不稳定,因此使用范围有限。

(3) TCP/IP 协议组

因特网是基于 TCP/IP 协议组来实现网间通信的。TCP/IP 协议组不仅包含网际协议(Internet Protocol,IP)和传输控制协议(Transmission Control Protocol,TCP),同时还包括许多与之相关的协议,如表 5-2 所示。

表 5-2 TCP/IP 协议组

| 应用层 | TELENT、FTP、SMTP、DNS、NFS、… | 网络层 | IP |
| 传输层 | TCP、UDP | 网络接入层 | LAN、WAN、X.25、ISDN、FR |

① 网际协议

网际协议(IP)是一种无连接的协议,处于 OSI 模型中的网络层。作为通信子网的最高层,IP 层向传输层提供统一的数据包,屏蔽了各种网络物理帧格式的差别,成为不同网络网间互联的关键一层。其主要任务:一是对数据包进行相应的寻址和选路,IP 报头附加在每个数据包上,并加入源地址、目的地址等信息;二是 IP 协议负责分段和重编那些在传输层被分割的数据包。

② 传输控制协议

传输控制协议(TCP)是一种面向连接的协议,对应于 OSI 模型的传输层。TCP 打开并维护网络上两个通信主机的连接。当在两者之间传送 IP 数据包时,一个包含流量控制、排序和差错校验的 TCP 报头附加在数据包上,到主机的每一个虚拟连接皆被赋予一个端口后,使发送至主机的数据包能够传送至正确的虚拟连接。

③ 用户数据报协议

用户数据报协议(User Datagram Protocol,UDP)是一种无连接传输协议。UDP 只负责传输数据,UDP 也对应于端口号,但不需要对应一个虚拟连接,而只是对应其他主机的一个进程。

④ 域名系统

域名系统(DNS)可将用户容易理解的域名转换成正确的 IP 地址。

⑤ 文件传输协议

文件传输协议(File Transfer Protocol,FTP)是 TCP/IP 环境中最常用的文件共享协议。它允许用户从远端登录至网络中的其他主机上浏览、下载和上传文件。

⑥ 远端登录协议

远端登录协议(Telent)允许用户远程登录至另一台计算机上并运行应用程序。

⑦ 网络文件系统

网络文件系统(Network File System,NFS)是一种比 FTP 和 Telent 更为先进的共享文件和磁盘驱动的方法。

⑧ 简单邮件传输协议

简单邮件传输协议(Simple Mail Transfer Protocol,SMTP)负责因特网上邮件的交付。

5.7 综合业务和多媒体通信

5.7.1 综合业务数字网

在电话网向综合业务数字网的演变过程中,对传统的电话网进行了数字化改造,使其交换设备和传输链路均由模拟变为数字交换和数字传输,但是此时的通信终端仍是模拟的。这种仅实现了数字交换和传输的网络称为综合数字网(IDN)。

然而,IDN 的综合是不完全的,它仅实现了交换和传输的数字综合。一个 IDN 不能提供多种业务,不同的业务仍需要不同的 IDN 传输,如电话 IDN、电报 IDN、传真 IDN、数据 IDN 等。随着新业务种类的增多,需要建设不同的 IDN。为了克服 IDN 的缺点,必须根本改变网络的分立状况,用单一的网络来提供各种不同类型的业务。因此,综合业务数字网应运而生。

CCITT 将综合业务数字网(Integrated Service Digital Network,ISDN)定义为:ISDN是以综合数字网(IDN)为基础发展演变而成的通信网,能够提供端到端的数字连接,用来支持包括语音在内的多种电信业务,用户能够通过有限的一组标准化的多用途用户—网络接口接入网内。

ISDN 并不是一个新建立的网络,而是由 IDN 改造而来。其关键是在用户终端与网络的接口处,增加了多用途、标准化的用户—网络接口装置;在程控交换机中,增加了几个相关的功能模块,将 IDN 交换机改造成为 ISDN 交换机,并且用户可以使用诸如数字电话、可视电话、传真、PC 以及模拟电话在内的多种语音和非语音终端。

ISDN 的出现给人们带来了多业务、全数字化的综合通信方式。但随着技术的发展和需求的增长,ISDN 的局限性越来越明显,主要体现在以下几个方面。

(1) 带宽有限:ISDN 最高为 2 Mbit/s 的集群速率,很难提供高质量的图像业务和高速数据通信。

(2) 业务综合能力有限:通过用户—网络接口实现了业务综合,但是在网络内部仍需电路交换和分组交换两种模式并存。

(3) 网络资源利用率不高:不能提供低于 64 kbit/s 的数字交换,若不采用复用等措施,对于低速业务就会浪费网络资源;若采用,则会增加技术和过程的复杂性。

为了使网络具有更大的灵活性、更宽的带宽、更强的业务综合能力,以异步传输模式(ATM)为核心的宽带综合业务数字网(B-ISDN)应运而生。针对 B-ISDN,原来的 ISDN 又称为 N-ISDN。

5.7.2 宽带综合业务数字网

宽带综合业务数字网(B-ISDN)具有以下显著的特点。

(1) 以光纤作为传输媒体:N-ISDN 采用传统的铜线来传输,而 B-ISDN 采用光纤来传输。这保证了业务质量,同时减少了网络运行中的差错诊断、纠错、重发等环节,提高了网络的传输速率。

(2) 以 ATM 技术为核心:以信元作为传输和交换的基本单位。信元是固定格式的等长分组,以信元作为基本单位进行信息转移,给传输和交换带来了极大的便利。

(3) 按需分配网络资源:B-ISDN 可以做到按需分配网络资源,即传输的信息动态地占用信道。

基于上述改进,B-ISDN 具备了较强的业务能力,主要表现如下:

(1) 具有提供高速传输业务的能力,传输速率可达 155 Mbit/s、622 Mbit/s 甚至更高;

(2) 能在给定带宽内高效地传输任意速率的业务,以适应用户业务突发性的变化;

(3) 网络设备与业务特性无关,使 B-ISDN 能够支持各种业务;

(4) 信息的转移方式与业务种类无关,网络真正做到用统一的交换与传输方式支持不同的业务。

5.7.3 多媒体通信

CCITT 将媒体划分为感觉媒体、表示媒体、表现媒体、存储媒体和传输媒体,如图 5-13 所示。

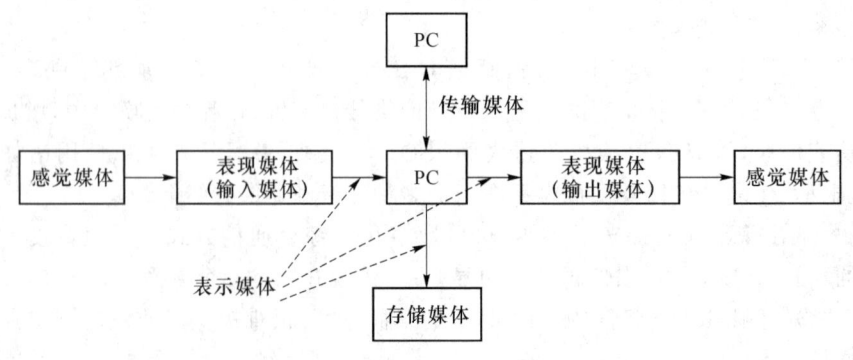

图 5-13 媒体分类示意图

(1) 感觉媒体:感觉媒体是指能够直接作用于人们的感觉器官,使人产生直接感觉的媒体,如声音、图像、文本和数据等。

(2) 表示媒体：表示媒体是指为了加工、处理和传输感觉媒体而人为研究、构造出来的媒体。表示媒体有多种编码方式，如语言编码、图像编码、条形码等。通过表示媒体，能更有效地存储感觉媒体或将感觉媒体从一个地方传送到另一个地方，便于加工和处理。

(3) 表现媒体：表现媒体是指用于通信中使电信号和感觉媒体之间产生转换的一类媒体。表现媒体又分为两类：输入表现媒体，如鼠标、键盘等；输出表现媒体，如显示器、打印机等。

(4) 存储媒体：存储媒体是指用于存放表示媒体的媒体，以便计算机随时加工、处理和调用，如纸张、光盘等。

(5) 传输媒体：传输媒体是指用于将某些媒体从一处传到另一处的物理媒体。传输媒体是通信的信息载体，如双绞线、同轴电缆和光纤等。

多媒体通信是指将现代通信网络技术、计算机技术、声像技术结合起来，利用一种传输系统就能传输所有的信息形式，即声音、文字、数据和图像等多种信息。多媒体通信系统应具有集成性、交互性和同步性特点。

(1) 集成性：集成性是指多媒体应能结合文字、图形、音响、声音、动画等各种媒体。

(2) 交互性：交互性是多媒体通信的特色之一，也是和传统媒体的最大不同。因此，传统电视虽然也能输出"声、图、文"并茂的多种信息，但由于不具有交互性，因此，不能称之为多媒体通信。

(3) 同步性：同步性是指在多媒体终端上显现的图像、声音和文字应以同步的方式工作。

在多媒体通信发展初期，人们尝试用已有的各种通信网络（如 PSTN、有线电视网、因特网等）作为多媒体通信的支撑网络。但是，每一种网络均为传送特定的媒体而建设，要提供多媒体业务均存在一定的问题。随着技术的发展，目前可以借助宽带综合业务数字网 B-ISDN 和宽带 IP 网来实现多媒体通信。在宽带 IP 网中，通过使用实时传送协议（RTP）和实时传送控制协议（RTCP）来保证业务的实时性。

视频点播业务是多媒体通信的典型应用。常见的视频点播业务包括电影点播、卡拉 OK 点播、远程教学等。

(1) 电影点播：用户通过终端点播存储于视频服务器上的电影或电视节目，服务器通过网络将节目显示在用户的终端上，用户可以随意对节目进行快进、重放、暂停等操作。

(2) 卡拉 OK 点播：用户可通过网络选择卡拉 OK 节目，服务器提供节目单，用户点播自己喜爱的歌曲，也可以通过网络主动地控制音调、音速、是否保留原唱等。

(3) 远程教学：用户可以自由地加入和退出一个课堂，还可以随时向网络上的教师请教，进而获得帮助。

本 章 小 结

本章从数据通信的基本概念入手，在分析数据通信的特点、传输方式的基础上，介绍了数据通信系统构成、功能、评价指标以及通信网络的体系结构；进而着重介绍了局域网、广域网、互联网、综合业务数字网的结构和关键技术。

OSI是实现各个网络之间互通的一个标准化理想模型，是网络互连的理论基础。OSI参考模型把网络协议从逻辑上分为七个功能层，包括物理层、数据链路层、网络层、传输层、会话层、表示层和应用层。

局域网是指在某一区域内由多台计算机互联成的计算机组。局域网最主要的特点是网络地理范围和站点数目有限，其常用的拓扑结构包括星型、总线型、环型、树型等。

广域网也称远程网，是将地理位置上相距较远的多个计算机系统，通过通信线路按照网络协议连接起来，通常跨接很大的物理范围。

互联网是由广域网、局域网及单机按照一定的通信协议所构成的国际计算机网络，通常分为内联网和因特网。现有的互联网主要是在IPv4协议的基础上运行的，目前正在向IPv6方向过渡。

因特网是典型的互联网，是全球范围内采用TCP/IP协议组的众多计算机网相互连接而成的开放式的计算机网络。

ISDN是以综合数字网为基础发展演变而成的通信网，能够提供端到端的数字连接，用来支持包括语音在内的多种电信业务，用户能够通过有限的一组标准化的多用途用户—网络接口接入网内。ISDN的出现给人们带来了多业务、全数字化的综合通信方式。然而，随着技术的发展和需求的增长，ISDN的局限性越来越明显，B-ISDN应运而生。

习　　题

（1）简述数据通信的特点。
（2）简述数据通信系统的构成。
（3）简述国际标准化组织（ISO）制定的OSI参考模型。
（4）简述用户网络互连的各类硬件。
（5）简述广域网中的拥塞控制方式。
（6）简述因特网的接入方式。
（7）简述多媒体信息的三个特性。

第5章知识要点思维导图　　　第5章知识要点讲解

思政天地

心得示例：

习近平总书记强调，要适应人民期待和需求，为老百姓提供用得上、用得起、用得好的信息服务，让亿万人民在共享互联网发展成果上有更多获得感。信息通信产业以此切入点，加快农村地区通信基础设施建设步伐，推动农村信息化应用普及，用新一代信息技术赋能"三农"发展。例如，在农村地区通信基础设施建设方面，"十三五"初期，我国约有5万个行政村尚未通宽带；截至2021年年底，我国现有行政村已全面实现"村村通宽带"；截至2022年9月底，农村宽带接入用户达1.6955亿户，贫困地区通信难等问题得到历史性解决。这为落实党的二十大报告中提出的"健全基本公共服务体系，提高公共服务水平，增强均衡性和可及性，扎实推进共同富裕"奠定了坚实的网络基础。

第6章 移动通信

> **思政天地**
>
> **中国式现代化的伟大创造及其重大贡献**
>
> 　　党的二十大报告提出,从现在起,中国共产党的中心任务就是团结带领全国各族人民全面建成社会主义现代化强国、实现第二个百年奋斗目标,以中国式现代化全面推进中华民族伟大复兴。在新中国成立特别是改革开放以来长期探索和实践基础上,经过十八大以来在理论和实践上的创新突破,我们党成功推进和拓展了中国式现代化。中国式现代化道路的成功探索,将我们党对建设什么样的社会主义现代化强国、怎样建设社会主义现代化强国的规律性认识提升至新的理论高度,不仅为全面推进中华民族伟大复兴指明了正确道路,极大地增强了中国人民对建设社会主义现代化国家、实现中华民族伟大复兴的自信心,也为世界的现代化发展和人类文明的进步作出了重大贡献。
>
> 　　"中国式现代化"这一概念,脱胎于毛泽东提出的"中国工业化道路",强调中国在实现工业化时要"学那些和我国情况相适应的东西",即从中国实际情况出发推进现代化进程。改革开放后,邓小平继续强调:"中国式的现代化,必须从中国的特点出发。"进入新时代,我们党接续探索中国式现代化道路。党的二十大报告系统而深刻地回答了中国式现代化的一系列基本理论和战略问题,形成了中国式现代化的新思想新战略,有力地推动了中国式现代化的理论发展和创新。
>
> 　　在推进理论创新的同时,以习近平同志为核心的党中央致力于实践探索,"采取一系列战略性举措,推进一系列变革性实践,实现一系列突破性进展,取得一系列标志性成果,经受住了来自政治、经济、意识形态、自然界等方面的风险挑战考验,党和国家事业取得历史性成就、发生历史性变革,推动我国迈上全面建设社会主义现代化国家新征程。"中国式现代化以其举世瞩目的成就彰显出强大的生命力。
>
> 　　新时代十年是伟大变革的十年,也是中国式现代化不断彰显时代生命力的十年。中国式现代化是一条既发展自身又造福世界的现代化新路。中国式现代化道路的成

功探索及其创造性实践已经并将继续对人类文明的发展与进步作出重大贡献。

——王公龙

节选自:王公龙. 二十大精神关键词解读⑥ | 中国式现代化的伟大创造及其重大贡献[EB/OL].(2022-11-02)[2022-12-6]. 上观新闻 https://export.shobserver.com/baijiahao/html/545254.html.

头脑风暴

结合本章内容,如何理解"中国式现代化的伟大创造及其重大贡献"?

固定电话尽管为人们的工作、学习和生活提供了极大的便利,拉近了人与人之间的距离,但是随着社会和经济的发展,固定地点、固定方式的电话通信已无法满足人们信息交流的需要。移动电话的出现弥补了固定电话的不足,有效地满足了人们在任何时间、任何地点与任何人都能及时沟通的需求。正因如此,移动通信已成为近年来发展最快的通信领域之一。

移动通信属于无线通信。与有线通信技术相比,无线通信技术是以无线电波为介质的通信技术。在无线通信中,人们关注度较高的频率范围可以分为三类:

(1) 公用移动通信频段(300 MHz～3 GHz);

(2) 微波频段(3～300 GHz);

(3) 红外线频段(3×10^{11}～3×10^{14} Hz)。

移动通信是本章的重点,此外还将简要介绍微波通信和红外通信。

6.1 无线通信概述

6.1.1 无线通信的特点

尽管各类无线通信具体传播环境存在差异,但由于都采用无线电波传播,因此具有以下的共同特点。

(1) 信道特性差

有线信道,如同轴电缆,信号在塑料外套、屏蔽层、绝缘层的保护下,在同轴电缆内部的金属导体中四平八稳地传输,其物理特性自出厂起就是恒定的。因此,通常将有线信道称为恒参信道。然而,在无线通信中,电波会随着传输距离的增加而衰减(扩散衰减);不同的地形、地物对信号也产生着不同的影响;信号可能会经过多点反射,从不同路径到达接收点,产生多径效应;当用户的通信终端快速移动时,会产生多普勒效应……上述原因都会影响信道的物理特性,可以说无线信道的各项参数没有一刻是恒定的,总是在变化中,因此无线信道也称为变参信道。

(2) 干扰复杂

无线通信系统运行在复杂的干扰环境中,如外部噪声干扰(天电干扰、工业干扰、信道噪声等)、系统内干扰和系统间干扰(邻道干扰、互调干扰、交调干扰、共道干扰、多址干扰、远近效应等)。

(3) 频谱资源有限

无线的频谱资源是有限的,而人类的需求是无限的。用有限的资源来满足无限的需求,就必须研究和开发各种新技术,采取各种新措施,提高频谱的利用率,合理地分配和管理频率资源。

6.1.2 微波通信

1. 微波通信的定义及特点

微波通信是在微波频段通过地面视距进行信息传播的一种无线通信手段。

微波通信主要具有以下特点:

(1) 微波波段的载波工作频率高(相对于短波波段而言),在相对带宽相同的情况下,其信道的绝对带宽比短波大得多,因而可传送较多的信息量。

(2) 由于微波波段波长短,所以容易制成高增益天线。

> **天线的增益** 天线的增益是指在相同输入功率条件下,天线在最大辐射方向上某一点所产生的功率密度,与理想点源天线在同一点所产生的功率密度的比值。
>
> 天线的增益反映了天线将电波集中发射到某一方向上的能力。一般来说,天线的增益越高,波瓣宽度越窄,天线发射出的能量越高,如图 6-1 所示。 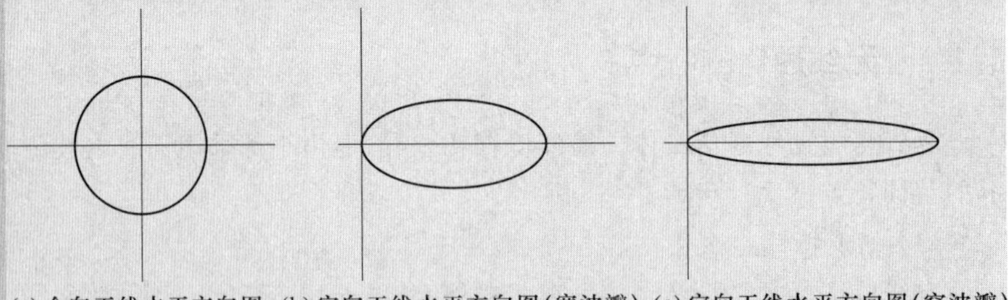
>
> (a) 全向天线水平方向图 (b) 定向天线水平方向图(宽波瓣) (c) 定向天线水平方向图(窄波瓣)
>
> 图 6-1 天线的增益

(3) 天电干扰、工业干扰及太阳黑子的变化在微波波段基本不起作用。

(4) 与有线通信相比,微波中继通信有较大的灵活性。

(5) 在微波波段,电磁波的传播是直线视距的传播方式。要进行远距离通信,必须采用中继通信方式,即每隔 50 km 左右设置一个中继站,将前一站的信号接收下来经过放大再向下一站传输。

微波天线 　　微波天线最常见的类型是呈抛物面的"碟形"天线,其典型尺寸大约为直径 3 m。微波天线通常被牢牢固定在高出地面很多的地方,从而能使聚集成细波束的电磁波越过天线之间的障碍物,实现对接收天线的视距信号传输,如图 6-2 所示。

图 6-2　微波天线

2. 微波中继通信

微波中继通信是指利用微波作为载波,通过无线电波进行中继通信的方式。数字微波中继通信是一种工作在微波频段的数字无线传输系统,是无线通信的一种重要的传输手段。

地面上远距离微波通信采用中继方式的原因为:

① 微波传播具有视距传播特性,而地球表面是个曲面,为了延长通信距离,需要在通信两地之间设立若干中继站进行转接;

② 微波在传播过程中有损耗,在远距离通信时需要采用中继方式对信号逐段接收、放大和再发送。

由于微波传输的视距传播特性和地球的曲面特性,数字微波线路通常是分段构成的,每一段均可以看作是一个点对点的无线通信系统。为此,微波中继通信系统的微波站分为终端站、中间站和枢纽站。

(1) 微波终端站

微波终端站通常设置在线路末端,其任务是:

① 将复用设备送来的基带信号或来自电视台的视频和伴音信号调制到微波频率上发射出去;

② 将所收到的微波信号解调出基带信号送往复用设备或将解调出的视频和伴音信号送往电视台。

(2) 微波中间站和微波枢纽站

当两条以上的微波中继通信线路在某一微波站交汇时,具有枢纽功能的、能上下话路的微波站称为微波枢纽站;不能上下话路的则称为微波中间站。

3. 微波通信的应用

目前,数字微波通信和光纤、卫星通信一起被称为现代通信传输的三大支柱。其中,数字微波通信的应用主要表现在以下几个方面。

(1) 干线光纤传输的备份及补充

数字微波通信主要用于由于种种原因不适合使用光纤的地段和场合,以及干线光纤传输系统在遇到自然灾害时的紧急修复。

(2) 边远地区和专用通信网中为用户提供基本业务

在农村、海岛等边远地区和专用通信网等场合,可以使用微波点对点、点对多点系统为用户提供基本业务。

(3) 城市内的短距离通信

微波越来越常见于建筑物之间的点对点短线路通信。这种方式可用于闭路电视或用作局域网之间的数据链路。

(4) 无线宽带业务接入

多点分配业务(MDS)是一种固定无线接入技术,其包括运营商设置的主站和位于用户处的子站,可以提供数十兆赫兹甚至数吉赫兹的带宽,该带宽由所有用户共享。多点分配业务的特点是建网迅速,但资源分配不够灵活。目前,常用的多点分配业务主要包括两类:多信道多点分配业务(MMDS)和本地多点分配业务(LMDS)。

MMDS 和 LMDS 的实现技术类似,都是通过无线调制与复用技术实现宽带业务的点对多点接入;两者之间的区别在于工作频段不同,以及由此带来的可承载带宽和无线传输特性不同,其中 MMDS 覆盖范围较大,而 LMDS 覆盖范围较小,但提供带宽更为充裕。

6.1.3 卫星通信

在微波中继通信中,当微波天线高度为 50 m 左右时,中继通信距离约为 50 km,即需要 50 km 左右设置一个中继站以中转信号。这种方式造价高,对信号传输质量影响大,而且跨越高山、海洋,实现较为困难。

卫星通信是利用地球卫星作为中继站转发微波信号,在两个或多个地球站之间进行通信。按照工作轨道区分,卫星通信系统一般分为三类:低轨道卫星通信系统(LEO)、中轨道卫星通信系统(MEO)和高轨道卫星通信系统(GEO)。

(1) 低轨道卫星通信系统

低轨道卫星通常距离地面 500~2 000 km。由于轨道低,低轨道卫星通信系统信号传播时延短,可支持多跳通信;链路损耗小,可以降低对卫星和用户终端的要求,可以采用微型/小型卫星和手持用户终端。但由于轨道低,每颗卫星所能覆盖的范围比较小,要构成全球系统至少需要数十颗卫星。比如,铱星系统有 66 颗卫星,Globalstar 有 48 颗卫星,Teledisc 有 288 颗卫星。同时,由于低轨道卫星的运动速度快,对于单一用户来说,卫星从地平线升起到再次落到地平线以下的时间较短,所以卫星间或载波间切换频繁。因此,低轨系统的构成和控制复杂,技术风险大,建设成本相对较高。

（2）中轨道卫星通信系统

中轨道卫星距离地面 2 000～20 000 km，可以说是同步卫星系统和低轨道卫星系统的折中，因此中轨道卫星系统兼有这两种方案的优点，同时又在一定程度上克服了这两种方案的不足之处。中轨道卫星的链路损耗和传播时延都比较小，仍然可采用简单的小型卫星。如果中轨道和低轨道卫星系统均采用星际链路，当用户进行远距离通信时，中轨道系统信息通过卫星星际链路子网的时延将比低轨道系统低，并且由于中轨道卫星轨道比低轨道卫星轨道高许多，每颗卫星所能覆盖的范围比低轨道系统大得多，当轨道高度为 10 000 km 时，每颗卫星可以覆盖地球表面的 23.5%，因而只要几颗卫星就可以覆盖全球。若有十几颗卫星就可以提供对全球大部分地区的双重覆盖，这样可以利用分集接收来提高系统的可靠性，同时系统投资要低于低轨道卫星通信系统。

（3）高轨道卫星通信系统

高轨道卫星距离地面 35 800 km，卫星轨道在赤道平面内，它的运行方向与地球自转方向相同，绕地球一周的时间与地球自转周期相等，所以相对于地球处于静止状态，以静止卫星作为中继站构成的通信系统称为静止（或同步）卫星通信系统。传统的同步卫星通信系统的技术很成熟，自从同步卫星被用于通信业务以来，用同步卫星来建立全球卫星通信系统已经成为了建立卫星通信系统的传统模式。但是，同步卫星有一个不可克服的障碍，就是较长的传播时延和较大的链路损耗，这严重影响到它在某些通信领域的应用，特别是在卫星移动通信方面的应用。

> **卫星与地球**　卫星与地球的相对位置关系如图 6-3 所示。卫星至地球两切线夹角之间为电磁波覆盖区域，凡在覆盖区内的地球站都能以该卫星作为中继站相互通信。若在卫星的圆形轨道上，以 120°的相等间隔配置三颗卫星，则除南、北极地区外，其余部分均在卫星波束的覆盖范围之内，而且部分地区为两颗卫星波束的重叠区，借助于重叠区内地球站的中继，可以实现不同卫星覆盖区内地球站之间的通信。因此，只要用三颗卫星就基本可以实现全球通信。

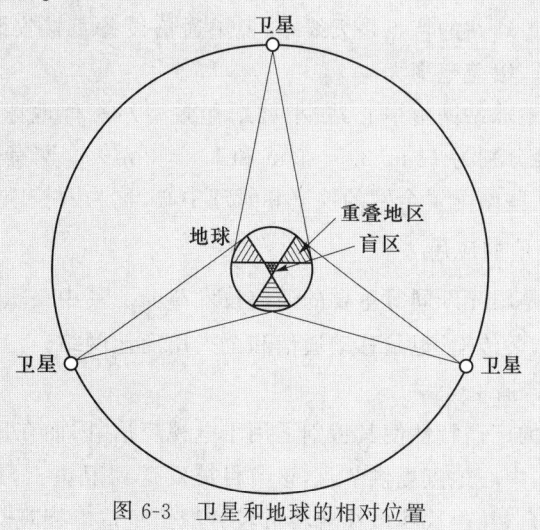

图 6-3　卫星和地球的相对位置

1. 卫星通信的特点

卫星通信属于微波通信,因此除具有微波通信的特点外,它还具有如下优点。

(1) 卫星通信覆盖区域大,通信距离远,尤其是在跨越高山、海洋时更能体现其优越性。

(2) 卫星通信便于实现多址连接。微波中继通信只能实现点对点通信,不在微波线路上的地方无法利用它进行通信。卫星通信由于覆盖面积大,因此在覆盖区内的任何地方都可设置地球站实现双边或多边通信。这种能同时实现多方向、多地点通信的能力称为"多址连接"。

(3) 卫星通信的工作频带宽,通信容量大,适用于多种业务,如电话、传真、电视、高速数据等。

(4) 卫星通信的通信质量好,可靠性高。卫星通信的电磁波主要在大气层以外的宇宙空间中传播,电波传播非常稳定。统计表明,卫星通信的正常运转率可达到99.8%以上。

卫星通信目前还存在以下一些问题。

(1) 需采用先进的空间电子技术,如地球站的高增益天线、大功率发射机、低噪声接收设备、高灵敏度调制解调器等。

(2) 需解决由于信号传输距离长而导致的信号传播时延较大问题。

(3) 需解决卫星的姿态控制问题,以适应复杂多变的空间环境。

(4) 通信卫星的一次性投资费用较高,且在运行中难以维修,因而要求卫星具备高可靠性和较长的使用寿命。

(5) 需解决地面微波系统与卫星通信系统之间的干扰问题。

2. 甚小天线地球站卫星网络系统

甚小天线地球站(VSAT)系统是指由天线口径小并用软件控制的大量地球站构成的卫星传输系统。

甚小天线地球站的特点是天线小、卫星通信设备直接安装在用户屋顶上,结构紧凑、功耗小、成本低、覆盖范围大。

甚小天线地球站网由中心站、小型站和微型站三种地球站组成(后两种也称为远端站)。天线直径分别为11 m、3.5~5 m和1.2~3 m。全网有一个或多个配备较大口径天线的中心站,这些站配置全网的控制和管理中心,称为网控中心。

3. 卫星通信的应用

通信卫星是跟光纤同等重要的通信技术革命。其中最重要的卫星通信的应用包括电视广播、长途电话传输、卫星移动通信和个人用商业网络。

(1) 电视广播

通信卫星的广播特性使其特别适用于电视广播,因而在世界各地都得到了广泛使用。在传统应用中,中心地点提供节目,该节目被发送到卫星上,然后再由卫星将节目向下广播到一些电视台,并由这些电视台将节目分配给每位电视观众。

公众广播服务(PBS)网络几乎全部使用卫星信道来分配它的电视节目;有线电视系统中来自卫星的节目所占比重也越来越大。

卫星技术在电视分配系统中的另一应用是直接广播卫星(DBS)。通过直接广播卫星,视频信号被直接发送到家庭用户。费用的不断降低和接收天线尺寸的不断缩小,使DBS变得非常经济实用。

(2) 长途电话传输

卫星传输也应用于公用电话网中电话交换局之间点对点的干线。对使用率很高的国际干线而言,它是最佳的传输方式。

(3) 卫星移动通信

卫星移动通信是在全球或区域范围内,以通信卫星为基础,为移动体(如车辆、船舶、飞机等)提供各种通信业务的通信方式,主要解决陆地、海上和空中各类目标相互之间,以及与地面公用网间的通信任务。

卫星移动通信始于20世纪70年代。国际海事卫星移动通信系统于1982年正式提供商业远洋船舶的海上通信业务,后来发展到提供海、陆、空全方位的全球移动卫星通信业务。

(4) 个人用商业网络

卫星供应商可将总传输容量划分成许多信道,并将这些信道出租给个人用户。在一些站点上安装上天线的用户就可以将一个卫星信道用作一个专用网络。

6.1.4 红外通信

红外通信是指利用红外线光作为电磁信息传送信道而进行的通信。与微波通信类似,红外通信要求无论是直接传输还是经由一个浅色表面(如天花板)的反射,接收器和发射器之间的距离都不能超过视线范围。二者之间的重要差别在于红外通信无法穿透墙体。

红外通信主要的应用领域如下:
① 建立室内高速局域网;
② 实现高空卫星系统之间的连接、控制和信息交换。

目前,红外通信的传输速率可达到千兆比特每秒。

6.2 移动通信概述

6.2.1 移动通信及其分类

所谓"移动通信"是指通信双方至少有一方处于移动状态下。

按设备的使用环境移动通信可以分为陆地移动通信、海上移动通信和航空移动通信。

按照服务对象移动通信可以分为公用移动通信和专用移动通信。公用移动通信是目前我国由中国移动、中国联通、中国电信等公司经营的移动电话业务。由于它们是面向社会开放的，所以称为公用移动通信。专用移动通信是为了保证某些特殊行业、单位或部门通信而建立的通信系统。

按照应用系统移动通信可以分为蜂窝移动电话系统、专用调度移动电话系统、集群调度移动电话系统、公用无绳电话系统和移动卫星电话系统等。

如无特殊说明，以下的研究主要针对蜂窝式公用陆地移动通信系统（Public Land Mobile Telecom System，PLMTS）。

6.2.2 移动通信系统组成

移动通信系统由交换系统、基站（BS）、移动台（MS）及局间和基站间中继线等要素组成，如图 6-4 所示。它是一个有线、无线相结合的综合通信系统。移动台与基站之间采用无线传输与处理方式，基站与移动业务交换中心之间、移动业务交换中心与地面网之间则一般采取有线方式进行信息传输与处理。

（1）交换系统

交换系统主要完成交换、管理用户数据、管理用户移动所需的数据库等功能。

（2）基站

基站负责信号的发送和接收以及无线信号至移动业务交换中心（MSC）的接入，在某些系统中还具备信道分配、蜂窝小区管理等控制功能。

（3）移动台

移动台是移动网的用户终端设备。

交换系统与基站担负信息交换和接续以及对无线频道的控制等功能。基站与移动台都设有收、发信机，收发信共用装置和天线、馈线等。每一个基站都有一个由发射功率与天线高度确定的地理覆盖范围，称为覆盖区或无线小区。因此，通过基站和移动业务交换中心即可实现任意两个移动用户之间的通信；通过中继线与公用电话交换网的接续，可以实现移动用户和固话用户之间的通信。

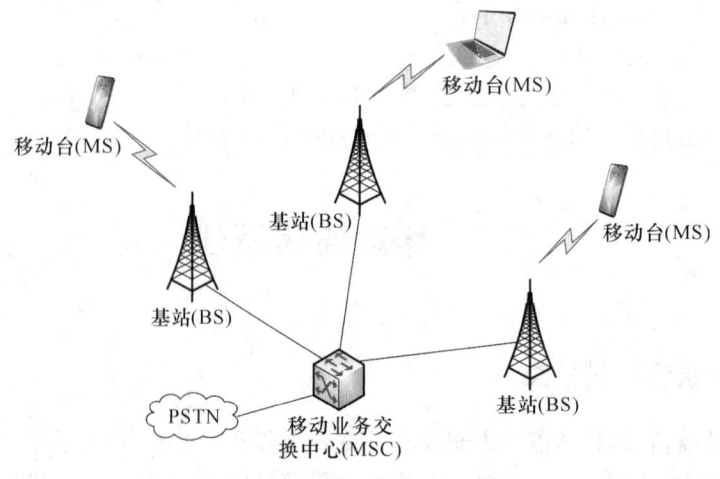

图 6-4 移动通信系统组成示意图

6.2.3 移动通信与有线通信的区别

移动通信和有线通信的区别简而言之有两点:信道不同和接口不同。

(1) 信道不同

固定电话的信号通过电话线传递,属于有线信道传输;手机的信号通过电磁波在空间中传送,属于无线信道传输。

图 6-5　固定电话的接口

(2) 接口不同

固定电话的接口如图 6-5 所示,电话线可以通过这个接口接入 PSTN;而手机和基站通信的接口是看不见、摸不着的,称为空中接口。

这两个区别看似简单,却给移动通信带来了许多问题。

问题一:如何实现电磁波覆盖?

移动通信系统最早采用大区制的方式实现服务区内的电磁波覆盖,即在服务区的最高点建一个大功率的发射机,覆盖一个大的区域。大区内只有一个基站负责通信的联络与控制。天线架设高度一般在 30 m 以上,服务区半径达 30~50 km。在大区制中,移动电话需要与基站进行视距传输,在水平距离上受到限制,并且支持的用户数量有限。

与大区制不同,蜂窝小区为实现电磁波覆盖采用的不是广播的方法,而是使用低功率的发射机服务于小的区域。一个大的区域被划分为若干个小的区域,称为小区。通过小区的划分,不同的小区内可以重复使用相同的频率。在实际中,小区的覆盖不是规则形状的;在理论研究中,为了实现全覆盖、无死角,小区形状多为正多边形,如正六角形,因此称为蜂窝小区,如图 6-6 所示。

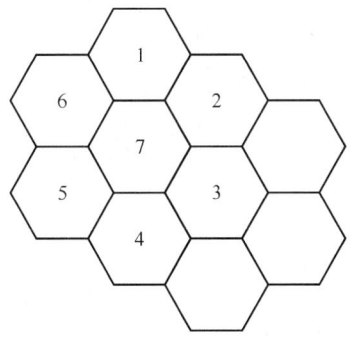

图 6-6　蜂窝小区示意图

蜂窝小区是目前移动通信区域划分的最小空间单元。小区半径按需要划定,半径在 1 km 以下的称为微蜂窝;半径为 1 km 至几十千米的称为宏蜂窝。每个小区分配一组信道。为了降低小区间干扰,相邻的小区可使用不同的频率。一般采用固定方式指配频道。具体而言,将系统总频道分为 N 组,把每一组频道固定指配给一个小区,N 个小区组成一簇(cluster),然后将这样的小区簇在空间重复衍生,直至覆盖整个服务区域,如图 6-6 所示,7 个蜂窝为一簇。在实际使用中,由于地形的限制、当地信号传送条件和放置天线的实际限制,往往使用的不是精确的六边形。

蜂窝小区越小,频率重用的距离越短,频谱利用率就越高,但是系统设备分布点增加,使投资增高,且移动用户通信中的跨区域切换也越频繁。

网络区域划分	网络区域的划分如图 6-7 所示。 (1) 蜂窝小区 蜂窝小区是目前移动通信区域划分的最小空间单元。 (2) 基站区 一个基站管辖的区域。如果采用全向天线,则一个基站区仅含一个小区,基站位于小区中央。如果采用扇形天线,则一个基站区包含数个小区,基站位于这些小区的公共顶点上。 (3) 位置区 位置区的划分是由网络运营商设置的。可由一个或若干个基站区组成,但它只属于一个移动业务交换区。移动台在同一位置区移动可不必进行位置登记。 (4) 移动业务交换区 一个移动业务交换中心管辖的区域,可由一个或几个位置区组成。 (5) 服务区 服务区是指移动台在该区域内可被另一个通信网(如 PSTN)中的用户找到,无须知道移动台实际位置即可通信的区域。服务区由一个或多个移动业务交换区组成。

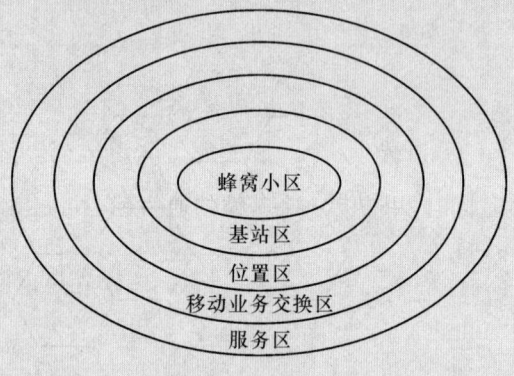

图 6-7 网络区域划分

问题二:基站如何区分同时接收到的各路信号?

这一问题通过第 2.7 节介绍的多址接入技术可以得到有效解决。

问题三:手机如何找到基站?

固定电话通过嵌入墙中的接口即可找到并连接 PSTN,那么手机如何寻找基站呢?

基站通过广播的方式一刻不停地向外广播信息,借助这一信息手机可以方便地找到基站。对于 GSM 系统,不同的基站广播信息时使用的频率有所不同,GSM 手机扫描整个频段,按信号强度从最强信号开始逐一检查,直到找到合适的基站。对于 CDMA 系统,基站固定使用一个频率广播信息,手机只需调谐到这一频率,就可以收到基站的指引信息,从而找到基站。

问题四:手机的位置随时会发生变化,那么基站如何找到手机呢?

一种方法是全网搜寻,通过所有基站寻找指定手机,只要手机在移动通信网的覆盖范围内,就一定可以找到。这种方法虽然简单有效,但效率极低。

另一种方法是主动汇报,即手机主动联系无线网络,上报自己所在的位置。在现代移动通信网中,通常采用主动汇报的方式。

通常,一个城市的无线网络会被划分为若干个位置区,手机通过侦听广播信息得知自己所在的位置区,如果位置发生变化,需要上报自己所在的新位置,即便位置没有变化也要每隔一定时间主动上报自己所在位置。无线网络收到手机发来的位置变更消息后,将其记入数据库,即位置寄存器。当有针对该手机的呼叫请求时,首先查找位置寄存器,确定手机当前所处的位置区,再将被叫的请求发送到该位置区的基站,由此基站对手机进行寻呼。当手机逾时未报时,将其位置特征改为"网络不可及",直到收到它的下一次位置更新结果。

问题五:如何鉴别手机用户身份?

在移动通信网络中,用户通过终端实现访问网络,因此对用户的鉴别等价于对终端的鉴别。

在 GSM 系统中,用户的标识称为国际移动用户识别(International Mobile Subscriber Identity,IMSI)号。它类似于身份证号,在整个系统中,每个用户的 IMSI 号是唯一的,用以标识和区分用户。IMSI 号存储于 SIM 卡和核心网中,从而实现信息的比对。为了防止非法用户伪造 IMSI 号,在 GSM 系统的鉴权体制中,采用"用户标识+密码"的方式来识别一个用户的合法性。手机用户拨打电话或者上网之前,首先要向移动网络提供自己的用户标识和密码,如果一致,则被认为是合法用户。

问题六:如何保证移动过程中的传输质量?

由于移动通信每个基站覆盖范围是有限的,当用户从一个基站的覆盖范围移动到另一个基站的覆盖范围时,用户与一个基站的通信也不可避免地要转移到另一个基站上去,这一过程称为切换。

切换在不同系统中有不同的处理方式,简而言之,切换过程可以分为三个步骤:测量、决策和执行。

- 在切换测量阶段,移动台测量本小区和邻小区的信号质量与强度;与此同时,基站也在测量手机的信号质量。因此,切换既可以由基站发起,通过基站测量结果,直接做出决策;也可以采取辅助的移动切换模式,即根据移动台收到的信号向网络提供反馈,使移动台能加入切换的决策中。
- 在决策阶段,将测量结果与预先确定的门限值比较后决定是否进行切换,如果需要进行切换,需要完成允许控制,以验证新的用户能够进入新的小区而不致于使原有用户服务质量下降。
- 在执行阶段,移动台进入切换状态,完成从原有基站的退出并加入新基站。

切换的方式包括硬切换和软切换(又称无缝切换)。所谓硬切换是指在切换的过程中通信会发生瞬时的中断;软切换则是终端先与两个基站同时保持联系,直到终端彻底进入某一个基站的覆盖区后,才与另一个基站断开,切换期间通信没有中断,如图 6-8 所示。

对于 GSM 系统,相邻的基站采用的工作频点不同,要完成切换,手机必须从一个频率调谐到另一频率,因此必然存在先断后连的"硬切换"过程。对于 CDMA 系统,所有基站载频工作在一个频段,因而通常采用软切换的方式。

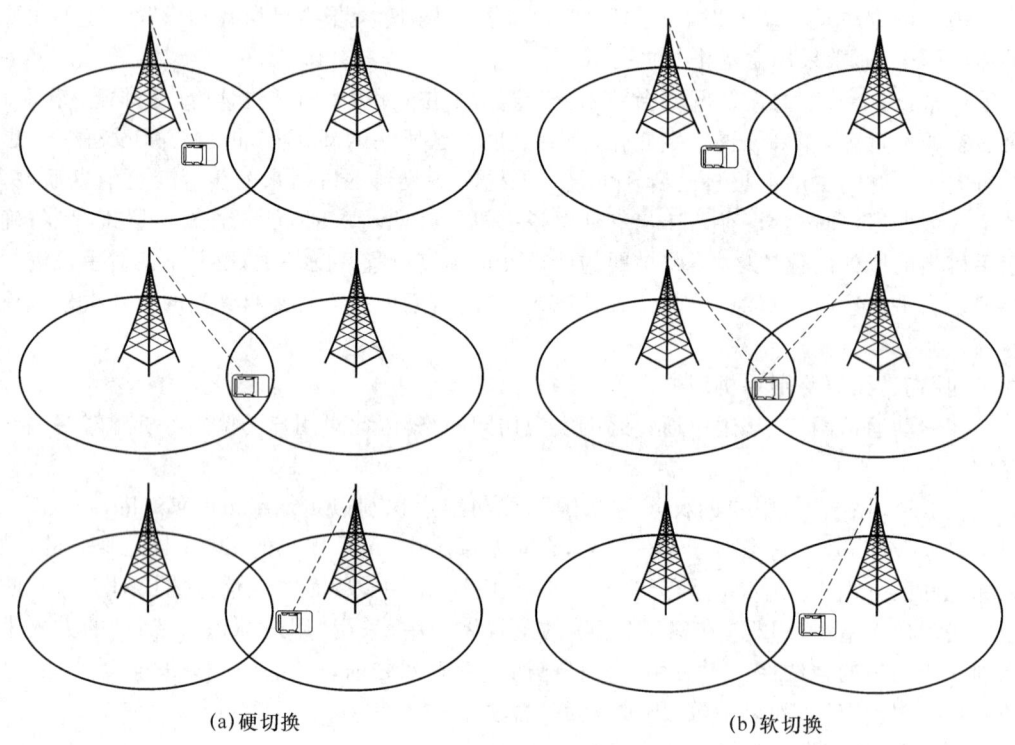

(a)硬切换　　　　　　　　　　(b)软切换

图 6-8　硬切换和软切换

6.2.4　编号技术

在移动通信系统中,由于用户的移动性,需要四种号码才能实现对用户的有效识别、跟踪和管理。

(1) 移动台号簿号码

移动台号簿号码(Mobile Station Directory Number,MSDN)是呼叫被叫用户时所拨打的号码,其编号方式类似于 PSTN。其结构如下:

$$[国际长途字冠]+[国家号码]+[国内有效号码]$$

其中,国内有效号码的编号方式包括两种:综合编码方式和独立编码方式。

① 综合编码方式

综合编码方式的编号方案与 PSTN 的编号方案合为一体,其编号结构如下:

$$[长途区号]+PQ(R)+ABCD$$

长途区号识别地理范围,对移动和固定网用户都相同;PQ(R)为移动局号,用以识别不同的移动网；ABCD 为用户号码。我国第一代模拟移动网采用这种编号方案，PQR 规定为 9××。

② 独立编码方式

独立编码方式独立于 PSTN 编号方案，其编号结构如下：

[移动网号] + PQ(R) + ABCD

移动网号识别不同的移动系统，它和现有的长途区号均不同；PQ(R)识别该移动系统中的交换局；ABCD 仍为用户号码。我国数字移动网采用这种编码方案，其中移动网号为 13×× 或 15×× 或 18×× 等。

（2）国际移动台标识号

国际移动台标识号（International Mobile Station Identification，IMSI）是任何网络用来唯一识别一个移动用户的国际通用号码，在 GSM 系统中存储于 SIM 卡中。移动用户以此号码发出入网请求或位置登记，移动网据此查询用户数据。与国际移动台标识号紧密相关的还有 Ki，它是伴随 IMSI 产生的，算法属于全球 GSM 运营商的特级机密，鉴权与加密都与 Ki 有关。

IMSI 编号计划国际统一，由 ITU-T E.212 建议规定，以适应国际漫游的需求。它和各国的移动台号簿号码（MSDN）编号计划相互独立，随着移动业务类别的增加，各国电信管理部门可以独立发展其各自的编号计划，不受 IMSI 的约束。

IMSI 编号计划的设计原则是：
- 编号必须能够识别出移动台所属国家及其下属的移动网；
- 一个国家若有多个公用移动网，各移动网的编号计划不必统一；
- 编号方案不必直接和不同业务的编号计划相关；
- 编号中识别移动网和移动台的数字长度可由各国管理部门自行规定，其基本要求是当移动台漫游至国外时，国外的被访移动网最多只需分析 IMSI 的 6 位数字就可以判定移动台的归属地。

根据这些原则，ITU-T 规定 IMSI 的结构如图 6-9 所示。

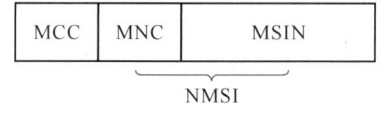

图 6-9　IMSI 结构图

其中：
- MCC(Mobile Country Code)为国家码，3 位，由 ITU-T 统一分配，同 DCC(数据网国家码)，中国为 460；
- MNC(Mobile Network Code)为移动网号，是移动用户所属运营商的网号，中国移动为 00、02，中国联通为 01，中国电信为 03；
- MSIN(Mobile Subscriber Identification Number)为网内移动台号；
- NMSI(National Mobile Subscriber Identification)为国内移动台标识号，由 MNC 和 MSIN 两部分组成，其长度由各国自定，但应符合上述 IMSI 编号原则。

ITU-T 要求各国应尽可能缩短 IMSI 的位长，最大长度不能超过 15 位。我国 IMSI 为 15 位。

(3) 国际移动台设备标识号

国际移动台设备标识号(International Mobile Equipment Identification,IMEI)是唯一标识移动台设备的号码,又称为移动台电子串号。该号码由制造厂商永久性地置入移动台,用户和电信部门均不能改变,其作用是防止有人使用非法的移动台进行呼叫。

根据需要移动业务交换中心(MSC)可以发指令要求所有的移动台在发送 IMSI 的同时发送其 IMEI,如果发现两者不匹配,则确定该移动台非法。

ITU-T 建议 IMEI 的最大长度为 15 位,结构如图 6-10 所示。

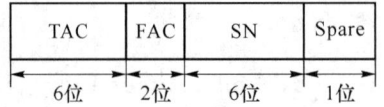

图 6-10 IMEI 结构图

其中:
- TAC(Type Approval Code)为型号批准码,由欧洲型号批准中心分配;
- FAC(Final Assembly Code)为最后装配码,表示生产厂家或最后装配所在地,由厂家进行编码;
- SN(Serial Number)用来唯一地识别每个 TAC 和 FAC 的每个移动设备;
- Spare 是备用比特,当手机发送信号时,此位要置为 0。

(4) 移动台漫游号

移动台漫游号(Mobile Station Roaming Number,MSRN)是系统赋予来访用户的一个临时号码,用做移动交换机路由选择。在 PSTN 中,交换机可以根据被叫号码中的长途区号和交换局号判定被叫所在地,从而选择路由。固定用户的位置与其电话号码有固定的对应关系,但是移动台位置不确定,它的移动台号簿号码(MSDN)中的长途区号和局号只能反映它的归属地。当它漫游到其他地区时,该地区的移动系统需要根据当地编号计划赋予它一个移动台漫游号。当移动台离开该区后,将取消这个临时的移动台漫游号,以便再分配给其他移动台使用。

在 CDMA 系统中,MSRN 称为 TLDN(Temporary Local Directory Number,临时本地号码)。TLDN 的格式与 MSDN 完全一致。例如,TLDN 为 8613344121×××,其中 × 为可自由分配的数字,可自由分配数字的个数视基站控制器容量而定,容量越大,需要自由分配的数字越多。

6.3 移动通信发展历程

移动通信可以说从无线电通信发明之日就产生了。现代移动通信技术的发展始于 20 世纪 20 年代,大致经历了五个发展阶段(详见第 1.1.3 小节),而其中的公用陆地移动通信网根据所用技术不同,经历了第一代模拟移动通信时代,以 AMPS 和 TACS 为代表;第二代窄带数字移动通信时代,以 GSM 和 CDMA 为代表;第三代宽带无线时代,以 WCDMA、cdma2000、TD-SCDMA 和 WiMAX 为代表;第四代移动通信系统以 LTE 和

TD-LTE 为代表;目前已进入第五代移动通信时代。

6.3.1 第一代移动通信

第一代移动通信采用模拟移动制式,主要包括 AMPS(先进的移动电话系统)以及在此基础上改进实现的 TACS 系统(全地址通信系统)。这两种技术均采用频分复用的多址方式和 FDD 的双工方式。

> **单工通信、半双工通信和全双工通信**
>
> (1) 单工通信
>
> 单工通信传输方式是指两个通信终端间的信号只能在一个方向上传输,即一方仅为发送端,另一方仅为接收端。例如,传统的电视、广播等,都是单工方式。
>
> (2) 半双工通信
>
> 半双工通信方式是指两个通信终端可以互传信息,都可以发送或接收信息,但不能同时发送和接收,而只能在同一时间一方发送,另一方接收。
>
> (3) 全双工通信
>
> 全双工通信方式是指两个通信终端可以在两个方向上同时进行信息的收发传输。双工技术可以分为时分双工(TDD)和频分双工(FDD)。
>
> 时分双工是指在通信过程中在不同的时刻进行上、下行数据传送的模式。一般将基站到移动台方向的链路称为前向链路,即下行链路;将移动台到基站方向的链路称为反向链路,即上行链路。在时分双工模式中,发送的时候不接收,接收的时候不发送。时分双工上、下行传送数据的时间不同,但使用的频率可以一致。TD-SCDMA 无线制式使用的就是时分双工的技术,如图 6-11 所示。
>
>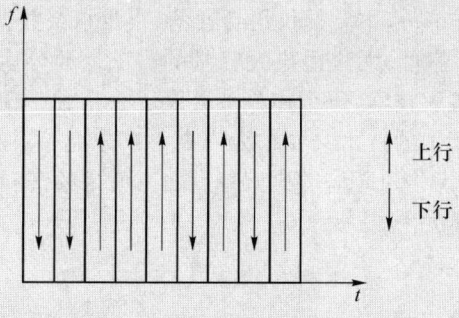
>
> 图 6-11 时分双工
>
> 频分双工是指上、下行在不同频率上接收和发送,一般上、下行频率是成对出现的,如图 6-12 所示。GSM、WCDMA、cdma2000 等制式采用的都是频分双工技术。

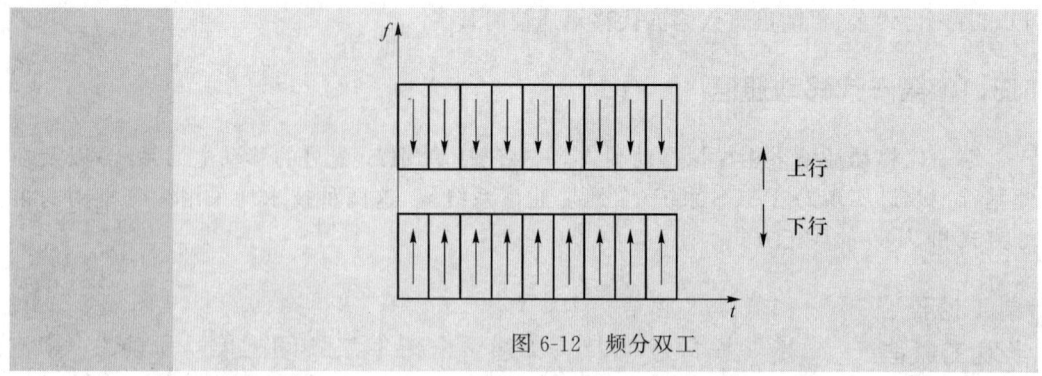

图 6-12 频分双工

第一代移动通信系统的典型代表 AMPS 采用 800 MHz 频带,在北美、南美的一些国家广泛使用;TACS 使用 900 MHz 频带,主要应用于欧洲和中国。这两个系统除上、下行频段不同外,其他很多主要技术参数十分相近,如表 6-1 所示。

表 6-1 第一代通信系统

第一代模拟移动通信系统		AMPS	TACS
主要使用地		美国	欧洲和中国
频段/MHz	下行	870~890	935~960
	上行	825~845	890~915
双工方式		FDD	
多址方式		FDMA	
信道带宽/kHz		30	25
调制方式	语音	FM(调频)	
	信令	FSK(移频键控)	

第一代移动通信系统的不足主要体现如下。

(1) 各系统间没有公共接口。

(2) 业务种类单一,主要提供语音通信,很难承载数据业务。

(3) 频谱利用率低,无法适应大容量的需求。频分多址技术是第一代移动通信系统广泛采用的多址接入技术,每个用户被分配了一个独一无二的信道,这些信道按需分配,不能共享。频分双工的技术又要求为一个用户分配一对频率,分别用于上行和下行信息传输。因此,第一代移动通信的典型特点之一就是频谱利用率低,支持的用户数少。

(4) 安全保密性差,易被窃听。

(5) 抗干扰能力差。

6.3.2 第二代移动通信

第一代移动通信采用的是模拟移动制式,模拟信号的最大问题是抗干扰能力差,而数字移动制式具有信息量大和抗干扰能力强等特点。

第二代移动通信系统仍然使用 FDD 双工方式,但是和第一代相比增加了时分多址和码分多址等方式,从而大大提高了频谱的利用率;并且数字化使得信源编码、信道编码等成熟技术的使用成为现实,提高了系统的有效性和抗干扰能力。

具有保密性强、频谱利用率高等优点的第二代移动通信得到了空前的发展,在我国应用的第二代数字通信系统包括欧洲的 GSM 系统和北美的窄带 CDMA 系统。

(1) GSM 系统

全球移动通信系统(Global System of Mobile Communication,GSM)是基于时分多址技术的第二代数字蜂窝移动通信系统,也是应用最为广泛的第二代移动通信系统。

1982 年 CEPT 成立了移动通信特别小组来协调新一代数字蜂窝系统的研发;1988 年提出主要建议和标准;1991 年第一个 GSM 系统开始商用。随后,GSM 很快向全球扩展,与此同时也造就了诺基亚、爱立信等欧洲移动通信巨头。

(2) 窄带 CDMA 系统

在第二次世界大战期间,由于战争的需要,学者们展开了对 CDMA 技术的研究。研究的初衷是防止敌方对己方通信的干扰,在 20 世纪六七十年代 CDMA 就已经在美国广泛应用于军用抗干扰通信。

CDMA 技术具有抗人为干扰、抗窄带干扰、抗多径干扰、抗多径延迟扩展的能力,同时具有提高蜂窝系统的通信容量、便于模拟与数字体制的共存及过渡的优点,因而 CDMA 系统成为时分多址系统强有力的竞争对手。

第二代数字蜂窝移动通信系统主要采用 IS-95(由美国电信工业协会 TIA 制定)标准,主要具有如下优势:

(1) 频谱利用率高,系统容量提升;
(2) 能提供多种业务服务,提高通信系统的通用性;
(3) 抗噪声、抗干扰和抗多径衰落能力强;
(4) 便于实现通信安全保密性;
(5) 可降低设备成本和减少用户手机的体积和重量。

第二代移动通信系统主要具有如下劣势:

(1) 没有形成全球统一的标准;
(2) 业务相对单一;
(3) 通信容量仍显不足。

6.3.3 第三代移动通信

第二代窄带数字移动通信替代了模拟移动通信后,语音质量得以提高,并能够传送一定速率的数据。但是,面对信息规模呈指数增长的态势,第二移动通信已无法完全胜任,因此第三代移动通信技术横空出世。

3G 的目标如下:

(1) 全球化。要求多种技术在多种环境下统一标准、统一频率,以实现全球无缝覆盖。

(2) 综合化。要求系统能传输话音、宽带数据、视频图像等多种业务,满足信息化社会的需要。

(3) 个人化。系统具有足够的容量潜力和多种用户管理能力,支持个人的移动性,满足巨大的个人通信的要求。

| 3G标准化组织与3G标准 | （1）3GPP

3GPP（3rd Generation Partner Project，第三代合作伙伴计划）成立于1998年2月，负责推进宽带化后"车同轨、书同文"的标准化工作。3GPP的成员包括欧洲的ETSI（European Telecommunications Standards Institute，欧洲电信标准协会）、日本的ARIB（Association of Radio Industries and Business，日本无线工业及商贸联合会）、韩国的TTA（Telecommunication Technique Association，韩国电信技术协会）和美国的T1P1等。3GPP制定了全球3G标准之一的UMTS（Universal Mobile Telecommunications System，通用移动通信系统）。UMTS由一系列技术规范和接口协议构成，以WCDMA技术构建无线接入网络，核心网在GSM移动交换网络的基础平台上演进。

1999年下半年，我国的CWTS（China Wireless Telecommunication Standard Group，中国无线通信标准组织）也加入3GPP中，并贡献了TD-SCDMA技术。

（2）3GPP2

3GPP2（第三代移动通信合作伙伴项目二）于1999年1月成立，成员包括美国的TIA（Telecommunications Industry Association，美国电信工业协会）、日本的ARIB、韩国TTA和我国的CWTS等。3GPP2采用cdma2000和UWC-136（Universal Wireless Communication）为无线接入标准，核心网采用北美的ANSI/IS-41进行演进。

（3）WiMAX论坛

WiMAX论坛（WiMAX Forum）成立于2001年，是由众多无线通信设备和器件供应商发起的非营利性组织，其目标是促进IEEE 802.16标准规定的宽带无线网络的应用推广，保证采用相同标准的不同厂家的宽带无线接入设备之间的互通性或互操作性。通过WiMAX论坛认证的产品会有"WiMAX FORUM CERTIFIED"标识。|

ITU-T早在1985年就提出了第三代移动通信系统的概念，最初命名为FPLMTS（未来公共陆地移动通信系统），后来在1999年年底更名为IMT-2000（International Mobile Telecom System-2000，国际移动电话系统-2000），并规定了IMT-2000无线结构技术规范，主要包括五种技术，其中WCDMA、cdma2000、TD-SCDMA为主流技术。

（1）WCDMA（宽带码分多址）

WCDMA的正式名称为IMT-2000 CDMA-DS。WCDMA的核心网基于演进的GSM/GPRS网络技术，空中接口采用直接序列扩频（Direct Sequence Spread Spectrum，DS）。

（2）cdma2000

cdma2000 的正式名称为 IMT-2000 CDMA-MC（多载波）。cdma2000 是北美的朗讯、摩托罗拉、北电、Qualcomm 公司以及韩国三星等公司联合提出来的基于 CDMA One 的系统方案。CDMA One 是基于 IS-95 标准的各种 CDMA 制造厂家的产品和不同运营商的网络构成的一个家族概念，也是国际 CDMA 发展组织的一个品牌名称。

（3）TD-SCDMA

TD-SCDMA 的正式名称为 IMT-2000 CDMA-TDD。TD-SCDMA 是我国提出的基于 CDMA TDD 技术的系统。

（4）UWC-136

UWC-136 的正式名称为 IMT-2000 TDMA-SC（单载波）。UWC-136 是在美国 IS-136 网络系统基础上发展的标准。此标准在北美以外没有使用价值。

（5）EP-DECT

EP-DECT 的正式名称为 IMT-2000 TDMA-MC。EP-DECT 是在泛欧数字无绳电话基础上稍作修改的标准，对于没有采用第二代泛欧数字无绳电话的地区没有意义。

2007 年 10 月 19 日，ITU 正式接纳移动 WiMAX（Worldwide Interoperability for Microwave Access，微波接入全球互通）技术成为第四种主流 3G 标准，命名为 OFDMA TDD WMAN（无线城域网）。

IMT-2000 的三个含义	• 工作在 2 000 MHz 频段； • 在 2000 年左右使用； • 最高速率可达 2 000 kbit/s 左右。

6.3.4 第四代移动通信

2005 年 10 月 ITU-RWP8F 第 17 次会议上，ITU 将第四代移动通信系统正式命名为 IMT-Advanced。IMT-Advanced 标准继续依赖 3G 标准组织已发展的标准加以延伸，如 IP 核心网、开放业务架构及 IPv6 等，同时其规划又必须满足整体系统架构能够由 3G 系统演进到 4G 架构的需求。

从 2009 年年初开始，ITU 在全世界范围征集 IMT-Advanced 候选技术。到 2012 年 1 月 ITU 正式审议通过将 LTE-Advanced 和 IEEE 802.16m 技术规范确立为 IMT-Advanced 的国际标准。我国主导制定的 TD-LTE-Advanced 作为 LTE-Advanced 的一个组成部分，也包含其中。

世博与 4G	在世博会时，上海世博园区就开通全球首个有"准 4G"网络之称的 TD-LTE 演示网，网络信号覆盖了 5.28 km² 的整个园区，并对中国馆等九个重要场馆进行了室内覆盖。期间提供移动高清实况转播、高清实景导航、移动高清视频点播、高速上网卡、天线海宝等演示，让人们充分体验 TD-LTE 演示网的科技魅力，如图 6-13 所示。

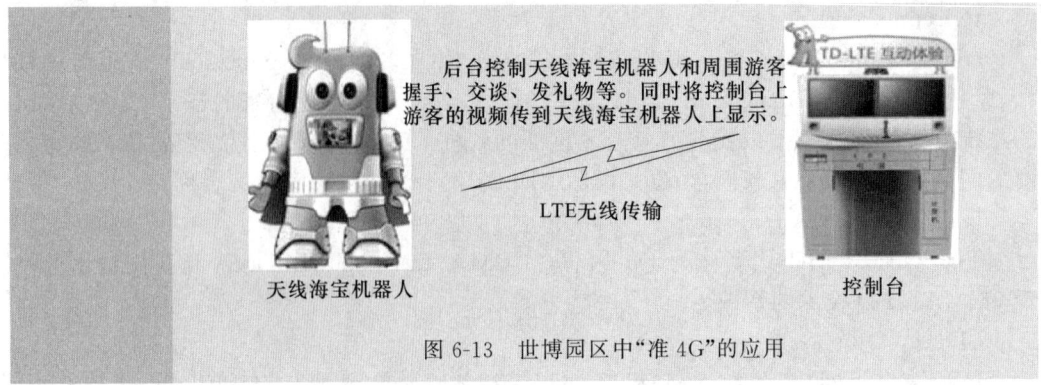

图 6-13 世博园区中"准 4G"的应用

6.3.5 第五代移动通信

5G 是具有高速率、低时延和大连接特点的新一代宽带移动通信技术,5G 通信设施是实现人、机、物互联的网络基础设施。

国际电信联盟(ITU)定义了 5G 的三大类应用场景:增强移动宽带(eMBB),即面向移动互联网流量爆炸式增长,为移动互联网用户提供更加极致的应用体验;超高可靠、低时延通信(uRLLC),即面向工业控制、远程医疗、自动驾驶等对时延和可靠性具有极高要求的垂直行业应用需求;海量机器类通信(mMTC),即面向智慧城市、智能家居、环境监测等以传感和数据采集为目标的应用需求。

技术的每一次更迭,都带来了用户体验的升级。为满足 5G 多样化的应用场景需求,5G 的关键性能指标更加多元化。ITU 定义了 5G 八大关键性能指标,其中高速率、低时延、大连接成为 5G 最突出的特征,用户体验速率达 1 Gbit/s,时延低至 1 ms,用户连接能力达每平方千米一百万连接。对于 5G 网络而言,其在实际应用过程中表现出比 4G 更加明显的优势及更加强大的功能。

6.4 GSM 移动通信系统

6.4.1 GSM 系统概述

GSM 源于欧洲。早在 1982 年,欧洲已有几个模拟移动系统在运营,如北欧多国的 NMT(北欧移动电话)、英国的 TACS(全地址通信系统)等。当时这些系统的使用范围仅限于国内,在国外无法使用。为了实现全欧洲统一,需要建立一种公共系统,为此,1982 年北欧国家向 CEPT(欧洲邮政和电信会议)提交了一份建议书,要求制定 900 MHz 频段的公共欧洲电信业务规范。在这次大会上,隶属于欧洲电信标准协会(ETSI)技术委员会下的"移动特别小组(Group Special Mobile,GSM)"成立了,主要工作是制定有关的标准和建议书。

1991 年在欧洲开通了第一个 GSM 系统(Global System of Mobile Communication,

全球移动通信系统）。GSM 标准包括两种制式：GSM900 和 DCS1800（Digital Cellular System at 1 800 MHz，1 800 MHz 数字蜂窝系统）。两种制式功能完全相同，只是使用的频段不同。

我国参照 GSM 标准制定了数字蜂窝移动通信系统的技术要求。我国的 GSM 蜂窝移动通信系统以 GSM900 系统为依托，以 DCS1800 系统为补充，构成了 GSM900/DCS1800 双频网络，如表 6-2 所示。之所以需要通过 DCS1800 进行话务分担：一方面是由于我国移动通信发展异常迅猛，900 MHz 频率资源的限制，使部分地区出现了频率资源紧张、信道不足、话务密度过大等现象；另一方面是利用多重频率复用方式、多层覆盖、跳频等技术来增加容量也存在诸多局限。因此，只有通过 DCS1800 才能彻底解决上述问题。

表 6-2 我国 GSM 制式标准

GSM 制式		GSM900	DCS1800
发射频带/MHz	下行	935～960	1 805～1 880
	上行	890～915	1 710～1 785
发射带宽/MHz		25	75
双工间隔/MHz		45	95
双工技术		FDD	
信道带宽/kHz		200	
多址方式		TDMA、FDMA	
调制技术		GMSK	
传输速率/(kbit·s^{-1})		271	
语音编码速率/(kbit·s^{-1})		13	
数据传输速率/(kbit·s^{-1})		9.6	
信道编码		1/2 卷积码	
每载频信道数		8	

此外，还有一个 GSM 的扩展频段，称为 EGSM(Extend GSM)，上行链路为 880～890 MHz，下行链路为 925～935 MHz，上、下行各 10 MHz。目前，中国将这一频段分配给了中国移动。

1. GSM 系统基本原理

(1) 编码方式

传统的脉冲编码方式产生 64 kbit/s 的数据速率，这对于蜂窝式移动通信而言太过奢侈。在 GSM 系统中，采用长时延线性预测规则码本激励(RPE-LTP)语音编码方式，将语音速率压缩到 13 kbit/s。

在 GSM 系统中，每 20 ms 进行编码，信源编码后普通语音输出为 260 bit，因此，速率为 260 bit/20 ms＝13 kbit/s。其中，话音输出的 260 bit 可以分为很重要的 50 bit、较重要的 132 bit 和不重要的 78 bit。对很重要和较重要的比特，分别加入 3 位和 4 位的奇偶校验码,即 50+3+132+4=189 bit。而后进行 1/2 卷积编码变成 189×2=378 bit。再加上不重要的 78 bit,则每 20 ms 共输出 378+78=456 bit。因此,传输数据速率为 456 bit/20 ms=22.8 kbit/s。经交织加密、突发脉冲格式化,约为 33.8 kbit/s;8 路复用则全部时隙速率总和为 33.8 kbit/s×8≈270.83 kbit/s。

(2) 调制方式

若二进制移频键控(2FSK)信号的两个频率之间的频率间隔为 $\frac{1}{2T_b}$(其中,T_b 为比特间隔),则称此 2FSK 为最小频移键控(MSK)。若在 MSK 调制之前,加一高斯滤波器,则称此调制方式为高斯滤波最小移频键控(GMSK)。在 GSM 系统中,采用的就是 GMSK。

(3) 复用方式

GSM 系统不但采用频分多址(信号带宽为 200 kHz),而且在此基础上还采用了时分多址技术。如图 6-14 所示,以 900 MHz 频段为例,将下行 890~915 MHz 的 25 MHz 带宽划分为 25÷0.2−1=124 个频点,相邻频道间隔为 200 kHz,每个频点又划分为 8 个时隙,这 8 个时隙组成一帧,即 GSM 系统每载频支持 8 个信道,允许 8 个用户同时通话,用户周期性地占用时隙。

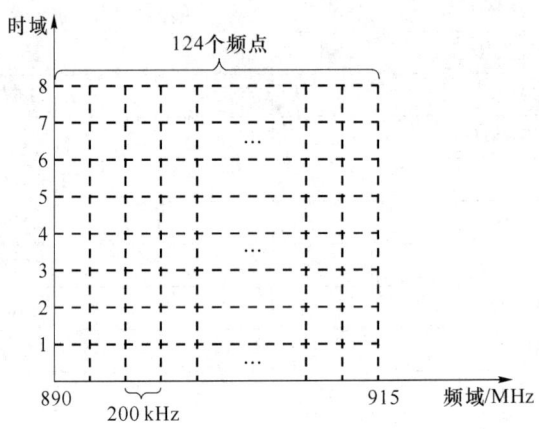

图 6-14 GSM900 下行复用方式示意图

在 GSM900 上,中国移动上行使用 890~909 MHz,下行使用 935~954 MHz,即 1~94 号频点,再加上 EGSM 的 10 MHz 频谱,共 29 MHz。中国联通上行使用 909~915 MHz,下行使用 954~960 MHz,即 96~124 号频点,共 6 MHz。(注:95 号频点限制不用,作为运营商与运营商之间的保护间隔。)

在 GSM1800 上,中国移动上行使用 1 710~1 720 MHz,下行使用 1 805~1 815 MHz;中国联通上行使用 1 745~1 755 MHz,下行使用 1 840~1 850 MHz。

GSM 的基本思想是小区中各移动台占用同一频道,但使用不同的时隙。通常各移动台只在规定的时隙内,以突发的形式发射它的信号,这些信号通过基站的控制,在时间上依次排列、互不重叠;同样,各移动台只要在指定时隙内接收信号,就能从合路信号中将发给它的信号区分出来。

但是,不同小区若使用同一频道会产生一定程度的干扰。为了避免同频干扰,使用同一频率的小区必须相距一定距离。此外,为了进一步降低同频干扰对通话质量的影响,可以采取跳频技术。所谓跳频就是在一定的可选频率序列中进行频率的跳变。跳频技术可以使同频干扰只在某一瞬间存在,而不会持续地影响通话。采用跳频技术调制后的语音信号发射时,不同时隙的发射频率将不断改变。因此,在实际中,GSM 系统是将所有可用频点分为若干组,将各组频点分配给不同的小区使用。

综上所述,GSM 系统是采用时分复用、线性预测语音编码和高斯滤波最小移频键控技术的数字蜂窝系统。

| 跳频与五线谱 | 第二次世界大战时期,为了防止敌方利用无线电信号干扰自己的无线电,众多专家对此进行了研究。其中,两位称不上专家的专家发明了跳频技术,并申请了专利。
这两位专家一位是管弦乐作曲家乔治·安泰尔,另一位是电影明星兼无线通信工程师海蒂·拉玛。他们利用一个管控中心与两个终端设备进行通信,从而指导这两个设备随机地从一个频率跳转到另一个频率,而且时间点和时间间隔也是随机的。从外部看来,这个跳频过程似乎是完全随机的,但处于管控中心控制之下的收发端精确地知道在什么时间用什么频率进行收发信号。
这种控制如同演奏会时用的五线谱,演奏者们都知道音符的位置及时间的长短。
GSM 系统也借鉴了跳频技术,不过 GSM 跳频的时间间隔是固定的,在 GSM 规范中有严格的定义。在蜂窝移动通信中,小区频率复用将引起同频干扰,若使用具有正交性的跳频码,即可避免该频率复用引起的同频干扰,如图 6-15 所示。|

	TDMA帧1								TDMA帧2							
	0	1	2	3	4	5	6	7	0	1	2	3	4	5	6	7
0号频点		■														
1号频点										■						
2号频点																
3号频点																
4号频点																
5号频点																

图 6-15 GSM 跳频示意图

2. GSM 系统的组成

类似于一般移动通信系统,GSM 系统是由网络交换子系统、基站子系统、移动台及局间和基站间中继线等要素组成,如图 6-16 所示。

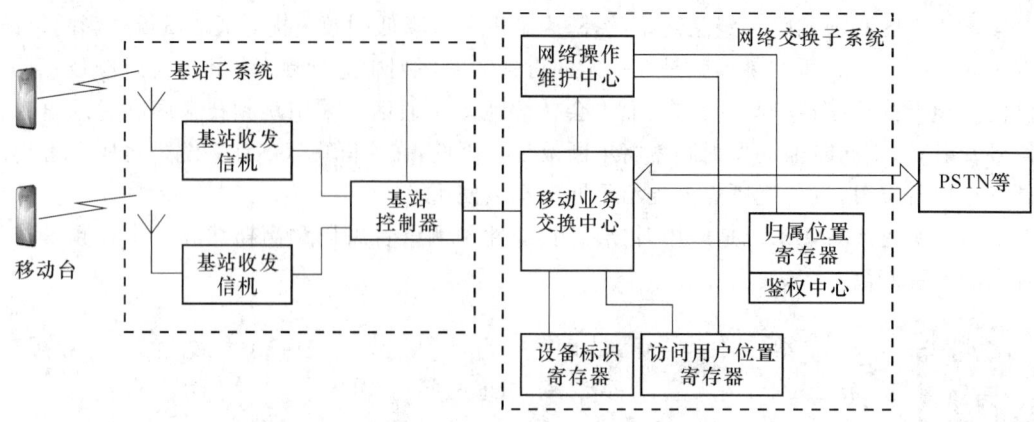

图 6-16 GSM 系统组成示意图

(1) 移动台

移动台是通信网络的终端无线设备,也是用户与 GSM 系统直接接触的唯一设备。它由移动终端(MS)和用户识别卡(SIM)两部分组成。

① 移动终端

移动终端主要完成语音编解码、信道编解码、信息加解密、信息的调制和解调、信息的发射和接收等功能。

② 用户识别卡

用户识别卡存有认证用户身份所需的所有信息,以防止非法用户进入网络。只有插入用户识别卡后,移动终端才能进入网络。

(2) 基站子系统

基站子系统(BSS)是由移动业务交换中心控制,与移动终端进行通信的系统设备。它可分为两个部分:基站收发信机(BTS)和基站控制器(BSC)。

① 基站收发信机

基站收发信机是无线接口设备,由基站控制器控制。它主要负责无线传输,完成无线与有线的切换、无线分集、无线信道加密、跳频等功能。在实际工作中,人们习惯将基站收发信机称为基站(BS)。

② 基站控制器

基站控制器具有对一个或多个基站收发信机进行控制的功能。它上接移动业务交换中心,下连基站收发信机。基站控制器的主要功能包括:

- 监控基站,为每个小区配置业务信道和控制信道;
- 负责建立和管理由移动业务交换中心发起的与移动台的连接;
- 负责定位与切换、无线参数及资源的管理、功率控制等。

> **分集技术——兼听则明,偏听则暗**　　所谓分集,包含了两个步骤:先分开;再集合。"分开"就是要求同一信息用两个或两个以上信号传输,并且这些不同信号相互独立、互不相关;"集合"就是集中处理,接收机把收到的多个统计独立的信号进行合并,以降低衰落影响。

分集技术犹如人的两只眼睛、两个耳朵,可以从不同的角度观察同一事物,可以从不同的方向倾听同一种声音。在无线通信领域,根据分集的目的,分集技术可以分为宏分集和微分集。

(1) 宏分集

宏分集是把多个基站设备安放在不同的地理位置和不同的方向上,同时和小区内的一个移动台进行通信,移动台选择最好的基站接收,这种方式可以减少慢衰落。宏分集主要用于蜂窝通信系统中,也称为"多基站"分集,如 CDMA 软切换。宏分集示意图如图 6-17 所示。

(2) 微分集

微分集是一种减少快衰落的技术,如空间分集、频率分集、时间分集、角度分集、极化分集等。

① 空间分集

空间分集通过主集天线和一个或多个分集天线收发无线信号。只要主分集天线之间的间距大于 10 倍无线信号波长,就可以认为两路无线信号具有不同的衰减特性,彼此互不相关。

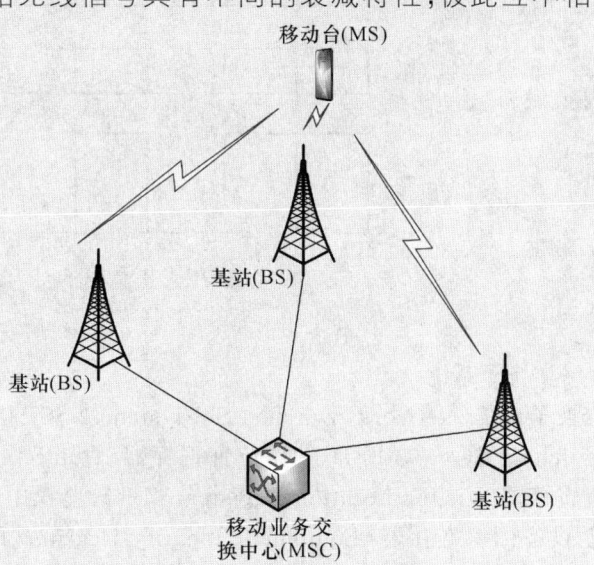

图 6-17 宏分集示意图

② 频率分集

多个载波传播同样的信息就是一种典型的频率分集。各载频的频率上保持一定的间隔,只要这个频率间隔超过信道的相关带宽,各载频传输的信号就互不相关、彼此独立。

③ 时间分集

同一信源的不同路径的无线信号到达接收机的时间间隔超过信道的相干时间,就可以认为在时域上彼此独立、互不相关。

分集合并的方式主要包括最大比合并、等增益合并和选择性合并,如图 6-18 所示。

(1) 最大比合并

最大比合并类似于统计中的加权求和。对接收端收到的各路信号区别对待,信噪比(传输信号的平均功率与噪声的平均功率之比)高的一路给予较高的权重,信噪比低的一路给予较低的权重,并将加权求和后的信号作为接收信号。

(2) 等增益合并

等增益合并类似于统计中的简单直接求和。对接收端收到的各路信号一视同仁,经过相位调整后直接相加,相加后的信号作为接收信号。

(3) 选择性合并

选择性合并类似于统计中的求最大值。对接收端收到的各路信号择优录取,选择一个最好的作为接收信号。

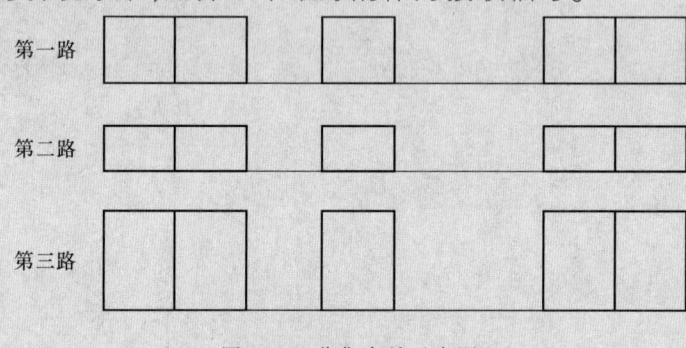

图 6-18　分集合并示意图

(3) 网络交换子系统

网络交换子系统(Network Switched Subsystem,NSS)主要包括移动业务交换中心(Mobile Switching Center,MSC)、归属位置寄存器(Home Location Register,HLR)、访问用户位置寄存器(Visitor Location Register,VLR)、鉴权中心(Authentication Center,AUC)、移动设备标识寄存器(Equipment Identify Register,EIR)和网络操作维护中心(Operation and Maintenance Center,OMC)。

① 移动业务交换中心

移动业务交换中心是移动通信的核心。它完成移动呼叫接续、跨区切换控制、无线信道管理等功能,同时也是与基站、其他 MSC 和其他网络(如 PSTN)的接口设备。

② 归属位置寄存器

归属位置寄存器也称本地位置寄存器。所谓"归属"指的是移动用户开户登记的移动局所属区域。归属位置寄存器存储两类信息:

- 存储在该地区开户的所有移动用户的用户数据(如用户号码、移动台类型和参数、用户业务权限等);

- 存储与用户当前位置有关的信息,利用它可以找到移动台当前所处位置区。

③ 访问用户位置寄存器

访问用户位置寄存器又称外来用户位置寄存器,主要用于对外来的漫游用户进行位置登记服务。当移动用户漫游到一个新的移动交换中心区域时,新的移动交换中心的访问用户位置寄存器向其归属位置寄存器查询移动用户数据。当移动用户需要拨打电话时,访问用户位置寄存器已具备建立呼叫所需的所有数据,不需要再询问其归属位置寄存器。

④ 移动设备标识寄存器

记录移动台设备号,如国际移动设备标识符(IMEI)、非经许可的移动台号(黑户)。为防止非法使用盗窃的或未经许可的移动设备,移动业务交换中心利用设备识别寄存器EIR来检查用户使用设备身份号的有效性。

⑤ 鉴权中心

鉴权中心的主要功能是确认用户是否有权使用网络业务。它提供各种安全措施,存储移动用户合法性检验的专用数据和算法,可防止非法使用并进行位置确定、跟踪。

⑥ 网络操作维护中心

网络操作维护中心用于整个系统的集中操作和维护。它主要提供的服务如下:

- 日常操作(如网络监视、改变路由计划等)的有效执行;
- 使全部网络单元(如移动业务交换中心、寄存器等)得到充分利用和适当平衡,同时保证用户所要求的服务质量。

3. GSM 系统的接口

为了实现不同设备供应商提供的 GSM 系统基础设备能够符合统一的技术规范,能够纳入同一个 GSM 数字移动通信网运行和使用,GSM 系统对其各个组成部分之间的接口和协议作了比较具体的定义。

跨江大桥与交通规则	跨江大桥将江两岸连在一起;与此同时为了保障江两岸的行人、车辆正常通行,又规定了一系列的交通规则。 接口与协议就类似于跨江大桥与交通规则。接口代表两个相邻实体之间的连接点;协议是说明连接点上交换信息时所需要遵从的规则。协议是各功能实体之间的语言,两个实体要通过接口传递特定的信息流,信息流必须按照规定的语言传递,这种语言就是协议。

GSM 系统的主要接口有 A 接口和 U_m 接口,如图 6-19 所示。

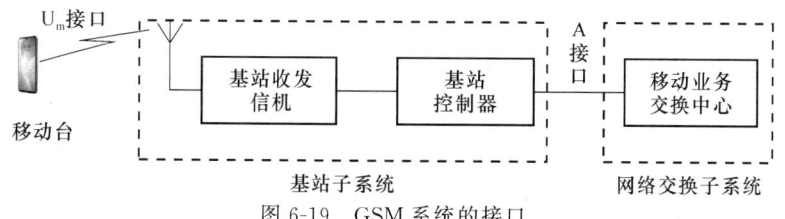

图 6-19 GSM 系统的接口

(1) A 接口

A 接口是网络交换子系统与基站子系统之间的通信接口。从系统功能实体的角度出发,就是移动业务交换中心与基站控制器之间的互连接口。除语音和数据信息外,A 接口传递的信息还包括移动台管理、基站管理、移动性管理和接续管理等。

(2) U_m 接口(空中接口)

U_m 接口是移动台与基站收发信机之间无线通信的空中接口,用于移动台与 GSM 系统的固定部分之间的互通,其物理链接通过无线链路实现。除语音和数据信息外,此接口还传递无线资源管理、移动性管理和接续管理等信息。

4. GSM 系统无线信道分类

按照信号传输方向,GSM 系统将无线信道划分为两类:下行链路(或前向链路,从基站到移动台)和上行链路(或反向链路,从移动台到基站)。

按照功能,GSM 系统将无线信道划分为两类:物理信道和逻辑信道。物理信道对应 TDMA 的一个时隙,而逻辑信道是根据基站收发信机与移动台之间传递的种类的不同而定义的。逻辑信道映射到物理信道上传送。逻辑信道按照传输内容可分为两类:业务信道(TCH)和控制信道(CCH)。

(1) 业务信道

业务信道主要传输话音和数据,此外,还传输少量的随路控制信令。

根据传输速率,业务信道可分为全速率业务信道(TCH/F)和半速率业务信道(TCH/H)。半速率业务信道所用时隙是全速率业务信道所用时隙的一半。目前,全速率业务信道使用较为广泛,未来使用低比特率话音编码器后可使用半速率业务信道,从而在信道传输速率不变的情况下,使时隙数目加倍。

根据传输内容,业务信道可以分为话音业务信道和数据业务信道。

- 话音业务信道:话音业务信道分为 22.8 kbit/s 全速率话音业务信道和 11.4 kbit/s 的半速率话音信道。
- 数据业务信道:在全速率或半速率数据业务信道上,用户可根据需要按照 9.6 kbit/s、4.8 kbit/s、2.4 kbit/s 传输数据。

(2) 控制信道

GSM 系统定义了四类控制信道:广播信道(BCH)、公共控制信道(CCCH)、专用控制信道(DCCH)和随路控制信道(ACCH)。

① 广播信道

广播信道传递"点对多点"的单向广播信息,主要用于基站向移动台广播公用信息。传输的内容主要是移动台入网和呼叫建立所需要的相关信息。常用的广播信道有三种:广播控制信道(BCCH)、频率校正信道(FCCH)和同步信道(SCH)。

- 广播控制信道:用于向移动台发送识别和接入网络所需的系统参数,如移动网标识码、公共控制信道号码等。
- 频率校正信道:用于向移动台提供系统的基准频率信号,以使移动台校正其工作频率。
- 同步信道:用于向移动台传送同步训练序列,供其捕获与基站的起始同步;同时广播基站识别号码,便于移动台对基站进行识别。

② 公共控制信道

公共控制信道用于系统寻呼和移动台接入。常用的公共控制信道包括寻呼信道(PCH)、随机接入信道(RACH)和接入准许信道(AGCH)。

- 寻呼信道:由基站发往移动台,传输基站寻呼移动台的信息。
- 随机接入信道:这是一个上行信道,由移动台使用,向系统申请入网,即请求分配一个独立专用控制信道。例如,呼叫时移动台向基站发送的第一个消息所使用的就是随机接入信道。
- 接入准许信道:这是一个下行信道,基站由此信道通知移动台所分配的业务信道和独立专用控制信道。

③ 专用控制信道和随路控制信道

专用控制信道和随路控制信道主要用于在网络和移动台之间传送网络消息以及无线设备间传送低层信令消息。网络消息主要用于呼叫控制和用户位置登记;低层信令消息主要用于信道维护。常用的信道主要包括独立专用控制信道(SDCCH)、慢速随路控制信道(SACCH)和快速随路控制信道(FACCH)。

- 独立专用控制信道:该信道是基站和移动台之间的双向信道,主要用于在分配业务信道之前传送有关信令,如登记、鉴权等信令均在此信道上传输,经鉴权确认后,再分配业务信道。其中,"独立专用"是指该信道单独占用一个物理信道,即某个频道中的某个时隙,不和任何业务信道共用物理信道,犹如 No.7 信令中的公共信令信道一样。
- 慢速随路控制信道:该信道总是和业务信道或独立专用控制信道一起使用。只要基站分配了一个业务信道或独立专用控制信道,就一定同时分配一个对应的慢速随路控制信道,它和业务信道或独立专用控制信道位于同一物理信道中,以时分复用方式插入要传送的信息。慢速随路控制信道用于信道维护。在下行方向,基站向移动台发送一些主要的系统参数,使移动台随时知道系统的最新变化;在上行方向,移动台向网络报告邻接小区的测量值,供网络进行切换时判决使用。
- 快速随路控制信道:其用途是在呼叫进行过程中快速发送一些长的信令消息。例如,在通话中移动台跨区进入另一小区需要立即和网络交换一些信令消息,如果通过慢速随路控制信道传送,由于每 26 帧才能插入一帧慢速随路控制信道,速度太慢,因此就"挪用"业务信道来传送此消息,被挪用的业务信道被称为快速随路控制信道。因为快速随路控制信道是寄生于业务信道中的,故称之为"随路"。

综上所述,GSM 通信系统为了传输所需的各种信令,设置了多种控制信道,如图 6-20 所示。多种控制信道的设置增强了系统的控制功能,同时也保证了通信质量。

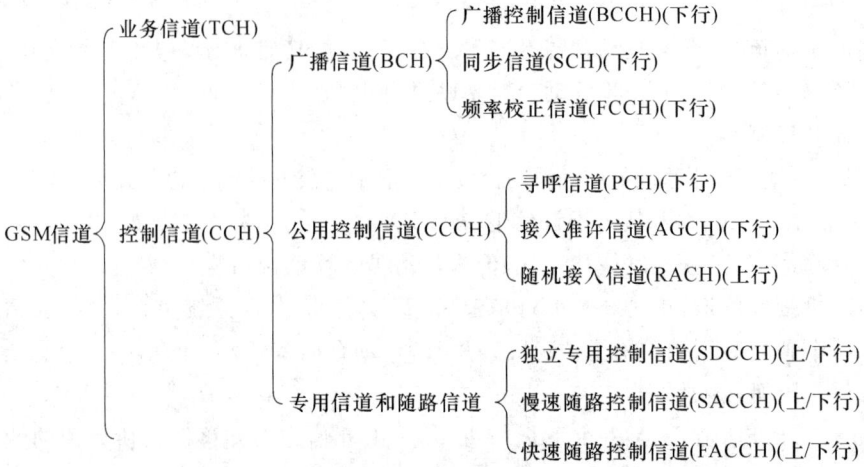

图 6-20　GSM 系统无线信道分类

6.4.2　GSM 系统呼叫建立的基本过程

1. 移动台初始化

在 GSM 通信系统中,每个小区指配一定数量的频道,并在这些频道上按规定配置各类逻辑信道。在这些逻辑信道中,必有一个为广播信道,以便广播系统参数。当移动台开机时,将首先通过自动扫描捕获当前所在小区的广播信道,从而获得所在网络、基站和位置区域等相关信息;而后转入收听状态。

2. 移动台呼叫 PSTN 用户

移动台呼叫 PSTN 用户的连接过程如图 6-21 所示。

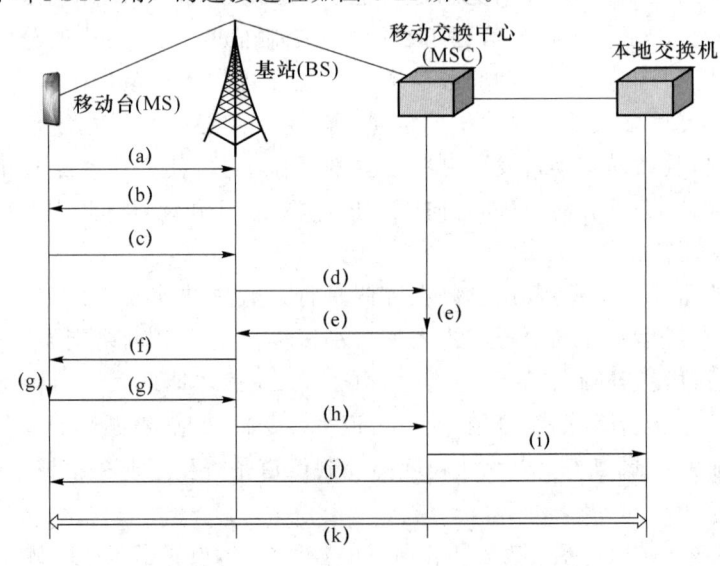

图 6-21　MS 呼叫 PSTN 用户的连接建立过程

（a）移动用户摘机、拨号，并按下"确认"键后，移动台通过随机接入信道向基站发出"信道请求"消息，申请一个信令信道。

（b）基站经接入准许信道向移动台回送一个"立即分配"消息，指配一个独立专用控制信道。

（c）此后移动台就转入此信道和网络联系，先发送"连接管理服务请求"消息。消息的主要参数为被叫号码，此外还包括移动台标识号（IMSI）等。

（d）基站将移动台发出的初始呼叫消息转送到移动交换中心。

（e）移动交换中心根据 IMSI 检查该移动台是否为合法用户，是否有权进行此类呼叫。若为合法用户，则为移动台分配一个空闲业务信道。

（f）基站开启该频道射频发射机，并向移动台发送"初始业务信道指配"消息。

（g）移动台收到此消息后，调谐到指定的频道，按要求调整发射信号，并在已指配的 TCH/FACCH 信道上回送响应消息。

（h）基站确认业务信道建立成功后，将此消息通知移动交换中心。

（i）移动交换中心分析被叫号码，选定路由，建立与 PSTN 交换局的连接。

（j）若被叫空闲，则终端交换局回送后向指示消息，移动台收到消息后，生成回铃音。

（k）被叫摘机后，即可与移动用户通话。

3. PSTN 用户呼叫移动台

PSTN 用户呼叫移动台的连接过程如图 6-22 所示。

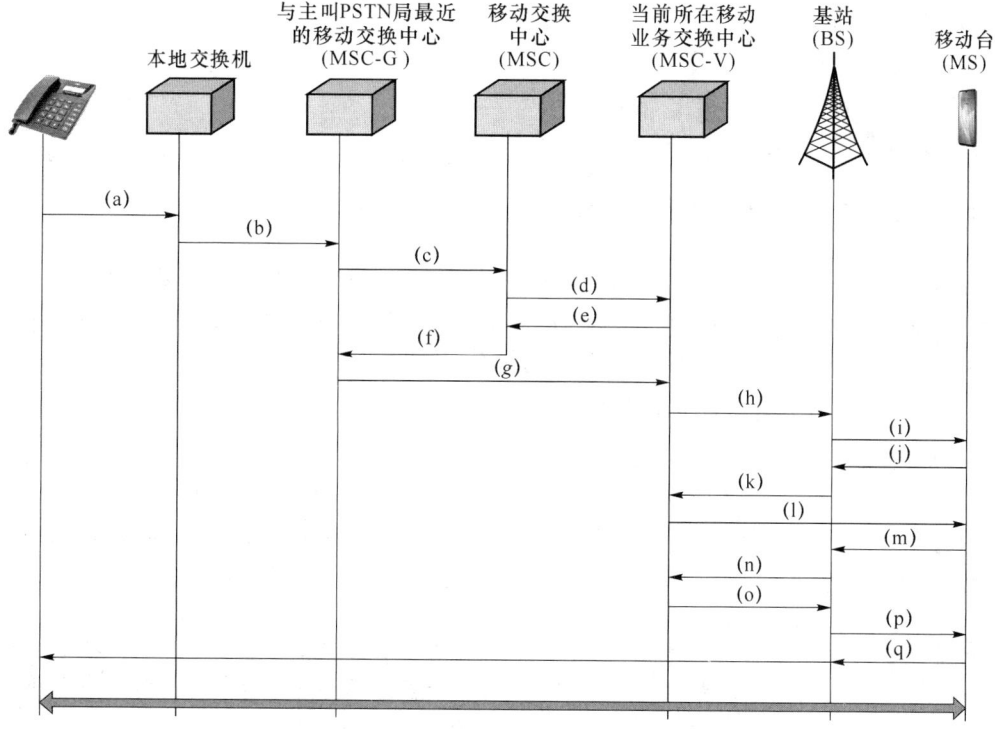

图 6-22　PSTN 用户呼叫 MS 的连接建立过程

(a) PSTN 用户摘机，听到拨号音后拨号。

(b) PSTN 交换中心通过号码分析判定被叫是移动用户，将呼叫接至网关 MSC（MSC-G，是与主叫 PSTN 局最近的移动交换中心）。

(c) 网关 MSC 根据移动台号码（MSDN）确定被叫所属归属位置（移动台开户时登记的移动局所在地），向归属位置移动局的归属位置寄存器（HLR）查询被叫当前位置信息。

(d) 归属位置寄存器检索用户数据库，若记录该用户已漫游至其他地区，则向所在地的访问用户位置寄存器（VLR，用于储存进入本地区的所有访问用户的相关数据）请求移动台漫游号（MSRN）。

(e) 用户位置寄存器动态分配移动台漫游号后回送归属位置寄存器。

(f) 归属位置寄存器将移动台漫游号转送网关 MSC。

(g) 网关 MSC 根据移动台漫游号进行选路，并将呼叫连接至被叫当前所在的移动业务交换中心（MSC-V）。

(h) MSC-V 查询数据库，向被叫所在位置区的所有小区基站发送寻呼命令。

(i) 各基站通过寻呼信道发送寻呼消息，消息的主要参数为被叫的 IMSI 号。

(j) 被叫收到寻呼消息，判定 IMSI 与自己相符，即回送寻呼响应消息。

(k) 基站将寻呼响应消息转发给 MSC-V。

(l) MSC-V 或基站控制器为被叫分配一条空闲业务信道，并向被叫移动台发送业务信道指配消息。

(m) 被叫移动台回送响应消息。

(n) 基站通知 MSC-V 业务信道已经接通。

(o) MSC-V 发出振铃指令。

(p) 被叫移动台收到指令后，向用户振铃。

(q) 被叫摘机，通知基站和 MSC-V 开始通话。

6.4.3 GSM 系统演进历程

GSM 系统的演进历程如下：GSM 基本网络系统→GSM 增值业务和智能网络系统→GSM 高速电路交换数据业务（HSCSD）网络系统→GSM 通用分组无线业务（GPRS）网络系统→GSM 演进增强数据速率（EDGE）网络系统。

1. GSM 增值业务和智能网络系统

为了提供更多的增值业务，在 GSM 基本网络系统的基础上，增加了增值业务节点（Value Added Service, VAS）和业务中心（Service Centre, SC）。增值业务平台是创造价值的起点。最小的增值业务平台包括短信业务中心（Short Message Service Center, SMSC）和语音邮件系统（Voice Mail System, VMS）。

> **短信业务** 短信业务是 GSM 系统中唯一不需要端到端业务通道的业务。它通过 GSM 系统的信令信道来传送短消息，通过短信业务中心完成接收、存储和转发用户的短消息。

基本 GSM 的增值业务平台旨在实现"大众化业务为大众"(Mass Service for Mass People),但是随着消费者个性化需求的不断增加,"智能网络"(Intelligent Network,IN)的概念应运而生。智能网络使 GSM 业务从大众化业务走向个性化业务发展的方向。

2. GSM 高速电路交换数据业务

在 GSM 基本网络系统中,GSM 用户使用 9.6 kbit/s 电路交换均衡"管道"实现数据传输。随着数据业务的迅猛发展,这一速度已无法满足人们的要求,因此,GSM 系统采取了两种演进方式:信道编码优化和高速电路交换数据。

(1) 信道编码优化

信道编码优化使有效比特传输速率从 9.6 kbit/s 增至 14.4 kbit/s。

(2) 高速电路交换数据

高速电路交换数据(HSCSD)为了让更多数据在空中接口传输,同时启动了多个业务信道。在理想环境下,用户数据速率可以达到 38.4 kbit/s(4 时隙)或 57.6 kbit/s(6 时隙)。

但是,由于高速电路交换数据基于电路交换方式,一方面使高速电路交换数据适合于持续长时间的大数据量传输,如文件传输、视频会议以及实时性业务等;另一方面不管数据传输的速率有或无、在前向和反向是否对称,占用信道数都不变,这不符合通常数据传输下行速率高、上行速率低,双向不对称的特点,从而造成资源浪费。

3. GSM 通用分组无线业务

由于电路交换均衡 U_m 接口不是数据连接的最佳选择访问媒介,为了克服高速电路交换数据业务的缺点,更有效地进行数据传输,开发出通用分组无线业务。

通用分组无线业务(General Packet Radio Service,GPRS)是基于 GSM 系统的数据业务增强技术,被称为是向第三代移动通信技术过渡的 2.5 代技术。它在 GSM 技术的基础上,叠加了一个新的网络,同时在网络上增加了一些硬件设备并进行软件升级,形成了一个新的网络逻辑实体。GPRS 可以提供端到端的、广域的无线 IP 连接,把分组交换技术引入了现有的 GSM 系统,通过对 GSM 原有时隙的动态分配使用,每个用户可以同时占用多个无线信道,同一无线信道又可以由多个用户共享,增强了 GSM 系统的数据通信能力,最大数据速率为 171.2 kbit/s,是在第三代移动通信尚未完全成熟之前的过渡性技术。

(1) GPRS 与 GSM 系统的区别

GPRS 与 GSM 系统的根本区别在于:GSM 采用电路交换;GPRS 采用分组交换。

GPRS 在 GSM 电路交换模式之上增加了 GPRS 网关支持节点(GGSN)和 GPRS 服务支持节点(SGSN),使得用户能够在端到端的分组方式下发送和接收数据,实现基于 GPRS 传输的短信业务、多媒体彩信业务,以及终端无线上网业务等。

(2) GPRS 系统结构

GPRS 系统结构如图 6-23 所示。与电路交换式数据呼叫不同,GPRS 分组不是通过移动业务交换中心连接到语音网络上,而是从基站发送到服务支持节点,服务支持节点与网关支持节点进行通信,GPRS 网关支持节点对分组数据进行相应的处理后,再发送到目的网络,如因特网。来自因特网的标识有移动台地址的 IP 包,由网关支持节点接收后,再转发到服务支持节点,然后传送到移动台。

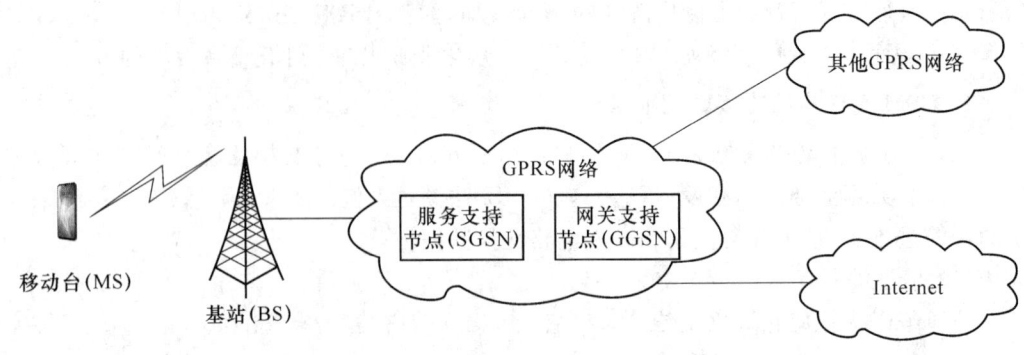

图 6-23　GPRS 系统结构

① 服务支持节点

服务支持节点的功能类似 GSM 系统中的交换子系统,主要是对移动台进行鉴权、移动性管理和路由选择,建立移动台与网关支持节点(GGSN)之间的传输通道,接收基站子系统透明传来的数据,进行协议转换后经过 GPRS 的 IP 骨干网发送给网关支持节点或反向进行,此外还进行计费和业务统计。

② 网关支持节点

网关支持节点是 GPRS 网对外部数据网络的网关或路由器,它提供 GPRS 和外部 Internet 的互联。GGSN 接收服务支持节点发送的数据,选择路由并发送到相应的外部网络;或者接收外部网络的数据,根据其地址选择 GPRS 网内的传输通道,发给相应的服务支持节点。

4. EDGE

为了进一步提高系统数据传输速率,开发了 EDGE(Enhanced Data Rate for GPRS Evolution,GPRS 增强数据速率演进,俗称 2.75G)。EDGE 是在 GPRS 的基础上,对调制方式和编码方式进行了改进,从而大大地提高了数据传输的速率。例如,对于速度为 250 km/h 的移动台,最大数据速率为 144 kbit/s;对于速度为 100 km/h 的移动台,最大数据速率为 384 kbit/s;静止状态时的移动台最大数据速率为 2 Mbit/s。

6.5　窄带 CDMA 移动通信系统

第二代移动通信系统除 GSM 外,另一种获得广泛应用的是窄带 CDMA 移动通信系统。窄带 CDMA 移动通信系统以 CDMA(码分多址)技术为基础,但值得注意的是,不仅窄带 CDMA 系统使用 CDMA 技术,第三代移动通信系统中的 TD-SCDMA、WCDMA、cdma2000 均采用了 CDMA 技术。

CDMA 技术首先由美国应用在军事领域,20 世纪 90 年代美国高通公司将其标准化,并用于移动通信系统。CDMA 技术是用唯一的地址码来标识用户的多址通信方式。

CDMA 系统为每一个用户分配一个唯一的地址码序列,并用它对承载信息的信号进行编码。接收端知道该码序列,进而利用地址码间良好的互相关性和自相关性对接收到信号进行解码,恢复出原始数据。

6.5.1 CDMA 技术特点

CDMA 技术具有抗干扰能力强、抗多径衰落效果好、保密性强、系统容量大、系统配置灵活等特点。

(1) 抗干扰能力强

由于 CDMA 系统中码序列的带宽远大于所承载信号的带宽,编码过程扩展了信号的频谱,因此,CDMA 属于扩频通信中的一种。CDMA 系统抗窄带干扰能力如图 6-24 所示。

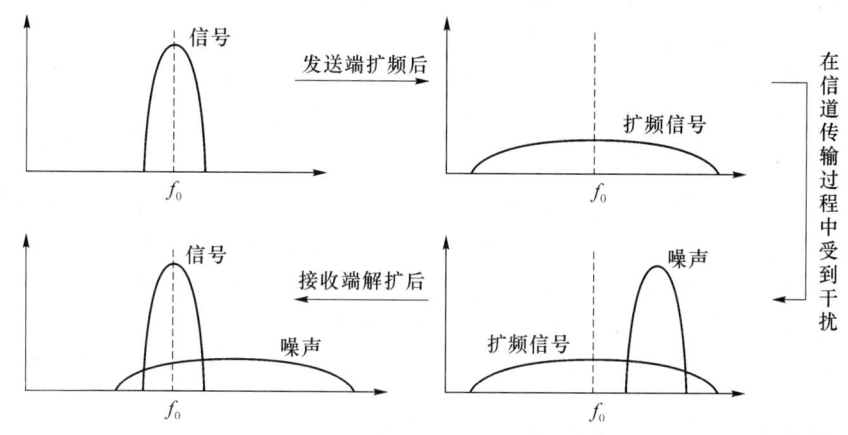

图 6-24 CDMA 系统抗噪示意图

(2) 抗多径衰落效果好

多径衰落是影响无线通信质量的重要因素之一,多径在 CDMA 信号中体现为伪随机码的不同相位,由于伪随机码具有良好的自相关性,因此可以用本地伪随机码的不同相位去解扩这些多径信号,从而获得更多的有用信号。

(3) 保密性强

由于扩频码长度一般较长,如 IS-95 中,以周期为 2^{15} 的长码实现扩频,对其进行窃听或是穷举求解以获得有用信息几乎是不可能的。

(4) 系统容量大

若 N 个用户同时通信,每个用户的信号都受到其他 $N-1$ 个用户信号的干扰。设到达接收机的 N 个信号的强度都一样,理论分析表明系统极限容量为

$$N = 1 + \frac{W/R}{(E_b/N_0)_{min}} \times \frac{1}{\beta(1+f)}$$

其中:R——发射信息比特率;

W——系统的发射信号带宽;

E_b——每比特信息的能量;

N_0——干扰信号平均功率谱密度;

$(E_b/N_0)_{min}$——基准值;

β——话音激活因子,即被激活的通话用户占总用户数的比例;

f——其他小区用户干扰因子。

采用 CDMA 蜂窝系统最主要的目的是提高系统容量。它采取的主要措施包括话音激活技术、扇区划分技术、前向纠错技术等。理论上,在使用相同频率资源的情况下,CDMA 移动网是模拟网容量的 20 倍,实际中比模拟网大 10 倍,比 GSM 网络大 4～5 倍。

① 采用话音激活提高系统容量。由于在双向通信中,一方用户说话的时间仅占 35% 左右,因此在不说话的时候不发射功率,就可以将其对其他用户的干扰减小 65%,从而将系统容量提高 1/0.35＝2.86 倍。

② 划分扇区提高系统容量。CDMA 系统利用张角为 120°的天线把一个蜂窝小区划分为 3 个扇区,每个扇区中的用户数是蜂窝中用户数的 1/3,可以使多址干扰减小为原来的 1/3,从而使容量扩大约 3 倍,一般能提高到 2.55 倍左右。

③ 利用前向纠错技术降低 E_b/N_0。CDMA 系统使用很宽的带宽传输信号,有条件使用高效的纠错技术,可以在满足一定误码率要求的前提下使 E_b/N_0 很低。

(5) 系统配置灵活

对于 FDMA 和 TDMA 系统,如果小区的频点或时隙已分配完,则该小区就不能接收新的呼叫,容量有一个硬性的限制。然而,CDMA 系统的用户数和服务级别之间有着较灵活的关系,在指定的干扰电平下,即使用户数已达到限定数目,也允许增加个别用户,其影响是造成话音质量下降。业务提供者可在容量与话音质量之间进行折中。

此外,当相邻小区负荷较轻时,本小区所受干扰相应减小,容量就可以适当增加。

6.5.2 窄带 CDMA 系统的组成及工作原理

窄带 CDMA 系统一般指 IS-95 制式,也称 CDMAOne。类似于一般移动通信系统,窄带 CDMA 系统也是由交换子系统、基站子系统、移动台及局间和基站间中继线等要素组成。其中,移动台与基站的简化工作原理如图 6-25 所示。

(1) 语音编码

由于 CDMA 系统是一种自干扰式系统,即系统的干扰主要来自系统内部各用户之间,因此,在窄带 CDMA 系统中,采用了语音激活编码技术。语音激活编码技术是指在用户激烈讲话时利用全速率传送;在缓和讲话时利用低速率传送;在不讲话时用最低的速率只传送背景噪声。

具体而言,在窄带 CDMA 系统中,移动台将用户发出的模拟语音信号经过 8 kHz 采样后,采用 QCELP(Qualcomm 码激励线性预测)语音编码方式,将信号以 1.2～9.6 kbit/s 的语音速率进行传送。

(2) 信道编码

采用卷积编码方案。

(3) 交织编码

交织编码的方式是把待发送数据序列按行排成一个 $m \times n$ 的矩阵,然后按列顺序传送(如图 6-26 所示),收端则按接收的列顺序重新恢复出原来的矩阵,再按行顺序进行译码。

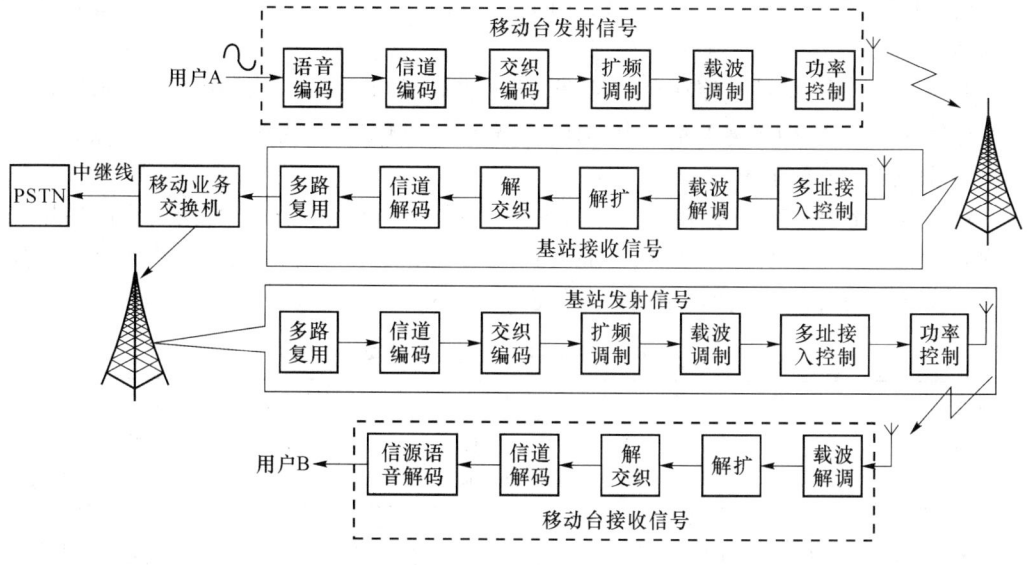

图 6-25 CDMA 移动台与基站的简化工作原理图

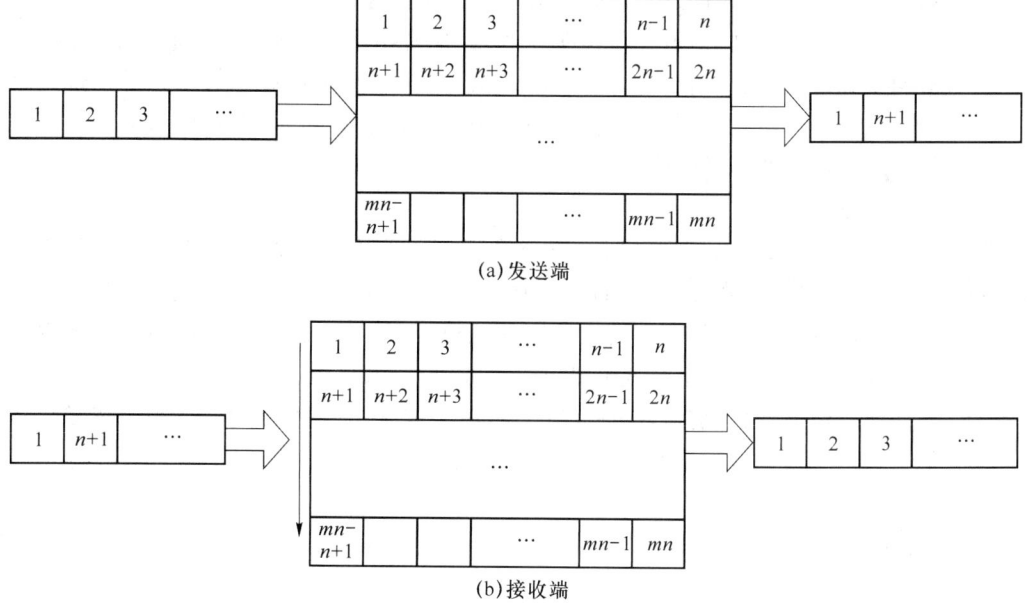

图 6-26 交织编码示意图

在窄带 CDMA 系统中,采用交织编码的目的是在发送数据前改变数字信息的时间顺序,从而把一个由衰落造成的较长的突发差错离散成随机差错,再用纠正随机差错的编码技术(如前向纠错 FEC)消除随机差错。

(4) 扩频调制

伪随机码(PN)序列周期为 $2^{15}=32\,768$,将此周期序列每隔 64 码片位移序列作为一个码,共有 $32\,768/64=512$ 个码。因此,在窄带 CDMA 系统中,可区分多达 512 个基站。

在一个小区内,基站与移动台之间的信道是在伪随机序列上再采用正交序列进行码分而得到的。在窄带 CDMA 系统中,前向链路和反向链路的传输结构不同。

① 前向链路(下行)

在前向链路中正交信号共有 64 个 Walsh 序列码型(每个 Walsh 序列码型的周期长度均为 64),记作 $W_0,W_1,\cdots,W_{63}$,可提供 64 个信道。这些信道按照传输功能可分为导频信道、同步信道、寻呼信道和前向业务信道,如表 6-3 所示。

表 6-3 前向链路信道分配情况

信道类型	信道个数	Walsh 序列码型	信道类型	信道个数	Walsh 序列码型
导频信道	1	W_0	寻呼信道	7	$W_1 \sim W_7$
同步信道	1	W_{32}	前向业务信道	55	$W_8 \sim W_{31}$ $W_{33} \sim W_{63}$

- 导频信道:基站在此信道发送导频信号(其功率比其他信道高)供移动台识别基站并引导移动台入网。
- 同步信道:基站在此信道发送同步信息供移动台建立与系统的定时和同步。
- 寻呼信道:基站在此信道寻呼移动台,发送有关寻呼指令及业务信道指配信息。
- 前向业务信道:供基站到移动台之间通信,用于传送用户业务数据同时也传送信令信息,传送这种信令信息的信道被称为随路信道。例如,功率控制信令信息就是在随路信道中传送的。

② 反向链路(上行)

在窄带 CDMA 系统中,反向链路的码分物理信道采用周期为 $2^{42}-1$ 的长伪随机序列,可提供 94 个信道。这些信道按照传输功能可以分为接入信道和反向业务信道。

- 接入信道:接入信道是一个随机接入的信道,网内移动台可随机占用此信道发起呼叫及传送应答信息。系统最多可设置 32 个接入信道。
- 反向业务信道:它与前向业务信道一样,用于传送用户业务数据,同时也传送信令信息。系统最多可设置 62 个反向业务信道。

(5) 载波调制

在窄带 CDMA 系统中,采用 QPSK(四相相移键控)调制模式。

(6) 功率控制

CDMA 系统功率控制的目的如下:

① 克服反向链路的远近效应;

② 在保证接收机解调性能的前提下,尽量降低发射功率,减小对其他用户的干扰,增加系统容量。

远近效应	若网络中所有用户都以相同的功率发射信号,则靠近基站的移动台信号就强,而距基站远的移动台信号则较弱,强信号将会掩盖弱信号。这一现象被称为远近效应。
	CDMA 是一个自扰系统,所有移动台共同使用同一频率,所以"远近效应"问题更加突出。

CDMA 系统中某个移动台信号的功率较强,对该用户的信号被正确接收是有利的,但是会增加对其他用户的干扰,甚至淹没有用信号,结果使其他用户通信质量劣化,导致系统容量下降。为了克服远近效应,需要根据通信距离,实时地调整发射机所需的功率,这就是功率控制。在窄带 CDMA 系统中,功率控制分为前向功率控制和反向功率控制。

① 前向功率控制(下行)

前向功率控制是基站根据每个移动台传送的信号质量信息来调节基站业务信道发射功率的过程。前向功率控制的目的是使所有移动台在保证通信质量的条件下,基站发射功率最小。因为前向链路的功率控制将影响众多的移动用户通信,所以每次的功率调节量很小,调节范围有限,调节速度也比较慢。

② 反向功率控制(上行)

反向功率控制是指对移动台发射功率的控制,使所有移动台到达基站的信号功率相等,以避免"远近效应"影响 CDMA 系统对码分信号的接收。反向功率控制包括开环功率控制、闭环功率控制和外环功率控制,如图 6-27 所示。

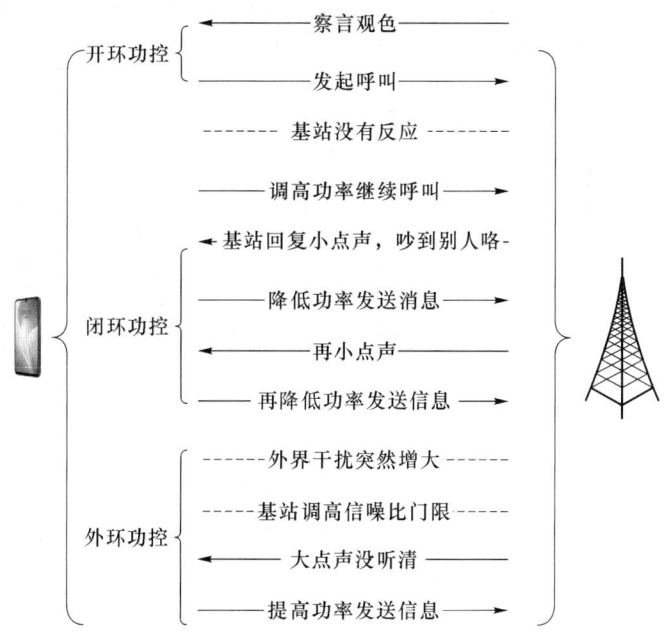

图 6-27 反向功率控制过程

- 开环功率控制

开环功率控制是指移动台根据接收的基站信号强度来调节移动台发射功率。系统内的每个移动台,根据其接收到的前向链路信号强度来判断传播路径损耗,并调节移动台的发射功率,如图6-28(a)所示。接收信号越强,移动台的发射功率应越小。

开环功率控制简单、直接、迅速,不需要在移动台和基站之间交换控制信息。但值得注意的是,由于前向和反向传输使用的频率不同,频差远远超过信道的相干带宽,因而当前向和反向信道的衰落特征不相关时,基于前向信道的信号测量是不能反映反向信道传播特性的。

开环功率控制主要利用移动台前向接收功率和反向发射功率之和为一常数来进行控制。因此,开环功率控制仅是一种对移动台平均发射功率的调节。为了能准确估算出反向信道的衰落,对移动台发射功率要进行准确的调节,还需要采用闭环功率控制的方法。

- 闭环功率控制

闭环功率控制是指,基站检测来自移动台的信号强度或信噪比,根据测得结果与预定的标准值相比较,决定发给移动台的功率控制指令是增大还是减小发射功率,并将形成的功率调整指令通过前向功率控制子信道通知移动台;移动台将接收到的功率控制指令与移动台的开环估算相结合,从而确定移动台应发射的功率值。在功率控制的闭环调节中,基站起主导作用,如图6-28(b)所示。

- 外环功率控制

在闭环功率控制中,信噪比门限不是恒定的,而是处于动态调整中。这个动态调整的过程就是反向外环功率控制。

在反向外环功率控制中,基站统计接收反向信道的误帧率(FER)。若误帧率高于误帧率门限值,说明反向信道衰落较大,需要通过上调信噪比门限来提高移动台的发射功率;若误帧率低于误帧率门限值,则通过下调信噪比门限来降低移动台的发射功率,如图6-28(c)所示。

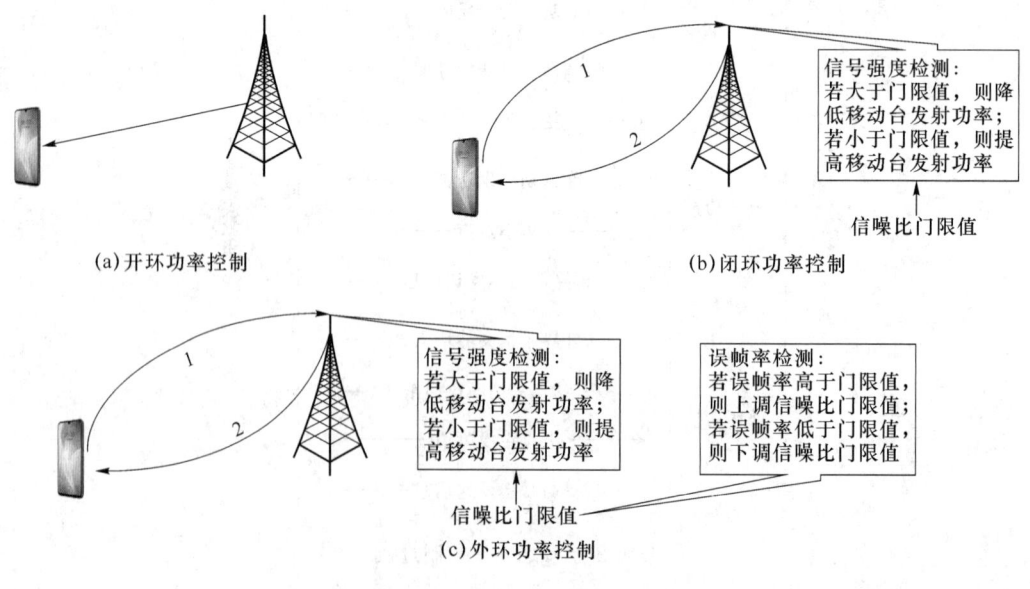

图 6-28 三种反向功率控制方式

在实际系统中,反向功率控制是由上述三种功率控制共同完成的,即首先对移动台发射功率作开环估计,然后由闭环功率控制和外环功率控制对开环估计做进一步修正,力图做到精确控制移动台的发射功率。

(7) RAKE 接收机

RAKE 接收机也称多径接收机。由于无线信道复杂,基站发出的信号可能会经过不同路径到达接收机,经过不同路径到达移动台的信号到达时间是不同的,如果两个信号到达移动台处的时间差超过一个信号码元的宽度,RAKE 接收机就可以将其分别成功解调,进而将分离的多径信号进行矢量相加(即对不同时间到达移动台的信号进行不同的时间延迟使其同相后合并),达到抗多径衰落的目的,提高移动台的接收能力,如图 6-29 所示。

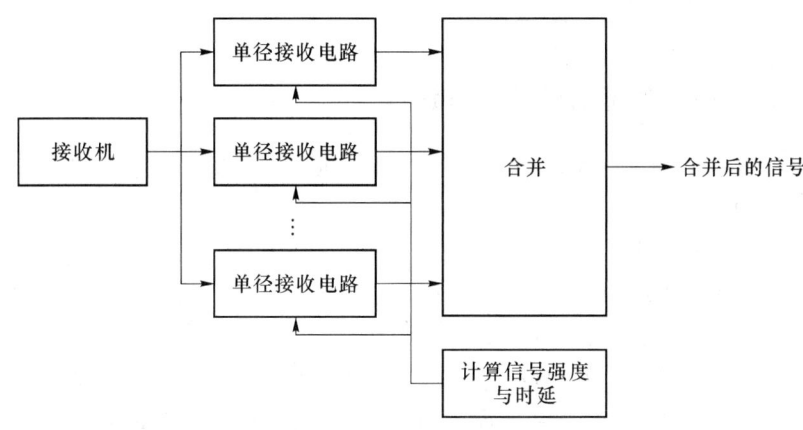

图 6-29　RAKE 接收机工作原理

基站对移动台信号的接收也采用相同的原理,即也采用 RAKE 接收机。

此外,RAKE 接收机既可以接收来自同一天线的多径,也可以接收来自不同天线的多径。移动台的软切换正是借助于 RAKE 接收机接收不同基站的信号来实现的。

(8) 软切换

软切换(Soft Handover)是 CDMA 系统所特有的,它只能在相同频率的 CDMA 信道间进行。软切换是指移动台在与新的基站建立联系之前并不断开与原有基站的联系,而是同时保持与两个以上基站连接的切换过程。

软切换又可以分为三种:

① 同一基站收发信机内不同扇区相同载频之间的切换,通常将这种软切换称为更软切换;

② 同一基站控制器内不同基站收发信机之间相同载频的切换;

③ 同一移动业务交换中心,不同基站控制器之间相同载频的切换。

软切换、更软切换与硬切换之间的差别如表 6-4 所示。

表 6-4 软切换、更软切换与硬切换的比较

切换方式	特点	应用
硬切换	• 先断后连 • 切换成功率较低,掉话率较高 • 算法简单,资源利用率高,信令开销少	• 主要用户 FDMA 和 TDMA 系统,如 1G、GSM • CDMA 系统中不同载频间 • 不同系统间
软切换	• 先连后断 • 切换成功率高,掉话率低 • 资源利用率低,增加信令负荷	• 适用于 FDD/CDMA 系统 • IS-95 获得成功应用 • WCDMA 和 cdma2000 的主要切换方式
更软切换	• 属于软切换,先连后断 • 由基站完成,不通过移动业务交换中心 • 切换所需时间比软切换少	• 适用于 FDD/CDMA 系统 • IS-95 获得成功应用 • 应用于 WCDMA 和 cdma2000

6.5.3 窄带 CDMA 系统通信的基本过程

在窄带 CDMA 系统中,移动台 A 与用户 B 呼叫建立的基本过程可以简单地描述为如图 6-30 所示的过程：

(1) 移动台(MS)发出呼叫请求；

(2) 基站(BS)接收到移动台送来的呼叫请求信号后,由多址接入控制单元(基站控制器功能的一部分)分配信道,指挥移动台同步工作；

(3) 移动台实现同步后,发出拨号信号；

(4) 基站接收移动台的拨号信号后,送至移动业务交换中心(MSC)；

(5) 移动业务交换中心分析号码后,经信令网将号码送达目的地的移动业务交换中心,并完成一系列通话前的信令联络,最终建立连接。

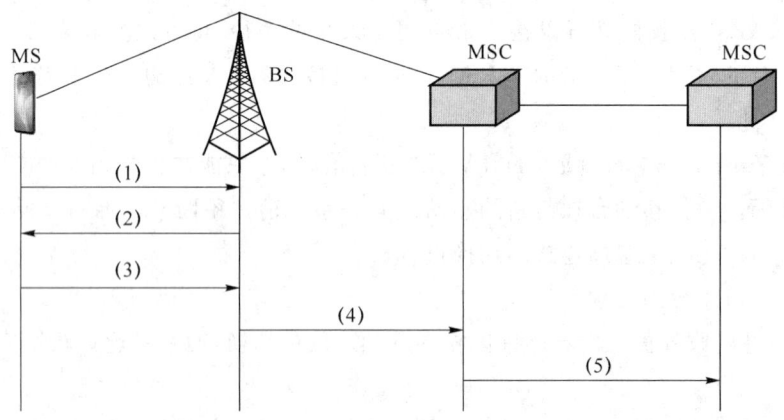

图 6-30 窄带 CDMA 系统呼叫建立过程

在呼叫建立后,移动台 A 与用户 B 进入通话阶段,其基本过程可以简单描述如下。

(1) 将移动台 A 的模拟语音信号经过移动台 8 kHz 采样后,经 QCELP 语音编码、信道编码(卷积编码)、分组交织编码、扩频调制、载波调制和功率控制,转换成电磁波由天线

发射出去。

(2) 基站将接收到的信号,经多址接入控制、载波解调、解扩、解交织、信道解码、语音解码和信道复用后,送往移动业务交换中心。

(3) 针对不同的呼叫对象,移动业务交换中心处理语音数据的过程有所不同。

- 若用户 B 也为移动用户且与移动台 A 处于同一移动业务交换中心,则移动业务交换中心将移动台 A 的信号送至移动台 B 所属的基站。基站将信号经多路复用、信道编码、交织编码、扩频调制、载波调制、多址接入控制和功率控制后,发送给移动台 B。
- 若用户 B 也为移动用户但与移动台 A 分属于两个不同的移动业务交换中心,则移动业务交换中心将移动台 A 的信号转换成 64 kbit/s 的固定电话标准速率后,经中继线送达移动台 B 所在的移动业务交换中心,该移动业务交换中心将信号送往移动台 B 所在的基站,基站将信号进行相关处理后,发送给移动台 B。
- 若用户 B 为固定电话用户,则移动业务交换中心将移动台 A 的信号转换成 64 kbit/s 的固定电话标准速率后,经中继线送达用户 B 所在的固定交换机。固定交换机将信号进行相关处理后送至用户 B。
- 若用户 B 为 GSM 用户,则移动业务交换中心将移动台 A 的信号转换成 64 kbit/s 的固定电话标准速率后,经中继线送达用户 B 所在的 GSM 网络,再转换成 GSM 的 13 kbit/s 的语音编码信号后,经 GSM 基站发送给用户 B。

6.5.4 窄带 CDMA 系统的技术体制

IS-95 是美国电信工业协会(TIA)于 1993 年公布的移动通信的空中接口技术标准,主要参数如表 6-5 所示。

表 6-5 IS-95 标准的主要参数与我国实际使用情况对比

窄带 CDMA 系统		IS-95 标准	中国
发射频带/MHz	下行	870～894(或 1 930～1 990)	870～880
	上行	825～849(或 1 850～1 910)	825～835
发射带宽/MHz		24(或 60)	10
双工间隔/MHz		45(或 80)	45
双工技术		频分双工 FDD	
信道带宽/MHz		1.25	
多址方式		FDMA、CDMA	
调制技术		QPSK	
信道编码		卷积编码+分组交织	
每载频信道数	下行	64	
	上行	94	

6.6 第二代移动通信典型系统比较

第二代移动通信的两个典型系统 GSM 和窄带 CDMA 在技术上各有千秋。在实际应用中,电信企业主要通过对比六大关键因素决定采用何种空中接口技术,即覆盖(Coverage)、容量(Capacity)、价格(Cost)、语音清晰度(Clarity)、选择性(Choise)和用户满意度(CustomerSatisfaction),简称为无线通信的六个 C。

(1) 覆盖范围

蜂窝小区是无线通信区域划分的最小单元。在同样的环境下,CDMA 与 GSM 小区初期覆盖范围如表 6-6 所示,实际使用情况表明 CDMA 的覆盖区域更广。

表 6-6 CDMA 和 GSM 蜂窝小区初期覆盖范围比较

参数	密集城区	稀疏城区	郊区	乡村
CDMA 小区面积/km²	3.1~8.1	5.3~13.8	28.3~73.2	254.4~659.1
GSM 小区面积/km²	0.6~1.6	1.1~2.8	9.1~23.5	76.4~197.8
CDMA 小区面积:GSM 小区面积	5.2:1	4.9:1	3.1:1	3.3:1

(2) 系统容量

无线频谱资源是有限而且昂贵的。一种能有效地利用频谱的空中接口可以在同样的带宽内支持更多的用户的技术自然会受到运营商的青睐。

与 GSM 系统相比,高容量是 CDMA 的突出优势之一。在高速移动状态下,CDMA 可以提供 25 个通话/扇区/CDMA 信道。在无线本地环路或低速移动应用中,软切换较少,如果用高增益天线,则可以支持大于 40 个通话/扇区/CDMA 信道。

CDMA、GSM 的容量比较可以从占用 10 MHz 频谱(5 MHz 发送,5 MHz 接收)和占用 30 MHz 频谱(15 MHz 发送,15 MHz 接收)的比较中得出。若采用保守的保护带,10 MHz 频谱可分配给 3 个 CDMA 信道,30 MHz 可以分配给 11 个 CDMA 信道;GSM 系统最乐观的情况是没有保护带,如表 6-7 所示。显然,即使 CDMA 扣除保护带,而 GSM 不扣除,CDMA 容量依然很大。

表 6-7 CDMA 和 GSM 的容量比较

参数	CDMA		GSM	
	占用 10 MHz	占用 30 MHz	占用 10 MHz	占用 30 MHz
信道带宽	1.25 MHz		0.20 MHz	
信道数	3	11	25*	75*
频率复用	1/1		3/9**	
有效信道	3/1=3	11/1=1	25/3=8.3	75/3=25
语音呼叫/信道	25~40+		7.25***	
语音呼叫/小区	75~120+	275~440+	7.25×8.3=60.2	7.25×25=181

注:* 为最优情况,对 GSM 无保护带;** 为 9 个频点;Qualcomm 认为,在实际使用时是不太可能的,现在欧州 GSM 网络采用 4/12;*** 为比 8 个语音呼叫/信道少,用于开销功能(如控制/导频等)。

(3)价格

无线通信系统实施费用包括许多方面,如基站和基站控制器、网络交换子系统等固定资产投资以及维修等。对于运营商而言,CDMA 网络建造运营费用较低,主要体现为以下几个方面。

- 从覆盖范围角度出发,由于 CDMA 比 GSM 系统小区覆盖范围广,所需基站数少,从而直接减少了设备投资、固定资产、场地建设、频谱和维护费用等。
- 从频率复用角度出发,由于 GSM 宣称其频率复用为 3/9,任何基站小区或扇区在超过初始规划时,网络需要做复杂和高昂的重构工作。由于 CDMA 的频率复用系数为 1,增加小区或扇区快速方便,且不影响现有的网络规划,CDMA 的这种便利性可使运营者在网络规划方面"接近完美"。
- 从系统容量角度出发,CDMA 系统可以为更多的用户提供服务,从而降低了平均运营成本。

(4)语音清晰度

语音清晰度受空中接口技术的空间传播特性和语音编码技术的影响。与 GSM 相比,CDMA 的固有特点使其可以提供更高的语音清晰度。

- 扩频技术的应用使 CDMA 系统具有更强的抗干扰能力。
- 在 CDMA 中,移动台中使用三个多径接收机,在基站中每副天线使用四个多径接收机。每一个多径接收机独立地跟踪信号和多径,并将它们信号强度的总和用于信号的解调。因为衰落是独立的,其结果是,即使在最坏的条件下,也可以保持语音清晰度。
- 软切换(蜂窝小区间)和更软切换(同一蜂窝小区的扇区之间)提供了一个完全透明的通话切换,CDMA 使用"先连后断"的软切换,其结果是,即使在 CDMA 蜂窝小区的边缘,语音和数据的切换质量也大大地得到改善,因此用户通话中断可能性有效地得以减小。
- CDMA 利用前向和反向链路的功率控制达到较优的语音清晰度。功率控制有效降低了系统内和系统间的干扰,从而以极小的平均输出功率得到持续的高质量的语音和数据服务。与此同时,很低的平均发射功率直接体现为移动台更长的通话时间和备用时间。
- 先进的语音编码技术,使 CDMA 系统即使在压缩条件下,也可以提供清晰的语音。

(5)选择性

选择性为运营商提供了更强的用户服务适应性。在 CDMA 系统中,采用语音激活编码技术可提供不同的语音传输速率。

(6)用户满意度

有效的无线业务最终依赖于用户的满意度。在 CDMA 与其他空中接口同时进行的语音试验中,绝大多数用户觉得 CDMA 的语音质量更好。此外,由于 CDMA 采用了强有力的误码纠错、软切换和多径接收机,使得 CDMA 可提供 GSM 不能比拟的、极高的数据质量。

尽管从理论上 CDMA 系统具有绝对的优势，但是在实际使用中，由于高通公司依靠 CDMA 领域的 1 400 多项专利全面垄断该市场的几乎整个产业链，技术垄断造成了终端供应匮乏、手机生产商较少、产品更新速度慢、性价比不高等问题，大大制约了用户数的增长。2007 年澳大利亚彻底关闭 CDMA 网络，2008 年泰国、越南和加拿大等国的运营商也相继放弃 CDMA 技术。

6.7 WCDMA 移动通信系统

宽带码分多址（Wideband CDMA，WCDMA）源于欧洲和日本的几种技术的融合。尽管与窄带 CDMA 名字只有一字之差，但技术及功能相差甚远。"W"是指直接扩频，WCDMA 上、下行信号带宽各为 5 MHz，远高于窄带 CDMA 的 1.25 MHz。

6.7.1 WCDMA 系统概述

WCDMA 在核心网上继承了 GSM/GPRS 的架构，保持与 GSM/GPRS 网络的兼容性，对于系统提供商而言可以轻松地平滑过渡。由于 GSM 用户在世界移动通信市场占有率超过 85%，因此 WCDMA 具有先天的市场优势。

WCDMA 与 GSM 900 的主要区别如表 6-8 所示。

表 6-8 WCDMA 与 GSM 900 的主要区别

关键指标		WCDMA		GSM900
双工技术		FDD	TDD	FDD
发射频带*/MHz	下行	2 110～2 170	2 010～2 025	935～960
	上行	1 920～1 980	1 900～1 920	890～915
发射带宽/MHz		60	15/20	25
双工间隔/MHz		190	110	45
信道带宽/MHz		5		0.2
多址方式		FDMA、DS-CDMA		TDMA、FDMA
调制技术		上行 BPSK 下行 QPSK		GMSK
语音编码		自适应多速率(AMR)语音编码		线性预测编码
分组数据		基于负载的分组调度		GPRS 中基于时隙的调度

注：* 我国分配给中国联通的频段为 1 940～1 955 MHz(上行)、2 130～2 145 MHz(下行)。

WCDMA 系统支持多种业务，可有效支持电路交换业务（如 PSTN)和分组交换业务（如 IP 网)。灵活的无线协议可在一个载波内对同一用户支持语音、数据和多媒体业务，通过透明或非透明传输块来支持实时和非实时业务。业务质量可通过延迟、误比特率和误帧率等参数进行调整。

WCDMA 的主要技术指标和特点如下：

- 多址接入方式:FDMA 方式、DS-CDMA 方式。
- 调制方式:上行 BPSK,下行 QPSK。解调方式:导频辅助的相干解调。
- 信道编码方式:在语音信道采用卷积码($R=1/3$)进行内部编码和 Veterbi 解码;在数据信道采用 R-S 编码;在控制信道采用卷积码($R=1/2$)进行内部编码和 Veterbi 解码。
- 采用自适应多速率语音编码(Adaptive Multirate Speech Coder,AMR)。AMR 编码器考虑语音比特在一个呼叫进行过程中发生动态变化的情况。由于任何一种业务的传输比特速率越高,单个小区的有效覆盖面积越小,因此,一个处于小区边缘的用户可以通过降低语音编码速率的方式有效地延伸语音业务的覆盖范围。
- 适应多种速率的传输,可灵活地提供多种业务,并根据不同的业务质量和业务速率分配不同的资源,同时对多速率、多媒体的业务可通过改变扩频因子和多码并行传送的方式来实现。在 WCDMA 系统中,使用的码片速率为 3.84 Mchip/s。以上行链路为例,WCDMA 支持的扩频因子包括 4、8、16、32、64、128 和 256。各种扩频因子取值以及对应的上行链路数据速率如表 6-9 所示。显然,最低扩频因子"4"支持的可用的用户数据率只有 480 kbit/s,没有达到 IMT2000 规定的数据率应达到 2 Mbit/s 的要求。为满足这一要求,WCDMA 系统支持给定用户可同时使用最多 6 个数据发射信道的能力。

表 6-9 WCDMA 上行链路扩频因子和数据率

扩频因子	总数据率/(kbit·s^{-1})	用户数据率*/(kbit·s^{-1})
256	3 840/256=15	15/2=7.5
128	30	15
64	60	30
32	120	60
16	240	120
8	480	240
4	960	480

注:*假设为了纠错而进行了半速率编码。

WCDMA 系统的特点如下。
- 采用精确的功率控制方式,包括基于信噪比的闭环、开环和外环三种方式。
- 不同基站可选择同步或异步两种方式。在 WCDMA 系统中,由于基站可收发异步的 PN 码,即基站可跟踪对方发出的 PN 码,同时移动交换机也可用额外的 PN 码进行捕获与跟踪,因此,可以用此方法获得同步,来支持越区切换及宏分集,而无须基站间同步。但是,每个移动台与其所属的小区一定是同步的。
- 切换方式:更软切换(同频小区内扇区间)、软切换(同频小区内)、硬切换(不同载频间)。
- 先进技术的采用:智能天线、多用户检测、分集接收(上行信道采用导频符号 RAKE 接收方式)、分层小区结构等。

典型技术简介

(1) 智能天线

智能天线(Smart Antenna,SA 或 Intelligence Antenna,IA)是一种安装在基站现场的双向天线,通过一组带有可编程电子相位关系的固定天线单元获取方向性,并可以同时获取基站和移动台之间各个链路的方向特性。智能天线的原理是将无线电的信号导向具体的方向,产生空间定向波束,使天线主波束对准用户信号到达方向(Direction of Arrival,DOA),旁瓣或零陷对准干扰信号到达方向,达到充分高效利用移动用户信号并删除或抑制干扰信号的目的。同时,利用各个移动用户间信号空间特征的差异,通过阵列天线技术在同一信道上接收和发射多个移动用户信号而不发生相互干扰,使无线电频谱的利用和信号的传输更为有效。在不增加系统复杂度的情况下,使用智能天线可满足服务质量和网络扩容的需要。实际上它使通信资源不再局限于时间域(TDMA)、频率域(FDMA)或码域(CDMA)而拓展到了空间域,属于空分多址(SDMA)体制,如图6-31所示。

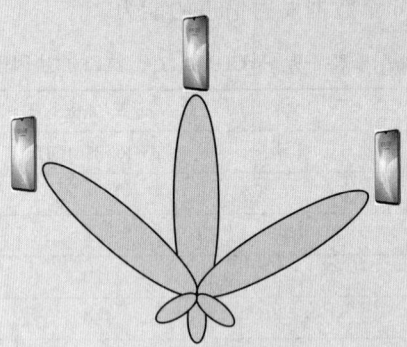

图 6-31 智能天线

(2) 多用户检测

1979年和1983年,K. S. Schnedier 和 R. Kohno 分别提出了多用户接收机(即多用户检测)的思想,即利用其他用户的已知信息消除多址干扰,实现无多址干扰的多用户检测(MultipleUser Detection,MUD)。1986年,S. Verdu 提出了匹配滤波器组加 Viterbi 译码的异步 CDMA 最佳检测,将多用户检测的理论向前推进了一大步。

以串行干扰消除器为例,简要介绍多用户检测的基本思路。串行干扰消除器是基于传统 CDMA 检测器,对其进行扩充后得到的。首先恢复干扰信号,然后再提取有用信号。它的思想是把解调后的用户信号按信号强度进行排序,即使用户1的信号强度大于用户 2 的信号强度,以此类推。首先用常规的解调方法来解调用户 1 的信号,经判决得到用户 1 的信息比特,然后利用解调后用户 1 的信号恢复出对用户 2 的干扰信号,用用户 2 的信号减掉用户 1 的干扰后再进行判决,同理,用用户 3 的接收信号减掉用户 1 和用户 2 的干扰,按此顺序进行下去。

尽管多用户检测的算法种类较多,但算法的基本思路都是最大限度地利用多址干扰的各种可知信息对目标用户的信号进行联合检测,从而具有良好的抗多址干扰能力,可以更加有效地利用反向链路频谱资源,显著提高系统容量,而且由于多用户检测具有克服远近效应的能力,可以降低系统对功率控制的要求。

(3) 分层小区结构

很多大业务量的方案都是采用小的小区结构以获得足够的容量。应用低天线的小区经常受到覆盖范围的限制,因此要获得较好的覆盖必须有数量极多的小区。有一种方法可以减少小区的数量,小一些的小区提供主要业务区的覆盖,而大一些的小区覆盖小小区信号强度不足够的地方。为了达到这个目的,需要一个在大小区和小小区之间分配业务的逻辑。小区的分层结构(Hierarchical Cell Structure,HCS)就提供这种逻辑。

6.7.2 WCDMA 演进历程

WCDMA 经过多年的发展和完善,已经逐渐成熟。WCDMA 标准的演进历程如图 6-32 所示,各版本的演进关系及各自的特点如表 6-10 所示。

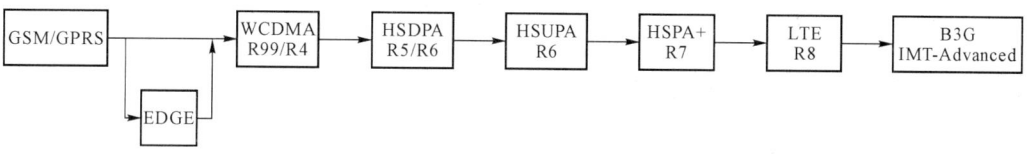

图 6-32 WCDMA 标准的演进历程

表 6-10 WCDMA 各版本的演进关系及各自的特点

版本	冻结时间	无线接入网	核心网(电路域)	核心网(分组域)
R99	2000 年 3 月	FDD WCDMA	无重大改进	无重大改进
R4	2001 年 3 月	增加了 TD-SCDMA	采用控制与承载分离的软交换组网	无重大改进
R5	2002 年 3 月	引入 HSDPA 和宽带 AMR	无重大改进	引入了 IMS 和 IPv6

续表

版本	冻结时间	无线接入网	核心网(电路域)	核心网(分组域)
R6	2004年12月	引入HSUPA和MBMS，支持与WLAN网络互通	无重大改进	IMS第二阶段
R7	2006年	引入HSPA+，引入OFDM和MIMO	网络结构简化，RNC功能可置于基站中	网络结构简化，RNC功能可置于基站中
R8	2009年4月	引入LTE概念	网络结构继续简化	网络结构继续简化

目前，WCDMA商用系统采用直接序列扩频码分多址(DS-CDMA)和频分双工(FDD)方式，载波带宽为5 MHz。

- 基于R99/R4版本，可在5 MHz的带宽内提供最高384 kbit/s的用户数据传输速率。
- R5版本引入了下行链路增强技术，即高速下行分组接入(High Speed Downlink Packet Access，HSDPA)技术，在5 MHz的带宽内可提供14.4 Mbit/s的下行数据传输速率。
- R6版本引入了上行链路增强技术，即高速上行分组接入(High Speed Uplink Packet Access，HSUPA)技术，在5 MHz的带宽内可提供6 Mbit/s的上行数据传输速率。
- R7版本引入了"HSPA+"技术，"HSPA+"是HSPA技术的增强与演进，能够大幅提升上、下行业务带宽。小区上、下行峰值速率分别可达11.5 Mbit/s、21.6 Mbit/s。较HSPA上行速率提升了100%，下行速率提升了50%。
- R8版本引入了LTE概念。3GPP从2004年就开始了长期演进(Long Term Evolution，LTE)的研究，基于OFDM、MIMO等技术，试图使无线接入技术向"高数据速率、低延迟和优化分组数据应用"的方向演进。

6.7.3 通用移动通信系统

通用移动通信系统(Universal Mobile Telecommunications System，UMTS)是采用WCDMA空中接口技术的3G移动通信系统。通常也把通用移动通信系统UMTS称为WCDMA通信系统。

1. 通用移动通信系统的组成

通用移动通信系统由核心网(Core Network，CN)、UMTS通用陆地无线接入网(Universal Terrestrial Radio Access Network，UTRAN)和用户终端设备(User Equipment，UE)三部分组成，如图6-33所示。

(1) 用户终端设备

用户终端设备包括两个部分：移动设备(Mobile Equipment，ME)和通用用户识别模块(Universal Subscriber Identity Module，USIM)。

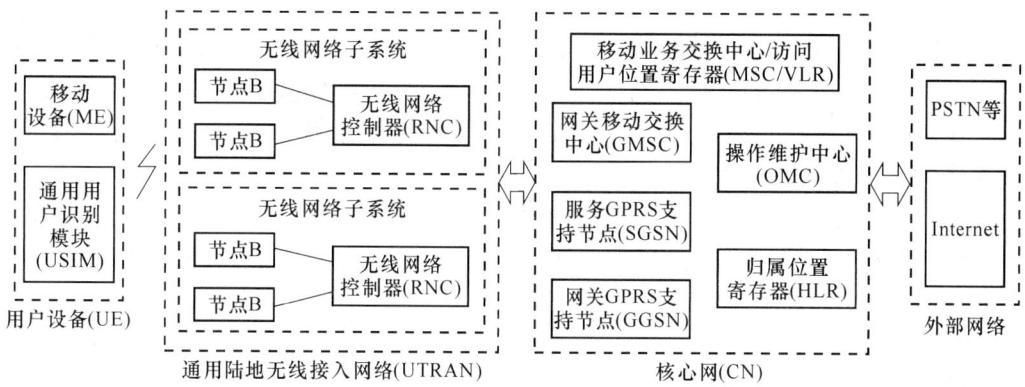

图 6-33　通用移动通信系统的组成

USIM 卡是 SIM 卡的升级,是第三代移动通信手机卡。与 SIM 卡不同,USIM 卡并不是只有单纯的认证功能,它正在逐步向移动商务平台、乃至最后的多应用平台过渡。在手机上实现电子钱包、电子信用卡、电子票据等其他应用已不再是难事。这一特点使 USIM 卡成为了不同行业跨领域合作、相互渗透经营的媒介。

除能够支持多应用外,USIM 卡还在安全性方面对算法进行了升级,并增加了卡对网络的认证功能。这种双向认证可以有效防止黑客对卡片的攻击。同时,USIM 卡的电话簿功能更为强大,不仅存入的电话号码数量增加,而且针对每个电话用户还可以选择是否录入其他信息,如电子邮件、别名、其他号码等。

(2) 通用陆地无线接入网络

通用陆地无线接入网络由一个或几个无线网络子系统(Radio Network Subsystem,RNS)构成。一个无线网络子系统是由一个无线网络控制器(Radio Network Controller,RNC)和一个或多个节点 B(Node B)组成。

① 节点 B

节点 B 是 WCDMA 系统的基站。节点 B 的主要功能是完成基带信号和射频信号的相互转换,如信道编码/解码、扩频/解扩、调制/解调等。

② 无线网络控制器

无线网络控制器主要用于实现连接建立和断开、切换、宏分集合并、无线资源管理控制等功能。

通用陆地无线接入网络的主要功能如下:用户数据传输;系统接入控制,包含接入允许控制(允许或拒绝新的用户接入、新的无线接入承载或新的无线连接)、拥塞控制(当系统接近满载或已经超载时,用来监视、检测和处理阻塞情况,该功能尽量平滑地使系统返回稳定的状态)和系统信息广播等功能;无线信道的加密和解密;移动性管理功能,如切换管理、寻呼功能、UE 定位功能等;无线资源的管理和控制功能,包括对无线资源的配置、无线环境的测量、信息流的合并或分离、连接的建立与释放、功率控制、信道的编/解码、初始随机接入的检测和处理等;广播和多播功能;跟踪功能,如跟踪用户设备的位置及其行为相关的各种事件;流量报告;等等。

(3) 核心网

核心网负责与其他网络的连接和对用户终端设备的通信和管理。核心网从逻辑上分为电路(Circuit Switched,CS)域和分组(Packet Switched,PS)域,主要由移动业务交换中心/访问用户位置寄存器、网关移动交换中心、服务 GPRS 支持节点、网关 GPRS 支持节点、归属位置寄存器、操作维护中心等组成。

① 移动业务交换中心/访问用户位置寄存器

移动业务交换中心/访问用户位置寄存器(MSC/VLR)是 WCDMA 核心网电路域的功能节点。MSC/VLR 的主要功能是提供电路域的呼叫控制、移动性管理、鉴权和加密等功能。

② 网关移动交换中心

网关移动交换中心(Gateway MSC,GMSC)是电路域与外部网络间的网关节点,是可选功能节点。网关移动交换中心的主要功能是充当移动网和固定网之间的移动关口局(Gateway),完成 PSTN 用户呼叫移动用户的呼入路由功能,承担路由分析、网间接续、网间结算等重要功能。

③ 服务 GPRS 支持节点

服务 GPRS 支持节点(Serving GPRS Support Node,SGSN)是分组域功能节点。SGSN 的主要功能是提供分组域的路由转发、移动性管理、会话管理、鉴权和加密等功能。SGSN 的主要作用是记录移动台的当前位置信息,并在用户终端设备和网关 GPRS 支持节点之间完成移动分组数据的发送和接收。

④ 网关 GPRS 支持节点

网关 GPRS 支持节点(Gateway GPRS Support Node,GGSN)是分组域功能节点,提供数据分组在 WCDMA 移动网和外部数据网之间的路由和封装。GGSN 的主要功能是提供用户终端设备接入外部分组网络的接口,从外部网来看,GGSN 就好像是可寻址 WCDMA 移动网中所有用户的 IP 路由器,需要同外部网交换路由信息。

⑤ 归属位置寄存器

归属位置寄存器(Home Location Register,HLR)是电路域和分组域共有的功能节点。归属位置寄存器的主要功能是提供用户的签约信息存放空间,并提供新业务支持、增强的鉴权等功能。

⑥ 操作维护中心

操作维护中心(Operations Maintenance Centre,OMC)的主要功能实体包括设备管理系统和网络管理系统。设备管理系统完成对各独立网元的维护和管理,包括性能管理、配置管理、故障管理、计费管理和安全管理等功能;网络管理系统能够实现对全网所有相关网元的统一维护和管理,实现综合集中的网络业务功能。

2. 通用移动通信系统的接口

通用移动通信系统(UMTS)的主要接口包括 Cu 接口、Uu 接口、Iu 接口、Iur 接口和 Iub 接口等,如图 6-34 所示。

(1) Cu 接口

Cu 接口是 USIM 和 ME 之间的电气接口。

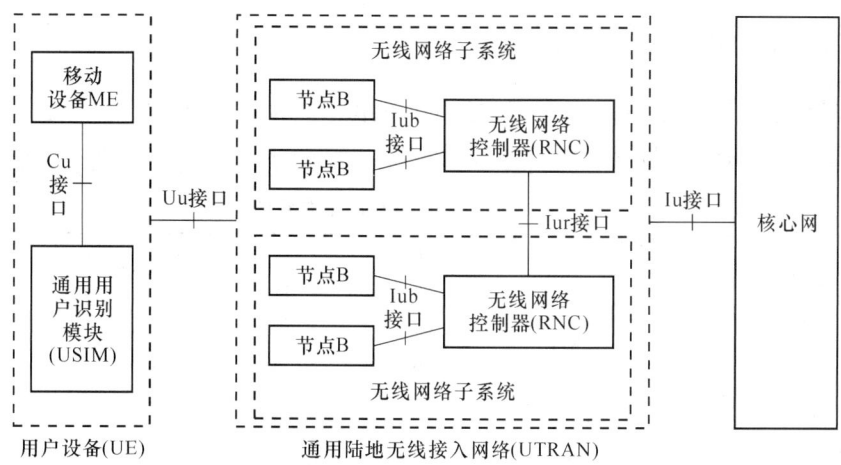

图 6-34 通用移动通信系统主要接口

(2) Uu 接口

Uu 接口是 WCDMA 的无线接口。用户设备通过 Uu 接口接入 UMTS 系统的固定网络部分 UTRAN。

(3) Iu 接口

Iu 接口是连接通用陆地无线接入网络 UTRAN 和核心网 CN 的接口。Iu 接口上的应用协议为无线接入网络应用部分(Radio Access Network Application Part,RANAP)。

(4) Iur 接口

Iur 接口是无线网络控制器(RNC)之间的接口。Iur 接口是通用移动通信系统(UMTS)特有的接口,用于对通用陆地无线接入网络(UTRAN)中移动台的移动管理。例如,在不同的无线网络控制器 RNC 之间进行软切换时,移动台所有数据都是通过 Iur 接口从正在工作的 RNC 传到候选的 RNC。Iur 接口上的应用协议为无线网络子系统应用部分。

(5) Iub 接口

Iub 接口是连接节点 B 与无线网络控制器 RNC 的接口。Iub 接口上的应用协议为 Node B 应用部分(Node B Application Part,NBAP)。

6.8 cdma2000 移动通信系统

cdma2000 是美国向 ITU 提出的第三代移动通信空中接口标准的建议,是 IS-95 标准向第三代演进的技术体制方案,是一种宽带 CDMA 技术。cdma2000 最终正式标准是 2000 年 3 月通过的。

与窄带 CDMA 相比,cdma2000 前向链路支持多载波(MC)和直扩(DS)两种方式;反向链路只支持直扩方式。当采用多载波方式时,能支持多种射频带宽,但目前技术仅支持两种:1.25 MHz(cdma2000 1X)和 3.75 MHz(cdma2000 3X)。

6.8.1　cdma2000 的技术体制

在我国，分配给采用 cdma2000 系统的中国电信的频段为下行 2 110～2 125 MHz，上行 1 920～1 935 MHz。与窄带 CDMA 系统相比，cdma2000 的主要参数如表 6-11 所示。

表 6-11　cdma2000 系统的主要参数

关键指标		窄带 CDMA 系统		cdma2000 1X	
		IS-95 标准	中国	中国电信	
发射频带/MHz	下行	870～894（或 1 930～1 990）	870～880	2 110～2 125	
	上行	825～849（或 1 850～1 910）	825～835	1 920～1 935	
发射带宽/MHz		24（或 60）	10	15	
双工间隔/MHz		45（或 80）	45	90	
双工技术		频分双工 FDD		FDD	
信道带宽/MHz		1.25		1.25	
多址方式		FDMA、CDMA		FDMA、CDMA、TDMA	
调制技术		前向 QPSK、反向 OQPSK（偏移四相相移键控）		前向 QPSK、反向 OQPSK（偏移四相相移键控）	
信道编码		卷积编码+分组交织		卷积码、Turbo 码	
最高传输速率		115.2 kbit/s		cdma2000 1X	307.2 kbit/s
				cdma2000 1X EV-DO	2 Mbit/s 以上
				cdma2000 1X EV-DV	3.1 Mbit/s

6.8.2　cdma2000 演进历程

cdma2000 1X 是 cdma2000 发展的第一阶段，它独立使用 1 个 1.25 MHz 载波，最高可支持 307.2 kbit/s 的数据传输。与此同时被提出的另一个规范是将 3 个 1.25 MHz 载波捆绑在一起使用，这种方式称为 cdma2000 3X。但由于种种原因，目前针对 cdma2000 3X 的研究非常少。

cdma2000 1X 系统的空中接口技术也叫 1X 无线传输技术。当前，国际上的研究重点集中于 1X EV 系统。cdma2000 1XEV 是在 cdma2000 1X 基础上进一步提高速率的增强体制，能在 1.25 MHz 内提供 2 Mbit/s 以上的数据业务，是 cdma2000 1X 的演进技术。

cdma2000 1X EV 系统分为两个阶段：1X 演进数据业务（1X EV-DO）和 1X 演进数据语音业务（1X EV-DV）。其中，DO 是 Data Only 的缩写，1X EV-DO 通过引入一系列新技术，提高了数据业务的性能；DV 是 Data and Voice 的缩写，1X EV-DV 同时改善了数据业务和语音业务的性能。

1. cdma2000 1X

cdma2000 发展的第一阶段称为 cdma2000 1X,它与 IS-95 标准后向兼容,并可与 IS-95 系统的频段共享或重叠。但是,cdma2000 1X 系统在 IS-95 系统基础上采用了一系列新技术,大大地提高了系统性能,增强了系统对多种业务的支持能力。从理论上,如果传送语音业务,cdma2000 1X 系统容量是 IS-95 系统的 2 倍;如果传送数据业务,cdma2000 1X 的系统容量是 IS-95 系统的 3.2 倍。

(1) 增加了反向导频信道

新增的反向导频信道使得反向信道可以进行相干解调,比 IS-95 系统反向信道所采用的非相关解调技术提高约 3 dB 增益;相应地,反向链路容量提高了 1 倍。

所谓相干解调(Coherent Demodulation)是指利用乘法器,输入一路与载频相干(同频同相)的参考信号与载频相乘。而非相干解调是指不需提取载波信息(或不需恢复出相干载波)的一种解调方法。

dB	dB 是一个相对值,表示两个量的相对大小,无量纲。当考虑甲的功率相比于乙的功率大或小多少个 dB 时,按下面的公式计算: $$10\lg(P_甲/P_乙)$$ 例如,甲的功率比乙的功率大 1 倍,则按照上述公式计算可得甲的功率比乙的功率大 3 dB。

(2) 前向链路采用快速功率控制

前向快速功率控制使前向信道也可以进行快速的闭环功率控制。与 IS-95 系统前向信道只能进行较慢速的功率控制相比,降低了前向链路的干扰,大大地提高了前向信道的容量,并且节约了基站耗电。采用前向快速功率控制后,cdma2000 1X 系统的语音容量是 IS-95 系统的 1.5～2 倍。

(3) 采用 Turbo 编码技术

在 cdma2000 1X 系统中,数据业务采用了 Turbo 编码技术。与传统卷积码相比,Turbo 码对信噪比的要求更低。因而在 cdma2000 1X 系统中由于使用了 Turbo 编码技术使系统容量提高了 1.6 倍。

(4) 传输发射分集

在 cdma2000 1X 系统中,前向链路采用传输发射分集,包括正交发射分集(OTD)和空时扩展(STS),提高了系统的抗衰落能力,改善了前向信道的信号质量,系统容量进一步增加。

正交发射分集是码字分集与空间分集的结合。发射端通过在多根天线上配置相同或者不同的码字,使接收端获得较大的分集增益。

空时扩展分集是码元采用多个 Walsh 码扩频的一种开环分集技术。它将两路分离的信号经正交扰码后再合并,从而所有编码后的比特均在两个天线上得到传输。因此在译码过程中获得了重复编码所带来的时间分集增益。

(5) 引入快速寻呼信道

在 cdma2000 1X 系统中,引入了快速寻呼信道。基站使用快速寻呼信道向移动台发出指令,决定移动台是处于监听寻呼信道状态,还是处于低功耗的睡眠状态。这样,移动台不必长时间连续监听前向寻呼信道,可以减少移动台激活时间。采用快速寻呼信道极大地减少了移动台的电源消耗,提高了移动台的待机时间,提高了寻呼的成功率。引入快速寻呼信道之后,移动台的待机时间提高了 1.5 倍左右。

2. cdma2000 1X EV-DO

众所周知,数据业务和语音业务是两种性质不同的业务,它们的主要区别在于对服务质量 QoS 的要求不同。数据业务一般具有突发性、不必长时间占有固定的信道、可以容忍时延及时延抖动等特点;语音业务是实时性业务,具有对时延及时延抖动敏感、能容忍一定差错等特点。针对这些不同,cdma2000 1X EV-DO 将这两种业务分别放在不同的载波上,对二者采用不同的传输和控制方法。

根据数据业务的特性,cdma2000 1X EV-DO 对 cdma2000 系统做了重大修改。

(1) 采用时分多址方式

cdma2000 1X EV-DO 系统将码分多址方式改为时分多址方式,即在 cdma2000 1X EV-DO 系统中,一个时刻只有一个用户在接受服务,不同用户在不同的时刻接受服务。当用户没有数据传输时,系统就不必给用户分配信道。尽管多址方式发生了变化,但是,原来的 CDMA 技术仍然保留在 cdma2000 1X EV-DO 的调制解调和扩频方式中,这就保留了原来 CDMA 技术抗多址干扰的特性。

(2) 采用灵活的调度算法

在移动通信系统中,随着用户远离基站,用户的无线环境将逐步恶化。由于每个时隙只能为一个用户提供服务,为了提高系统的性能,系统应当优先向无线环境比较好的用户提供服务,但这样可能会导致处于较差无线环境的用户长时间得不到服务。因此,cdma2000 1X EV-DO 系统引入了"调度"的概念,在保证系统综合性能最大的同时,所有用户都能获得适当的服务。

(3) 采用动态速率控制

由于 cdma2000 1X EV-DO 系统每个时隙中只有一个用户在接受服务,此时,基站使用其全部发射功率给这个用户发送信息,所以在 cdma2000 1X EV-DO 系统的前向链路上不再采用功率控制,取而代之的是动态速率控制,即根据用户所处无线环境的不同调整数据发送速率,以保证用户能够以最大可能速率正确接收信息。但是在反向链路上,仍然采用快速的动态功率控制,以降低干扰和克服远近效应及解决边缘问题。

(4) 采用快速自适应的调制编码

系统根据用户所处无线信道环境和可用资源变化的情况,快速调整一个编码器数据包的编码调制方案,即调整实际的瞬时传输速率,从而充分利用系统资源来满足用户需求。

(5) 采用快速小区交换

软切换是 CDMA 最关键的技术之一。在处于软切换状态时,移动台同时与两个或两个以上的基站联系,从而导致软切换不仅占用了多个基站的资源,同时还要求这几个基站之间严格同步。因此，cdma2000 1X EV-DO 系统在前向链路的业务信道上放弃了软切换技术，而采用快速小区交换，即选择信号质量最好的基站，信息通过这个质量最好的基站发送给移动台，从而降低对系统资源的需求。然而，在前向链路的控制信道和反向链路上，仍然采用软切换技术，以提供分集增益，保证较好的接收信号质量。

3．cdma2000 1X EV-DV

cdma2000 1X EV-DO 对于语音和数据业务使用了不同的载波，因此数据用户无法利用语音用户处于不通话期间空闲出来的系统资源。针对这一问题，cdma2000 1X EV-DV 着重研究了如何在一个提供语音业务的载波上同时提供传输高速分组数据业务的能力的问题，即使系统可以同时支持高速分组数据业务和实时的语音业务。

语音业务是低速率、低带宽要求、时延要求较高的业务，因此 CDMA 系统采用功率控制的方法来分配资源。为了确保前向兼容性，功率控制的方式必须保留。数据业务是突发性的业务，对时延要求较低，cdma2000 1X EV-DO 采用速率控制和调度的方法来分配资源。要将数据业务和语音业务合并到一个载波中，实际上就是要将上述两种控制方式结合在一起。

在 cdma2000 1X EV-DV 中，基站在收到语音用户和数据用户发送来的信息后，需要分析无线资源的使用情况，首先将无线资源分配给语音用户，然后将剩余资源分配给数据用户。

cdma2000 1X EV-DV 系统既保证了后向兼容，又充分挖掘了无线资源的潜力，提高了数据传输速率。

6.8.3　cdma2000 系统的组成

与 IS-95 系统类似，cdma2000 系统也采用模块化的结构，将整个系统划分为不同的子系统，每个子系统由多个功能实体构成，实现一系列的功能。但是，与 IS-95 系统相比，cdma2000 系统增加了分组控制功能模块(PCF)、分组数据服务节点(PDSN)、鉴权(认证)、授权和计费模块(AAA)以及本地代理(HA)等。cdma2000 系统的组成如图 6-35 所示。

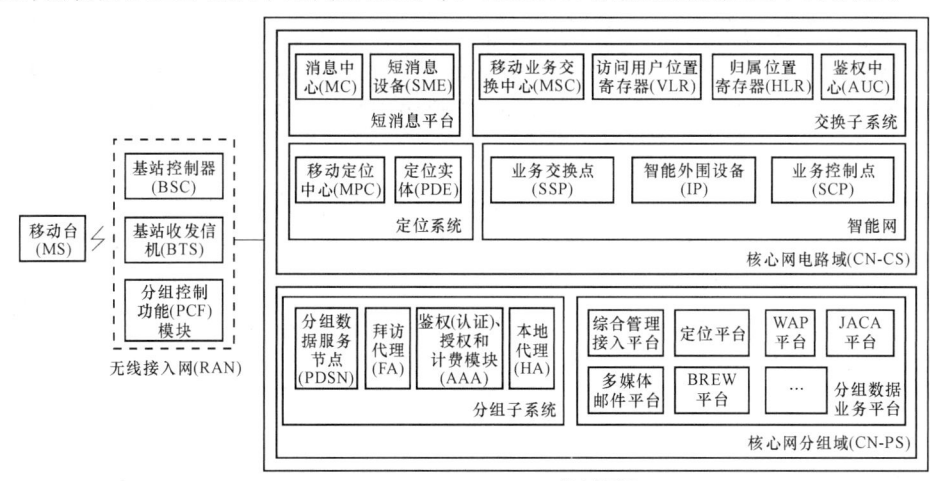

图 6-35　cdma2000 系统的组成

(1) 移动台

移动台包括移动终端和 UIM 卡。

(2) 无线接入网

无线接入网由基站控制器、基站收发信机和分组控制功能模块构成。其中,基站控制器负责控制和管理一个或多个基站收发信机;分组控制功能模块负责与基站控制器配合,完成与分组数据有关的无线信道控制功能。

(3) 核心网

核心网由核心网电路域(CN-CS)和核心网分组域(CN-PS)两部分组成。

核心网电路域包括交换子系统、智能网、短消息平台和定位系统。

① 交换子系统:由移动业务交换中心、访问用户位置寄存器、归属位置寄存器和鉴权中心构成。

② 智能网:由业务交换点、业务控制点和智能外围设备构成。其中,智能外围设备(Intelligent Peripheral,IP)主要完成专用资源功能,如采集用户信息、完成语音到文本或文本到语音的转换、记录和存储语音消息等;业务控制点作为一个实时数据库和事物处理系统,能够提供业务控制和业务数据功能;业务交换点(Service Switching Point,SSP)负责检测出智能业务请求,并与业务控制点通信,对业务控制点的请求做出响应。

③ 短消息平台:由消息中心和短消息设备构成。其中,消息中心(Message Center,MC)是一个存储和传送短消息的实体;短消息设备(Short Message Equipment,SME)是合成和分解短消息的实体。

④ 定位系统:由移动定位中心(Mobile Position Center,MPC)和定位实体(Position Determining Entity,PDE)构成。

核心网分组域包括分组子系统和分组数据业务平台。

① 分组子系统:由分组数据服务节点、拜访代理、鉴权(认证)、授权和计费模块以及本地代理构成。

- 分组数据服务节点负责管理用户通信状态,如点对点连接建立、维护和终止的管理、转发用户数据等。
- 拜访代理负责将数据解封装后发往移动台。
- 鉴权(认证)、授权和计费(Authentication,Authorization and Accounting,AAA)模块负责管理用户,其中包括用户的权限、开通的业务、认证信息、计费数据等内容。
- 本地代理(Home Agent,HA),也称归属代理,负责对移动台发出的请求进行认证;从 AAA 模块获得用户业务信息;把网络侧发出的分组数据正确传输到当前为移动台服务的拜访代理。

② 分组数据业务平台:主要包括综合管理接入平台、定位平台、WAP 平台、JACA 平台、多媒体邮件平台和 BREW 平台等。

6.9 TD-SCDMA 移动通信系统

6.9.1 TD-SCDMA 的发展历程

TD-SCDMA 的发展历程大致可以分为以下五个阶段。

(1) 准备阶段:1995 年 9 月—1998 年 6 月

1995 年以电信科学技术研究院李世鹤博士等人为首的一批科研人员承担了国家"九五"重大科技攻关项目——基于 SCDMA 的无线本地环路系统研制。在此基础上,按照 ITU 对第三代移动通信系统的要求形成了我国 TD-SCDMA 第三代移动通信系统无线传输技术标准的初稿。1998 年 6 月月底,由电信科学技术研究院代表我国向 ITU 正式提交了 TD-SCDMA 标准草案。

(2) 标准确立阶段:1998 年 6 月—2006 年 1 月

ITU 于 1998 年 11 月通过 TD-SCDMA 成为 ITU 的 10 个公众陆地第三代移动通信系统候选标准之一。

2000 年 5 月,在伊斯坦布尔 WARC 会议上 TD-SCDMA 正式成为国际第三代移动通信系统标准。

2001 年 3 月,TD-SCDMA 写入 3GPP R4,并成为国际公认的第三代移动通信系统三大主流标准之一。

2006 年 1 月,中华人民共和国信息产业部 MII 颁布 TD-SCDMA 为我国通信行业标准。

(3) 技术验证与测试阶段:2002 年 5 月—2005 年 6 月

2002 年 5 月,TD-SCDMA 通过 Mnet 第一阶段测试。

2003 年 7 月,世界首次 TD-SCDMA 手持电话演示。

2004 年 5 月,TD-SCDMA Mnet 外场测试进入第二阶段,同年 11 月顺利通过试验。

2005 年 6 月,TD-SCDMA 产业化专项测试结束。

(4) 产业化阶段:2000 年 12 月—2005 年 4 月

2000 年 12 月,TD-SCDMA 技术论坛成立。

2002 年 10 月,我国公布 3G 频谱方案,TD-SCDMA 获 155 MHz 频谱,得到大力支持。

2002 年 10 月,TD-SCDMA 产业联盟成立。

2003 年 6 月,TD-SCDMA 论坛加入 3GPP,TD-SCDMA 国际论坛在北京成立。

2003 年 9 月,国家启动了共 7 亿元 TD-SCDMA 研发经费。这是仅次于航天工程的专项科研经费。

2005 年 4 月,TD-SCDMA 国际峰会成功举办。

(5) 商用进程阶段:2004 年 3 月至今

2004 年 3 月,大唐移动推出全球第一款 TD-SCDMA LCR 手机,长期制约 TD-SCDMA 商用进程的终端瓶颈被打破。

2004年8月,天碁科技、展讯通讯、凯明、重邮等相继推出TD-SCDMA终端芯片。TD-SCDMA商用终端开发获得历史性进展。

2004年11月,成功打通全网络电话。

2005年1月,大唐移动TD-SCDMA数据卡率先实现384 kbit/s数据业务演示。

2005年4月,天碁科技率先发布了支持384 kbit/s数据传输的TD-SCDMA和GSM双模终端的商用芯片组。

2006年3月—2006年12月,北京、上海、青岛、保定、厦门建设TD-SCDMA规模试验网。

2006年11月,TD-SCDMA步入规模放号阶段。

2007年3月,备受瞩目的中移动TD设备的采购招标正式启动,总金额近267亿元。中国移动、中国电信和中国网通在北京、上海、天津、沈阳、秦皇岛、厦门、广州、深圳、保定和青岛等(含奥运6个城市在内)10个城市大规模建网。

2007年10月17日,中兴通讯在"3G先锋体验大行动"北京站活动上,正式发布全球首款TD-SCDMA/EDGE双模双待手机U980。

2009年1月7日,工业和信息化部为中国移动、中国电信和中国联通发放3G牌照。其中,中国移动获TD-SCDMA牌照,中国正式进入3G时代。

6.9.2　TD-SCDMA系统的组成及工作原理

TD-SCDMA系统作为ITU第三代移动通信标准之一,其网络结构与WCDMA基本相同,也包括用户设备(UE)、无线接入网(UTRAN)和核心网(CN),相应接口定义也基本一致,可参见第6.7.3小节通用移动通信系统(UMTS)。

TD-SCDMA移动通信系统建设的目标是具有高频谱效率和高经济效益。为了实现这一目标,TD-SCDMA系统具有如下特点。

(1) 要求TD-SCDMA系统无论对于对称业务还是非对称业务,都要具有最佳的性能。在时分双工TDD的模式下,可以改变上、下行链路间转换点的位置。当进行对称业务时,选择对称的转换点位置;当进行非对称业务时,可以在一个适当的范围内选择转换点位置。从而实现对于对称和非对称业务都具有最佳的频谱利用率和最佳的业务容量的目的。

(2) TD-SCDMA具有业务类型转换功能。它既可以在每个突发脉冲基础上利用码分多址和联合检测技术(多用户检测的一种)进行多用户传输,以提供速率为8～384 kbit/s的语音和多媒体业务;也可以不进行信号的扩频,以提供更高速率的数据传输业务。

(3) 灵活的传输方案。TD-SCDMA系统的无线传输方案是FDMA、TDMA和CDMA三种基本传输技术的灵活结合应用,此外还应用了空分多址(SDMA)技术。这些技术使TD-SCDMA系统降低了小区间的干扰,从而允许更为密集的频谱复用,因此传输容量显著增长,频谱利用率显著提高。

TD-SCDMA基本参数如表6-12所示。

表 6-12 TD-SCDMA 系统基本参数

技术特征	基本参数	技术特征	基本参数
信道间隔	1.6 MHz	码片速率	1.28 Mchip/s
多址方式	FDMA+TDMA+CDMA+SDMA	双工方式	TDD
帧长	10 ms	信道/载波	48（对称业务）
DS 与 MC 方式	DS-CDMA、MC-CDMA	数据调制	OQPSK/8PSK(2 Mbit/s)
扩频因子	1~16	语音编码	AMR
信道编码	卷积编码+Turbo 码	切换方式	硬切换/软切换/接力切换

1. TD-SCDMA 使用频段

国际电联规定的 TDD 制式 3G 核心频段为 1 900～1 920 MHz 和 2 010～2 025 MHz，此外还包括 1 880～1 900 MHz 和 2 300～2 400 MHz 的 TDD 扩展频段。在 3GPP 规范中，TD-SCDMA 使用的 1 900～1 920 MHz 与 2 010～2 025 MHz 频段被共称为 A 频段。

我国共有 155 MHz 频谱划归 TD-SCDMA 使用。习惯上将这 155 MHz 可用频段分为 A/B/C 三段。

- 频段 A：1 880～1 920 MHz，按照 1.6 MHz 的信道间隔，可提供 25 个频道。
- 频段 B：2 010～2 025 MHz，可提供 9 个频道。
- 频段 C：2 300～2 400 MHz，可提供 62 个频道。

A 频段的 1 900～1 920 MHz 频段，从 1998 年至今，被属于 TDD 的小灵通（PHS）系统实际使用。2009 年 2 月工业和信息化部发文，1 900～1 920 MHz 频段无线接入系统应在 2011 年年底前完成清频退网工作，以确保不对 1 880～1 900 MHz 频段 TD-SCDMA 系统产生有害干扰。这为 TD-SCDMA 采用 A 频段进行网络建设和业务发展提供了频率基础保障。

B 频段是现网规划和部署使用的主要频段，可用频点有 9 个，使用时可规划为室外 6 个，室内 3 个。

对于更高频率的 C 频段，目前尚无设备商提供同时支持 A+B+C 频段的产品，C 频段暂未使用。

2. TDD 双工方式的特点

在 TD-SCDMA 系统中，采用时分双工（TDD）的方式，接收和发送使用同一频率载波的不同时隙作为信道的承载，用时间来保证接收与发送信道的分离。TDD 双工方式的优点如下。

(1) 频谱灵活性

随着第三代移动通信（IMT-2000）时代的到来，多媒体业务对于频谱的需求日益增加。根据 ITU 的预测，至少需要 380 MHz 的频谱资源才能满足第三代移动通信在全世界的使用。频谱资源日益紧张，而采用 TDD 方式的移动通信系统无须成对的频率，其"见缝插针"的频谱利用方式便于将信号配置在 FDD 系统不易使用的更低频段的零散频段,具有一定的频谱灵活性。

(2) 更高的频谱利用率

TD-SCDMA 系统可以在带宽为 1.6 MHz 的单载波上提供高达 2 Mbit/s 的数据业务和 48 路语音通信,使单一基站支持的用户数增多,使系统建网及服务费用降低。

(3) 上、下行使用相同的频率

采用 TDD 方式的移动通信系统上、下行链路,工作于同一频率,电波传播的对称特性使之在降低功率控制要求的同时,有利于智能天线等新技术的应用。

(4) 支持不对称数据业务

在第三代移动通信系统以及未来的移动通信系统中,除了提供语音业务之外,数据和多媒体业务将成为主要内容。由于数据和多媒体业务通常具有上、下行不对称特性,如果用 FDD 方式提供,将会造成上行资源的部分浪费。而在 TDD 方式移动通信系统中,通过调整时隙转换点,可提高下行时隙比例,从而具有一定的灵活性。

(5) 成本较低

TDD 方式的移动通信系统具有上、下行信道一致的特点。基站的接收和发送可以共用部分射频单元,从而在一定程度上降低了基站的制造成本,同时由于智能天线技术的引入,使用多个低功率功放代替大功率功放,节省了部分射频成本。但是,TDD 系统制造成本的降低要真正转化为市场成本的降低,依然需要产业发展和市场拓展的规模化。

TDD 方式的技术风险主要体现如下。

(1) 支持用户高速移动的能力的风险

在第三代移动通信系统中,由于 FDD 系统和 TDD 系统存在连续和非连续传输的差异,因此,ITU 要求 TDD 方式系统移动速度达到 120 km/h,而 FDD 系统移动速度要求达到 500 km/h。在高速移动时,多普勒效应会导致快衰落,速度越快,衰落变换频率越高,衰落深度值越大。由于快衰落对 TDD 方式的系统具有更大的影响,因此 TDD 系统在支持高速移动特性的终端实现方面存在一定的挑战。

(2) 系统内和系统间干扰的风险

TDD 方式收、发信道同频,无法借助频率选择性进行干扰隔离。当和 CDMA 技术一起使用时,上、下行之间的干扰控制难度较大。

(3) 实现较为复杂,需要同步

为避免相邻基站的收、发时隙交叉,减小干扰,系统内各基站的运行可借助 GPS 采用主从同步方式实现网同步。

(4) 全球范围内的产业链的风险

与 GSM、cdma2000、WCDMA 等 FDD 方式的移动通信系统相比,TDD 在产业链发展、商用经验以及国际漫游方面存在一定挑战。因为 FDD 系统已占有庞大的市场份额,并具有长期垄断经营形成的优势,如用户的认知、技术成熟和有效分布的基础设施等。

3. TD-SCDMA 物理信道帧结构

在 TD-SCDMA 系统中,物理信道采用四层结构:系统帧(超帧)、无线帧、子帧和时隙/码道,如图 6-36 所示。一个超帧长度为 720 ms,由 72 个无线帧组成,每个无线帧长为 10 ms。一个无线帧又可以分为两个相同的 5 ms 的子帧,子帧是系统无线发送的最小单元。每个子帧由 7 个常规时隙和 3 个特殊时隙组成,3 个特殊时隙分别是下行导频时隙(DwPTS)、上行导频时隙(UpPTS)和保护间隔(GP)。

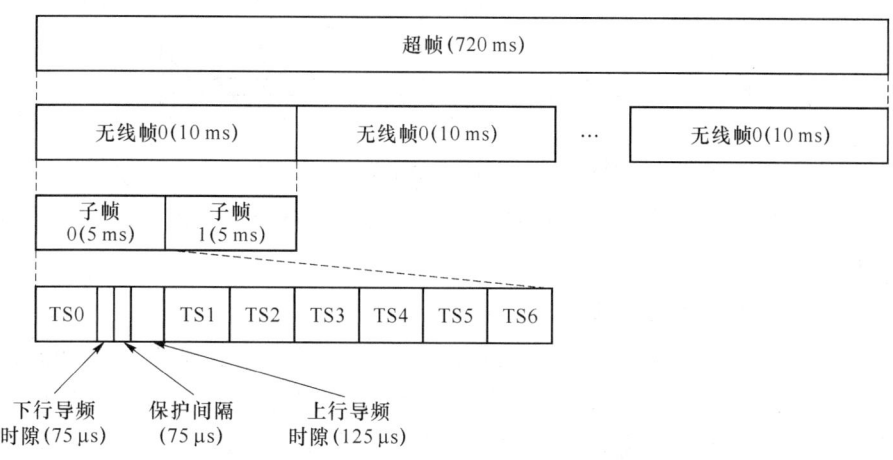

图 6-36 TD-SCDMA 物理信道结构

(1) 下行导频时隙

TD-SCDMA 系统使用下行导频时隙(DwPTS)的原因是解决在蜂窝和移动环境下 TDD 系统的下行链路同步和初始小区搜索问题。当邻近小区使用相同的载波频率时,用户终端在小区交汇区域移动状态开机的条件下,下行导频时隙能保证用户终端在很短的时间(约3 s)内完成小区搜索并完成初始接入。

下行导频时隙由下行同步码(Synchronous Downlink,SYNC-DL)和保护间隔组成。下行同步码是一组伪随机序列码,用于区分不同的相邻小区。TD-SCDMA 系统中,定义了 32 个码组,每组对应一个下行同步码,下行同步码在蜂窝网络中可以复用。

(2) 上行导频时隙

上行导频时隙(UpPTS)用以实现用户设备与基站的初始同步。用户终端在随机接入时,并未达到上行同步,发射功率是用开环控制的。如果此接入信号和正在工作的码道混在一起,势必给工作中的码道带来较大的干扰,基站也较难识别此接入请求。独立的上行导频时隙可以避免干扰,较好地解决随机接入过程同步和识别的问题。

上行导频时隙由上行同步码(Synchronous Uplink,SYNC-UL)和保护间隔组成。上行同步码也是一组伪随机序列码,用于在接入过程中区分不同的用户设备。

(3) 保护间隔

保护间隔(GP)可以防止上行导频时隙与下行导频时隙信号相互干扰。

(4) 常规时隙

在 TDD 模式下的物理信道是把一个突发信息在所分配的无线帧的特定时隙中发射。时隙用于在时域上区分不同的用户信号。无线帧的分配可以是连续的,即每一帧的相应时隙都分配给某物理信道;也可以是不连续的,即将部分无线帧中的相应时隙分配给某物理信道。

在 TD-SCDMA 系统中,一个时隙中的信息格式称为突发(Burst)。突发由两个长度分别为352chip的数据块、一个长度为144chip的中间码以及一个长度为16chip的保护间隔组成,如图6-37所示。数据块的总长度为704,所包含的符号数与扩频因子有关。

图 6-37　TD-SCDMA 物理信道结构

突发结构中的中间码用来作为训练序列,用于进行信道估计、测量,如上行同步的保持以及功率测量等。

4. TD-SCDMA 的多址技术

在 TDD 模式的 CDMA 系统中,信道的定义包括四种通信资源,即频域的载频、码域的扩频码、时域的时隙和空域的波束。因此,在 TD-SCDMA 系统中,采用了 FDMA、TDMA、CDMA 和 SDMA 四种多址技术。系统在频分复用的基础上,将一路载波分成多个时隙,上、下行链路分别在不同的时隙内进行通信,实现时分双工,每个时隙内的资源通过码分的方式供多个用户复用,如图 6-38 所示。在此基础上,又通过智能天线技术形成特定的天线波束,通过定向发送和接收实现 SDMA。

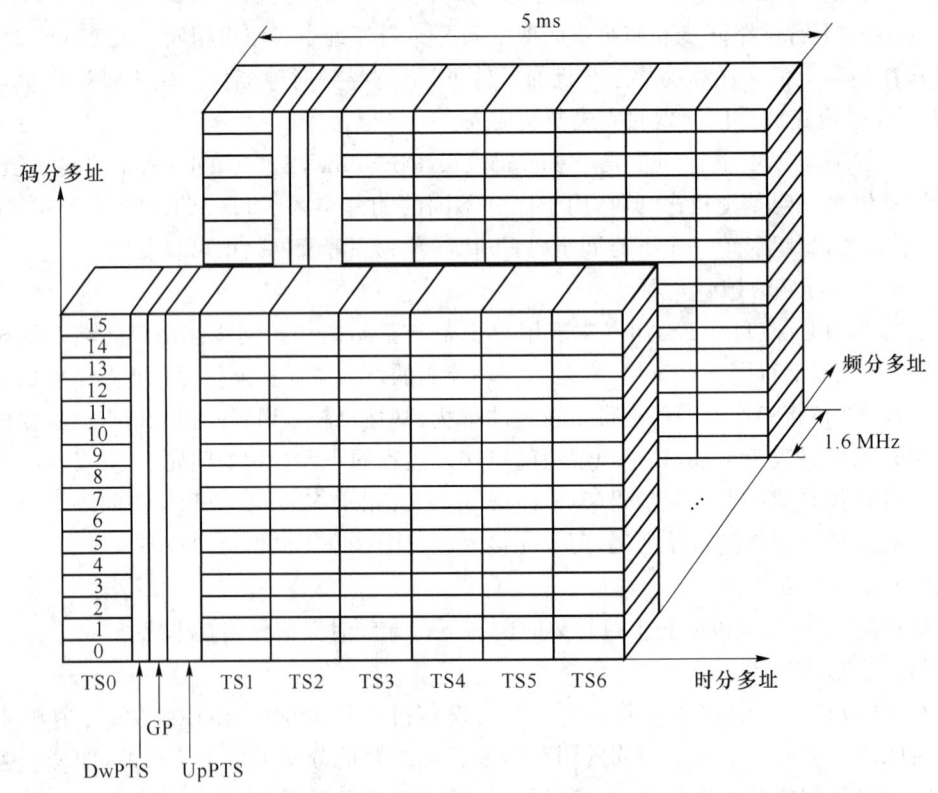

图 6-38　TD-SCDMA 的多址技术

5. 动态信道分配

动态信道分配(DCA)是指在终端接入和链路持续期间,根据多小区之间的干扰情况和本小区内的干扰情况,进行信道的分配和调整。动态信道分配的目的是增加系统容量、降低干扰和提高信道利用率。

动态信道分配按照通信资源可以分为时域 DCA、频域 DCA 和空域 DCA。借助时域 DCA,系统将把干扰最小的时隙分配给用户。频域 DCA 通过改变载波进行频域的动态信息分配。通过使用自适应的智能天线,可以基于每一个用户进行动态信道分配。

按照信道分配的速率可以将动态信道分配 DCA 分为慢速 DCA(Slow DCA)和快速 DCA(Fast DCA)。慢速动态信道分配技术主要用在上、下行业务比例不对称情况下,调整各小区上、下行时隙比例;快速动态信道分配技术为申请接入的用户分配满足要求的无线资源,并根据系统状态对已分配的资源进行调整。

6. TD-SCDMA 信道编码和复用

在 TD-SCDMA 系统中,到达编码/复用单元的数据以传送块集的形式在每个传输时间间隔(Transmission Time Interval,TTI)传输一次。TTI 备选值为 5 ms、10 ms、20 ms、40 ms 和 80 ms。

编码和复用要经过如下步骤完成。

(1) 给每个传送块加循环冗余校验

循环冗余校验(CRC)是一种数据传输检错功能,对数据进行多项式计算,并将得到的结果附在帧的后面,接收设备也执行类似的算法,以保证数据传输的正确性和完整性。循环冗余校验为特殊传输信道上的传输块提供了错误检测的手段。根据不同的业务要求,CRC 编码长度可以是 0 bit、8 bit、16 bit 和 24 bit。

(2) 传送块级联/编码块分割

将传送块顺序级联,并在一个传输时间间隔(TTI)内传输,如果传送块级联后的码块大于规定的最大尺寸,则进行码块分割。

(3) 信道编码

在 TD-SCDMA 系统中,对于实时业务,仅采用前向纠错方式(FEC);对于非实时业务,则需要联合使用前向纠错方式和检错重发方式(ARQ)。信道编码的类型包括卷积码、Turbo 码和无编码。

(4) 无线帧尺寸均衡

当传输时间间隔(TTI)大于 10 ms 时,输入数据流将分段平均地映射到连续的无线帧中,无线帧尺寸均衡对输入数据流做填充操作,以实现输入数据流在各无线帧的平均的整数倍的分配。

(5) 第一次交织

第一次交织在无线帧分段之前,对无线帧尺寸均衡后的数据流进行交织。

(6) 无线帧分割

将第一次交织后的数据流分割成无线帧。

(7) 速率匹配

速率匹配是指传输信道上的比特被重发(repeated)或者被打孔(punctured),以匹配物理信道的承载能力。打孔就是将当前的比特打掉,同时将后面的比特依次前移一位,重复就是在当前比特和后面的比特之间插入一次当前比特。解速率匹配算法与之相反,恢复被打掉的比特,或者打掉重复的比特。

一个传输信道中的比特数在不同的传送时间间隔内可能会发生变化。当在不同的传送时间间隔内所传输的比特数改变时,数据将被重复或打孔,以确保在传输信道复用后总的比特率与分配的专用物理信道的总比特率是相同的。速率匹配实现了对多数据速率业务的适应,即它可以消除多种不同速率业务之间的差异,使它们都能够在给定的物理层支持的速率上进行传输。

（8）传输信道复用

传输信道复用以串行的方式将多个传输信道连接起来,输出结果被称为编码复合传输信道(Coded Composite Transport Channel,CCTrCH)。

（9）比特加扰

在某些情况下,发送的数据中可能会有相同符号连续出现的情况,多个连续相同符号的出现将产生一定的直流偏移,从而导致链路性能的下降,采用比特加扰算法可以避免相同符号连续出现,从而避免链路性能的降低。

在 TD-SCDMA 系统中,采用周期为 16 的二进制扰码进行加扰操作。扰码共有 128 个,分为 32 组,每组 4 个,可供一个小区循环使用。通过加扰可以区分不同的小区。

（10）物理信道分割

当使用一个以上的物理信道时,将数据流分割后分配到不同的物理信道中去。

（11）第二次交织

在物理帧分割后,进行第二次交织。二次交织既可以对编码复合传输信道所映射的一个无线帧所要发射的所有数据比特进行交织,也可以对编码复合传输信道所映射的各个时隙进行交织。

（12）无线子帧分割

无线子帧分割是将第二次交织之后的数据流平均分配到两个 5 ms 的无线子帧中去,速率匹配保证了这种平均分配。

经过上述一系列变换的单个数据流形成的传输信道可以映射到一个或多个物理信道。

6.9.3 TD-SCDMA 系统的关键过程

在 TD-SCDMA 系统中有一些系统实现过程与 WCDMA 系统基本相同,但有些却是 TD-SCDMA 系统所特有的,如小区搜索、上行同步、随机接入和接力切换等。

1. 小区搜索

用户设备必须通过小区搜索过程,才能接入特定的移动通信网络。在 TD-SCDMA 系统中,采用了独特的四步搜索过程。

（1）搜索下行导频物理信道

用户设备开机后,首先测量 TD-SCDMA 系统频带内的各载波功率,并将测得的功率按照由强到弱的顺序排序,并从最强的载波开始搜索。在初始小区搜索中,用户设备搜索到一个小区,通过下行导频物理信道中的下行同步码建立下行同步。

(2) 识别扰码和基本中间码

在 TD-SCDMA 系统中,共有 128 个中间码,每 4 个分成一组,共 32 组。32 组中间码与 32 个下行同步码一一对应。由第一步得知下行同步码后,用户设备即可推算出小区采用哪四种中间码。此后,用户设备可以采用试探和错误排除法确定到底采用了哪个中间码。

由于每个基本中间码与扰码一一对应,因此知道了中间码也就知道了扰码。

(3) 控制复帧同步

用户设备搜索广播信道的复帧主(信息)指示块的位置,通过 n 个连续下行导频物理信道足以检测出目前复帧主指示块的位置,从而实现同步。

(4) 读广播信道信息

用户设备读取被搜索到小区的一个或多个广播信道上的信息,如果出现不能完全解码的情况意味着此步失败,小区搜索过程将根据情况返回到前几步;否则小区搜索完成。

2. 上行同步

在 TD-SCDMA 系统中,下行链路总是同步的,所以上行同步就成为 TD-SCDMA 系统的核心技术之一。上行同步过程通常用于系统的随机接入和切换过程,要求上行链路各终端的信号在基站解调器完全同步,即来自不同距离的同一时隙的不同用户的信号同步到达基站接收机。

在 TD-SCDMA 系统中用软件和帧结构设计来实现严格的上行同步,是一个同步的 CDMA 系统。实现上行同步后,使用正交扩频码的各个码道在解扩时完全正交,相互之间不会产生多址干扰。上行同步的同步精度一般要求在 1/8～1 个码元。

为了保证上行同步,通常要求用户设备超前一个时间($2 \times \Delta T$)发射信号,这个时间与用户设备到达基站之间的距离有关。显然,用户设备到基站之间的距离与时间偏移的关系为

$$d = C \times \Delta T$$

其中,C 为光速。

由于用户设备到基站之间的距离未知,因此上行同步需要经过上行同步准备、建立和保持三个阶段才能得以实现。

(1) 上行同步的准备阶段

当用户设备开机之后,它首先要与基站建立下行同步。只有建立了下行同步,用户设备才能开始建立上行同步。

(2) 上行同步的建立阶段

尽管用户设备可以从基站接收到下行同步信号,但是用户设备到基站的距离还是一个未知数,导致用户设备的上行发射不能同步到达基站。为了减小对常规时隙的干扰,上行信道的首次发送在上行导频时隙这个特殊时隙进行,上行同步码突发的发射时刻可通过对接收到的下行导频时隙和/或主公共控制物理信道的功率估计来确定。在搜索窗内,通过对上行同步码序列的检测,基站可以估计出接收功率和时间,然后向用户设备反馈信息,调整下次发送的发射功率和发射时间,以便建立上行同步。在以后的 4 个子帧内,基站将向用户设备发送调整信息。

(3) 上行同步的保持阶段

上行同步的保持可以利用每一个上行突发中的中间码来实现。在每一个上行时隙中,各个用户设备的中间码各不相同。基站可以在同一个时隙通过测量每个用户设备的中间码来估计用户设备的发射功率和发射时间偏移,然后再下一个可用的下行时隙中发射同步偏移(SS)命令和功率控制(PC)命令,以使用户设备可以根据这些命令分别适当调整它的传送时间和功率。上行同步的更新有三种可能:增加一个步长;减小一个步长;不变。

3. 随机接入

TD-SCDMA 系统的随机接入过程与 WCDMA 有所不同,用户设备必须首先完成上行同步。

随机接入过程从空闲模式开始,当用户设备处于空闲模式时,它仍保持下行同步并读取小区广播信息。从该小区的下行导频物理信道中,用户设备可以得到下行同步码。在 TD-SCDMA 系统中,共有 256 个不同的上行同步码,其与下行同步码之间的关系是上行同步码序号除以 8 就是下行同步码序号。

此外,从小区广播信息中,用户设备可以得到随机接入时所需使用的相关信息,如物理随机接入信道的详细情况等。

在随机接入时,用户设备在可能采用的 8 个上行同步码中随机选择一个,并在上行导频物理信道上将它发送到基站。当基站检测到来自用户设备的上行导频物理信道的信息时,基站将确定发射功率更新和定时调整指令,并发送给用户设备。当用户设备收到上述控制信息时,表明基站已经收到前面发出的信息,然后用户设备将调整发射时间和功率,并发送接入请求。随后,用户设备会收到随机接入是否被接受的消息指示,如果被接受,将在网络分配的上行和下行链路专用信道上建立上、下行链路。用户设备收到来自网络的连接建立相应消息后,向网络发送证实消息,从而完成随机接入过程。

4. 接力切换

接力切换(接力式的越区切换)是 TD-SCDMA 系统的核心技术之一,是介于硬切换和软切换之间的一种新的切换方式。接力切换的突出优点是切换时延少、切换成功率高、信道利用率高。

与软切换和硬切换不知道用户设备准确位置的情况不同,接力切换的前提是网络知道用户设备的准确位置信息。在 TD-SCDMA 系统中,一方面基站采用智能天线,可以估计用户的到达方向信息;另一方面通过上行同步,网络可以确定用户信号传输的时间偏移,通过信号的往返时延,获知用户设备到基站的距离信息。由于网络有用户的准确位置信息,所以系统可以采用接力切换方式。

由于接力切换精确知道用户设备位置的情况,因此无须对所有相邻小区进行测量,而只需对与用户设备移动方向一致的靠近用户设备一侧的少数几个小区进行测量。这样,用户设备所需要的切换测量工作量减少,切换时延也就相对减少;此外,由于需要检测的相邻小区数目减少,因而也相应减少了用户设备、基站和无线网络控制器之间的信令交互,缩短了用户设备测量的时间,减轻了网络的负荷,进而使系统性能得到优化。

当用户设备处于可能发生切换的两个小区区域时,两个小区的基站将接收来自同一个用户设备的信号,两个小区都对此用户设备定位,并将此定位结果向无线网络控制器报告。无线网络控制器根据用户的方位和距离信息,判断用户设备现在是否移动到应该切换给另一个基站的邻近区域,并告知用户设备周围同频基站的信息。

如果进入切换区,便由无线网络控制器通知另一基站做好切换准备,通过一个信令交换过程,用户设备就由一个小区像交接力棒一样切换到另一个小区。

接力切换与软切换相比,两者都具有较高的切换成功率、较低的掉话率以及较小的上行干扰等优点。二者之间的区别在于接力切换并不需要同时有多个基站为一个用户设备服务,因而克服了软切换需要占用的信道资源较多、信令复杂导致系统负荷加重,以及增加下行链路干扰等缺点。

接力切换与硬切换相比,两者都具有较高的资源利用率、较为简单的算法,以及系统相对较轻的信令负荷等优点。不同之处在于接力切换断开原基站并与目标基站建立通信链路几乎是同时进行的,因而克服了传统硬切换先断后连方式的掉话率较高、切换成功率较低的缺点。

6.9.4　WCDMA、cdma2000 和 TD-SCDMA 技术对比

第三代移动通信主流技术标准 WCDMA、cdma2000、TD-SCDMA 各自的特征与对比结果,如表 6-13 所示。

表 6-13　WCDMA、cdma2000 和 TD-SCDMA 技术对比

技术标准		WCDMA	cdma2000	TD-SCDMA
我国发射频段/MHz	下行	2 130～2 145	2 110～2 125	2 010～2 025
	上行	1 940～1 955	1 920～1 935	
载频间隔/MHz		5	1.25	1.6
扩频方式		DS-CDMA	MC-CDMA、DS-CDMA	DS-CDMA
扩频因子		4～512	4～256	1～16
双工方式		FDD/TDD	FDD	TDD
码片速率/(Mchip·s^{-1})		3.84	1.228 8	1.28
调制方式(下行/上行)		QPSK/BPSK	OQPSK/QPSK	OQPSK/8PSK
切换方式		硬切换、软切换	硬切换、软切换	硬切换、软切换、接力切换
多址接入技术		FDMA、DS-CDMA	FDMA、CDMA、TDMA	FDMA、CDMA、TDMA、SDMA

6.10　WiMAX 移动通信系统

WiMAX(Worldwide Interoperability for Microwave Access,微波接入全球互通)技术又称为 IEEE 802.16 无线城域网,是一种为企业和家庭用户提供"最后一千米"的宽带无线连接方案。

目前,WiMAX 论坛推出了两个应用系统:固定式无线接入系统和移动式无线接入系统。IEEE 802.16d 属于固定式无线接入标准;IEEE 802.16e 可以同时支持固定式和移动式无线接入标准。这两个系统的配置情况如表 6-14 所示。

表 6-14　IEEE 802.16d、IEEE 802.16e 主要技术特性

技术参数	固定式无线接入标准 (IEEE 802.16d)	移动式无线接入标准 (IEEE 802.16e)
频段/GHz	2～11	<6
信道带宽/MHz	1.75～20	1.25～20
子载波数	256(OFDM) 2 048(OFDMA)	256(OFDM) 128、512、1 024、2 048(OFDMA)
移动性	固定	中低车速(<120 km/h)
传输技术	单载波、OFDM	
多址方式	OFDMA 结合 TDMA(上行)、TDM(下行)	
双工方式	FDD 或 TDD	
峰值速率/(Mbit·s^{-1})	75(20 MHz)	15(5 MHz)
实际吞吐量/(Mbit·s^{-1})	38(10 MHz)	6～9(车速下)
调制方式	QPSK(四相相移键控)、16QAM(四进制正交幅度调制)、64QAM(八进制正交幅度调制)	
信道编码	卷积码、块 Turbo 码、卷积 Turbo 码、LDPC 码(低密度奇偶校验码)	
小区间切换	不支持	支持
QoS	支持 UGS(主动授予业务)、RtPS(实时轮询业务)、NrtPS(非实时轮询业务)和 BE(尽力传输业务)四种 QoS 等级	

IEEE 802.16d 的初衷是统一固定无线接入的空中接口。该标准可以应用于 2～11 GHz 非视距传输,也可以工作于 10～66 GHz 视距传输。IEEE 802.16e 的目标是向下兼容 IEEE 802.16d,为了支持移动特性,在 IEEE 802.16d 的基础上加入了切换、QoS 等新的特性。移动 WiMAX 是从固定无线接入演进而来,继承了宽带数据业务的特点。因此,移动 WiMAX 面临的挑战是移动性,而其他 3G 系统面临的挑战则是如何支持更高的数据速率。

6.10.1　WPAN

一般而言,通信范围在几十米到 100 米以内的无线通信称为短距离无线通信;通信范围在 10 米以内的无线通信称为超短距离无线通信。与长距离的无线通信技术相比,短距离的无线通信技术以牺牲通信距离为代价,为用户提供更高的传输速率(几十兆到上百兆比特每秒)、更低的成本(无须支付通信服务费或频谱使用费)和更大的服务范围(不受基站等通信设施的限制)。

随着技术的发展,网络的范围可以越来越小,以致小到依靠个人设备形成个人区域网

(Personal Area Network,PAN)。无线个人区域网络 WPAN 是 PAN 中最典型的一种。

无线个人区域网络是用无线电或红外线代替传统的有线电缆以低价格和低功耗在 10m 范围内实现个人信息终端的智能化网络。目前，WPAN 标准主要包括 IrDA、Bluetooth、HomeRF、Ad Hoc 和 UWB 技术等。

(1) IrDA

IrDA(Infrared Data Association)即红外通信，通过红外线传输数据。为了保证不同厂商的红外产品能够获得最佳的通信效果，目前红外通信协议将红外数据通信采用的光波波长的范围限定在 850～900 nm。

IrDA 的优点主要体现如下。

① 红外通信适于传输大容量的文件和多媒体数据。

② 红外线不受无线电干扰，且不受国家无线电管理委员会的限制，无须申请频率的使用权，因而通信成本低廉。

③ 红外通信结构简单、体积小、功耗低、连接方便、简单易用，能稳定地进行高速数据通信。

④ 能高速运转的红外发射器和接收器成本很低。

⑤ 红外线对非透明物体的穿透性极差，不能透过墙壁，所以红外线传输以室内为主。正因如此，红外通信保密性好，且不同房间信号干扰较小。

IrDA 的不足在于，它要求无论是直接传输还是经由一个浅色表面(如天花板)的反射，接收器和发射器之间的距离都不能超过视线范围，并且该技术只能用于两台(而非多台)设备之间的连接。

(2) HomeRF

HomeRF 工作组于 1997 年成立，由美国家用射频委员会领导，其主要工作任务是为家庭用户建立具有互操作性的语音和数据通信网。它推出 HomeRF 的标准，集成了语音和数据传送技术，工作频段为 2.4 GHz，使用跳频技术，提供 1～2 Mbit/s 的数据传输速率。

HomeRF 提出了 SWAP(Shared Wireless Access Protocol)的设计理念，是对现有无线通信标准的综合和改进：当进行数据通信时，采用 IEEE 802.11 规范中的 TCP/IP 传输协议；当进行语音通信时，则采用数字增强型无绳通信标准。但是，该标准与 IEEE 802.11b 不兼容，并占据了与 IEEE 802.11b 和 Bluetooth 相同的 2.4 GHz 频率段，所以在应用范围上会有很大的局限性，更多的是在家庭网络中使用。

随后推出的 HomeRF 2.0 版，集成了语音和数据传送技术，工作频段在 10 GHz，数据传输速率可达到 10 Mbit/s。

(3) Bluetooth

Bluetooth(蓝牙)是一种支持设备短距离通信(一般 10 m 内)的无线电技术。它由爱立信、诺基亚等企业发起，目的在于通过整合无线通信界面，设法扩大手机的潜在应用层次以提高其附加价值。

> **"蓝牙"名称的来由**
>
> "蓝牙"这个名称来自10世纪的一位丹麦国王Harald Blatand(Blatand在英文里的意思可以被解释为Bluetooth,中文译为"蓝牙")。因为国王喜欢吃蓝梅,牙龈每天都是蓝色的,所以叫蓝牙。
>
> 在蓝牙技术的行业协会筹备阶段,需要一个极具表现力的名字来命名这项高新技术。经过一夜关于欧洲历史和未来无线技术发展的讨论后,行业组织人员认为用Blatand(国王的名字)命名再合适不过了。因为Blatand国王将现在的挪威、瑞典和丹麦统一起来;与此同时,他口齿伶俐、善于交际,而这正如同这项即将面世的技术——允许不同工业领域之间的协调工作,保持着各个系统领域之间的良好交流,例如计算机行业、手机行业和汽车行业之间的协调工作。
>
> "蓝牙"这个名称就这么定下来了。

蓝牙能在包括移动电话、PDA、无线耳机、笔记本式计算机等众多设备之间进行无线信息交换。蓝牙采用分散式网络结构以及快调频和短包技术,支持点对点及点对多点通信,工作在全球通用的2.4 GHz ISM(即工业、科学、医学)频段。数据速率为1 Mbit/s,采用时分双工传输方案实现全双工传输。

(4) Ad Hoc

一般的移动通信网络都是有中心的,如蜂窝移动通信系统要有基站的支持。但是在部队快速展开和推进的战场上,在地震或水灾后的营救中,通信不能依赖于任何预设的网络设施,而需要一种能够临时快速自动组网的移动网络,Ad Hoc网络可以满足这样的需求。

Ad Hoc源于拉丁语,意思是"for this",引申为"for this purpose only",即"为某种目的设置的、特别的"。IEEE 802.11标准委员会采用了"Ad Hoc网络"一词来描述这种特殊的自组织对等式多跳移动通信网络。

Ad Hoc网络的前身是分组无线网。网络中所有结点的地位平等,无须设置任何的中心控制结点。网络中的结点不仅具有普通移动终端所需的功能,而且具有报文转发能力。结点间的通信可能要经过多个中间结点(而不是专用的路由设备)的转发,即经多跳(MultiHop),这是 Ad Hoc 网络与其他移动网络的最根本区别。

基于Ad Hoc网络的特征,Ad Hoc网络中的结点从功能角度可以分为三个部分:主机、路由器和电台。其中,主机部分完成普通移动终端的功能,包括人机接口、数据处理等;路由器主要负责维护网络的拓扑结构和路由信息,完成报文的转发功能;电台为信息传输提供无线信道支持。

Ad Hoc网络一般具有两种结构:平面结构和分级结构。在平面结构中,所有结点的地位平等,所以又可以称为对等式结构。在分级结构中,网络被划分为簇,每个簇由一个簇头和多个簇成员组成。这些簇头形成了高一级的网络。高一级的网络可以再分簇,再次形成更高一级的网络,直至最高级。在分级结构中,簇头结点负责簇间数据的转发。簇头可以预先指定,也可以由结点使用算法自动选举产生。平面结构的网络比较简单,网络中所有结点是完全对等的,原则上不存在瓶颈,所以比较健壮。它的缺点是可扩充性差(每一个结点都需要知道到达其他所有结点的路由)。维护这些动态变化的路由信息需要大量的控制消息。在分级结构中,簇成员的功能比较简单,不需要维护复杂的路由信息。这大大地减少了网络中路由控制信息的数量,因此具有很好的可扩充性。由于簇头结点可以随时选举产生,分级结构也具有很强的抗毁性。分级结构的缺点是,维护分级结构需要结点执行簇头选举算法,簇头结点可能会成为网络的瓶颈。

(5) UWB

超宽带(Ultra Wideband,UWB)是一种无载波通信技术。与普通二进制相移键控信号相比,UWB 方式不利用正弦波进行载波调制,而是直接利用纳秒至微微秒级的非正弦波窄脉冲传输数据,因此也称为脉冲无线电(Impulse Radio)。

UWB 技术最初是被当作军用雷达技术开发的,早期主要用于军事领域。2002 年 2 月,美国 FCC 批准了 UWB 技术民用,UWB 的发展步伐开始逐步加快。

与蓝牙等带宽相对较窄的传统无线系统不同,UWB 能在宽频上发送一系列非常窄的低功率脉冲。较宽的频谱、较低的功率、脉冲化的数据,意味着 UWB 引起的干扰小于传统的窄带无线解决方案,并能够在室内无线环境中提供与有线相媲美的性能。UWB 的数据速率可达几十 Mbit/s 至几百 Mbit/s,甚至 1 Gbit/s。

6.10.2 WLAN

无线局域网(Wireless LAN,WLAN)是一种利用无线传输媒体的局域网络,是计算机网络与无线通信技术相结合的产物。它以无线多址信道作为传输媒介,提供传统有线局域网的功能,能够使用户真正实现随时、随地、随意的宽带网络接入。

WLAN 可以借助 Wi-Fi 技术实现。Wi-Fi(Wireless Fidelity)是"无线以太网兼容性联盟"(Wireless Ethernet Compatibility Alliance,WECA)组织发布的业界术语,中文译为"无线相容认证"。由于 Wi-Fi 主要采用 IEEE 802.11 技术标准,因此又被用作 IEEE 802.11 的别称。它是一种无线局域网接入技术,其信号传输半径只有几百米。Wi-Fi 是一种帮助各种便携设备(手机、笔记本式计算机、PDA 等)能够在小范围内快速、便捷上网的途径。能够访问 Wi-Fi 网络的地方被称为热点。Wi-Fi 热点是通过在互联网连接上安装访问点来创建的。

随着"热点"的增加,Wi-Fi 网络覆盖的面积就像蜘蛛网一样在不断地扩大延伸。Wi-Fi 的传输速率可以达到每秒 11 Mbit/s,属于宽带范畴,可以满足个人和社会化信息的需求。

6.10.3 WiMAX 技术概述

WiMAX 是一种无限城域网接入技术,主要具有以下特点。

(1) 传输距离远

WiMAX 的无线信号传输距离最远可以达到 50 km,是无线局域网所不能比拟的。

其网络覆盖面积是其他 3G 基站的 10 倍左右。因此,只要建设少数基站就能实现全面覆盖,从而使得无线网络应用的范围大大扩展。

(2) 接入速度快

WiMAX 能提供的最高接入速率是 70 Mbit/s,这个速度是其他 3G 技术能提供速率的 30 倍左右。

(3) 无"最后一千米"瓶颈限制

作为一种无线城域网技术,它可以将 Wi-Fi 热点连接到互联网,也可以作为 DSL(Digital Subscribe Line,数字用户线)等有线接入方式的无线扩展,实现"最后一千米"的宽带接入。WiMAX 可以为 50 km 区域内的用户提供服务,用户无须线缆即可与基站建立宽带连接。

(4) 提供各类多媒体通信服务

WiMAX 较之 Wi-Fi 具有更好的可扩展性和安全性,从而能够实现各类多媒体通信服务。但是,WiMAX 只能提供数据业务,语音业务的提供需要借助 VoIP 技术来实现。

从技术层面而言,WiMAX 更适合用于城域网建设"最后一千米"无线接入部分,尤其适合新兴的运营商。

其他 3G 技术都属于广域网技术。3G 的目标是实现所有地区的无缝覆盖,从而使用户在任何地方均可以使用系统所提供的各种服务。3G 网络是全球移动综合业务数字网,它综合了蜂窝、无绳、集群、移动数据、卫星等各种移动通信系统的功能,与固定电信网的业务兼容,能同时提供语音和数据业务。

一方面,WiMAX 具有很多与 Wi-Fi 和其他 3G 技术重叠甚至是超越的功能,WiMAX 与 Wi-Fi、其他 3G 技术形成了竞争关系。另一方面,Wi-Fi、WiMAX 和其他 3G 技术分别针对无线局域网、城域网和广域网,由于三者具有不同的市场定位,因此三者之间更多的是互补关系。

6.10.4 WiMAX 系统的组成及网络拓扑结构

WiMAX 系统由用户设备、用户站、基站和核心网及局间和基站间中继线等要素组成,如图 6-39 所示。用户站属于基站的一种,提供基站与用户设备间的中继连接。安装在屋顶上的固定天线是最常见的用户站。

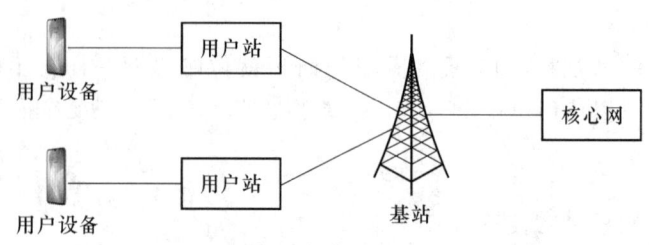

图 6-39　WiMAX 系统的组成

WiMAX 协议中定义了两种网络拓扑结构:点到多点(PMP)结构和网格(Mesh)结构。

(1) 点到多点结构

点到多点结构是一个基站为多个用户站提供服务。从基站到用户站的链路称为下行链路；从用户站到基站的链路称为上行链路。

(2) 网格结构

网格结构与点到多点结构的不同之处在于：在网格结构中业务可以通过其他用户转发，即在网格结构中业务可以不通过基站直接在用户站之间传送。

在网格结构中，基站和用户站的含义与点到多点结构中的有所不同，所有能够提供接入骨干网服务的结点被称为网格基站(Mesh BS)，其他结点则都是网格结构中的用户站。在网格网络中的上行链路和下行链路是相对于网格基站定义的：从网格基站发往用户站的数据被看成是在下行链路中传输的；从用户站发往网格基站的数据则被看成是在上行链路中传输的。

6.10.5 WiMAX 相关技术

1. OFDM 技术

OFDM(Orthogonal Frequency Division Multiplexing，正交频分复用)技术是 MCM(Multi-Carrier Modulation，多载波调制)的一种，如图 6-40 所示。OFDM 的核心思想是：将信道分成若干个正交子信道，将高速数据信号转换成并行的低速子数据流，调制并在每个子信道上进行传输。正交信号在接收端可以通过采用相关技术分开，这样可以减少子信道之间的相互干扰。

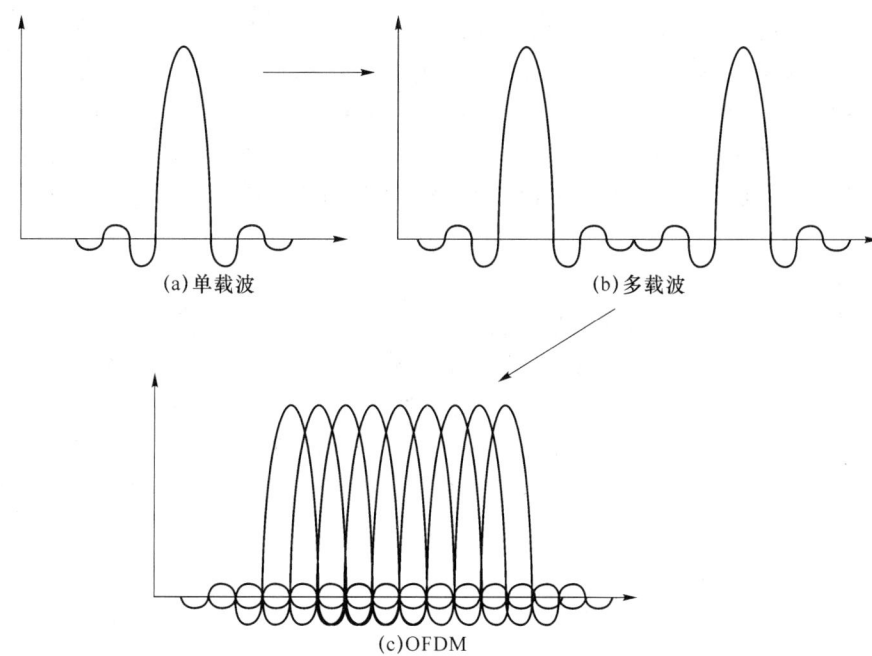

图 6-40 OFDM 演进历程

第 6.5 节中介绍了 CDMA 技术具有抗干扰能力强、抗多径衰落效果好、保密性强、系统容量大、系统配置灵活等优点。采用多种新技术的 OFDM 系统也表现出良好的网络结构可扩展性、更高的频谱利用率、更灵活的调制方式和抗多径干扰的能力。显然，两种技术各有利弊，为了更加清晰地了解两种技术的异同，以下从频谱利用率、峰均功率比、抗窄带干扰能力、抗多径干扰能力等角度对这两种技术进行深入分析。

(1) 频谱利用率

一般来说，为了进一步提高移动通信系统的频谱利用率，可以通过采用 16QAM（正交幅度调制）、64QAM 乃至更高阶的调制方式来实现。

在 CDMA 系统中，下行链路可支持多种调制技术，但每条链路的符号调制方式必须相同，而上行链路不支持多种调制，这就限制了 CDMA 系统的灵活性。

在 OFDM 系统中，每条链路都可以独立调制，因而该系统无论在上行链路还是下行链路上都可以容易地同时容纳多种混合调制方式，因而可以引入自适应调制技术。自适应调制技术增加了系统的灵活性。例如，在信道条件好时终端可以采用较高阶的 64QAM 调制以获得最大频谱效率，而在信道条件变差时终端可以选择 QPSK（四相相移键控）调制等低阶调制来确保信噪比。这样系统就可以在频谱利用率和误码率之间取得最佳平衡。

(2) 峰均功率比

峰均功率比（Peak-to-Average Power Ratio，PAPR）是设备商考虑的一个重要问题。一般的功率放大器的动态范围都是有限的，当峰均功率比过高时，信号极易进入功率放大器的非线性区，导致信号产生非线性失真。

CDMA 系统的峰均功率比一般在 5~11 dB，并会随着数据速率和使用码数的增加而增加。目前已有很多技术可以降低 CDMA 的峰均功率比。

在 OFDM 系统中，对于一个有 N 个子载波的基带 OFDM 信号，若采用 PSK 调制，峰均功率比为 N。显然，高峰均功率比是 OFDM 系统一个主要的技术阻碍。值得庆幸的是，目前已经有很多技术可以降低 OFDM 的峰均功率比，如削峰、分组编码或峰值消除技术等。

(3) 抗窄带干扰能力

抗窄带干扰是 CDMA 系统的最大优势之一。

在 OFDM 系统中，窄带干扰通常只影响其频段的一小部分，因此系统可以通过不使用受到干扰的部分频段，或采用前向纠错和使用较低阶调制等手段来解决窄带干扰问题。OFDM 技术能够持续不断地监控传输介质上通信特性的突然变化，动态地与之相适应，并且接通和切断相应的载波以保证持续地进行成功的通信。这种特殊的信号"穿透能力"，使 OFDM 深受青睐。

(4) 抗多径干扰能力

在 CDMA 系统中，通过采用 RAKE 分集接收技术解决多径干扰问题。

在 OFDM 系统中，将待发送的信息码元通过串-并变化，降低速率，从而增大码元周期，以消弱多径干扰的影响。同时它使用循环前缀（CP）作为保护间隔，减少甚至消除了码间干扰，并且保证了各信道间的正交性，从而大大地减少了信道间干扰。

尽管与 CDMA 系统相比,OFDM 具有一定的优势,但也具有对相位噪声和载波频偏十分敏感等缺点。同时,负载算法和自适应调制技术尽管适合高速数据传输,但却增加了系统的复杂性。

2. OFDMA 技术

OFDMA(Orthogonal Frequency Division Multiple Access)是一种资源分配粒度更小的多址方式,通过分配不同的 OFDM 子载波给不同的用户来实现多址接入。OFDMA 继承了 OFDM 的所有优缺点,同时又表现出一些新的特性。OFDM 与 OFDMA 之间的差别如图 6-41 所示。

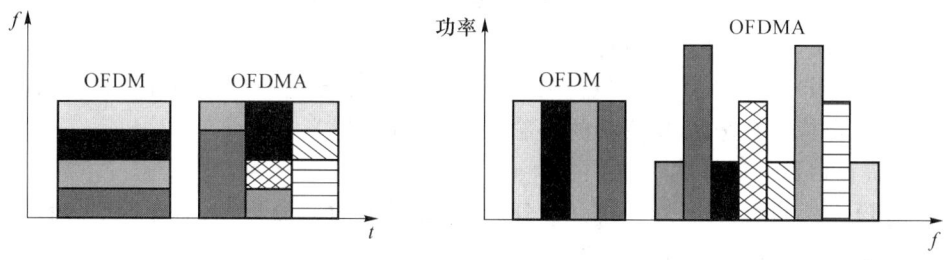

图 6-41　OFDM 与 OFDMA

OFDM 可以联合时域、频域或码分等多址接入技术区分用户,即 TDMA-OFDM、FDMA-OFDM、MC-CDMA、SDMA-OFDM。TDMA-OFDM 是把每一个用户分配到指定的时隙,并在该时隙内采用 OFDM 占用所有子载波传输数据。FDMA-OFDM 把可用的子载波划分为固定的集合以产生正交资源,每一个集合分配给一个用户使用。OFDMA 继承了 TDMA 和 FDMA 方案的优点,同时数据包的大小也具有灵活性,即仅当用户有数据包传输时,才会根据数据的多少被动态地调度。

3. MIMO 技术

多输入多输出(Multiple Input Multiple Output,MIMO)通信技术属于空间分集,可以在较长的距离上,显著提高数据的速率,并且不以牺牲额外的带宽和发送功率为代价。

空间分集通过主集天线和一个或多个分集天线收发无线信号。只要主分集天线之间的间距大于 10 倍无线信号波长,就可以认为两路无线信号具有不同的衰减特性,彼此互不相关。

图 6-42(a)是一个单输入多输出(Single Input Multiple Output,SIMO)系统,具有一个发射天线和两个或两个以上的接收天线,可以建立两条或多条路径并在接收机处将信号进行合并。与单输入单输出系统相比,单输入多输出结构可以在接收机处收集更多的能量以改进信噪比。

图 6-42(b)是一个多输入单输出(Multiple Input Single Output,MISO)系统,具有两个或多个发射天线和一个接收天线,属于发射分集系统。

MIMO 在发射和接收时均采用了多个天线,继承了 SIMO 和 MISO 系统的优点并加以改进。通常多径传播被视为有害因素,然而,MIMO 技术的关键就是能够将传统通信系统中存在的多径传播因素变成对用户通信性能有利的增强因素。它有效地利用了随机衰落和可能存在的多径传播来成倍地提高业务传输速率。MIMO 系统的优点如下。

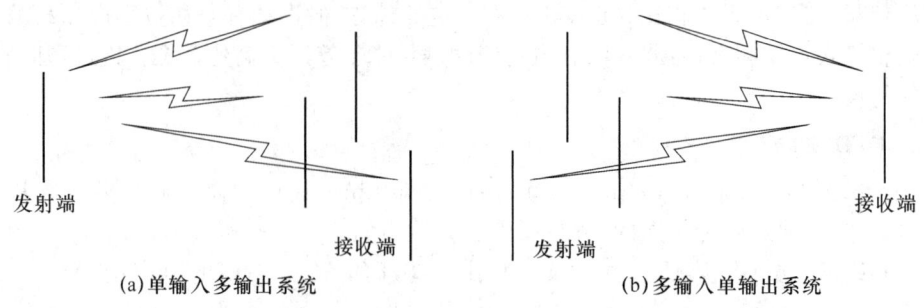

(a) 单输入多输出系统　　　　　(b) 多输入单输出系统

图 6-42　SIMO 系统与 MISO 系统

(1) 增加覆盖范围并提高性能

采用 MIMO 技术时,25 英尺(7.62 m)的距离站点传输速度可由 1 Mbit/s 提高到 2 Mbit/s,若保持原有速度,则系统的覆盖范围将增加。

(2) 提高信道的可靠性

MIMO 系统利用空间和时间上的编码实现空间和时间分集,从而降低信道误码率,提高了系统的可靠性,进而增加了系统的容量。

6.11　第四代移动通信系统

6.11.1　4G 内涵

4G 是指移动电话系统的第四代,是 3G 之后的延伸。

IMT-Advanced 对 4G IMT-Advanced 系统进行了设想,认为空中接口速率需要达到高速移动状态 100 Mbit/s,低速移动状态需要支持 1 Gbit/s 的速率。

从运营商角度出发,4G 不仅能与现有网络兼容,还要有更高的数据吞吐量、更低时延、更低的建设和运行维护成本、更高的鉴权能力和安全能力、支持多种 QoS 等级。

从用户角度出发,4G 应能为用户提供更快的速度并满足用户更多的需求。用户需求是移动通信发展的最根本的推动力。

从融合角度出发,4G 意味着更多的参与方,更多技术、行业、应用的融合,不再局限于电信行业,还可以应用于金融、医疗、教育、交通等行业;通信终端能做更多的事情,如除语音通信之外的多媒体通信、远端控制等;或许局域网、互联网、电信网、广播网、卫星网等能够融合为一体组成通播网,使 4G 渗透到生活的方方面面。

为了实现这一目标,3GPP 提出了基于 IP 及 OFDMA 技术的长期演进方案(Long Term Evolution,LTE);3GPP2 提出了超移动宽带(Ultra Mobile Broadhand,UMB);WiMAX 论坛提出了 WiMAX-m(下一代 WiMAX 技术)。

6.11.2　3GPP 的长期演进

LTE 始于 2004 年 3GPP 的多伦多会议,其标准化过程如下。

2004年11月,在加拿大多伦多会议上提出了长期演进的需求研究。

2005年11月,明确了全新的空中接口、多址技术和网络架构,奠定了LTE标准化工作的基础。

2006年6月,3GPP启动LTE Work Item(R8)。

2008年3月,3GPP启动LTE-Advance研究。

2008年12月,第一个可商用的LTE R8版本系列规范发布,随后3GPP启动了LTE R9。

2009年9月,LTE-A作为IMT-Advanced技术提案提交到ITU,同时3GPP启动了LTE-A WI(R10版本)。

2009年12月,R9正式发布。

2011年3月,完成R10标准工作。

2012年9月,完成R11版本。

2014年3月,发布了R12版本。

2015年4月,发布了R13版本。

LTE设计的目的主要包括高吞吐量、增加基站的容量、减少时延以及全面的移动性能,如表6-15所示。

表6-15 LTE的主要技术特性

峰值数据率(下行/上行)	在20 MHz带宽下,下行100 Mbit/s,上行50 Mbit/s
移动性能	可达500 km/h
系统容量	每小区>200个用户(5 MHz)
小区半径	5~100 km
频谱带宽	1.25 MHz、2.5 MHz、5 MHz、10 MHz、20 MHz

(1) 移动性能

LTE主要考虑优化0~15 km/h移动速度下的性能。同时LTE的设计也保证了120~350 km/h,甚至在500 km/h下(如高速列车)的移动性。在以上整个速度内,LTE有望保证无中断的语音和实时业务的质量。典型的移动性能标准是在120 km/h车载及步行下保持非中断业务。

(2) 空中接口技术

尽管基于CDMA的方案能够带来平滑的演进,但是OFDMA方案能够避开以前的各种限制,并为设计参数方面提供更加自由的选择,从而更容易满足各类需求。当系统使用更大的带宽以及使用高阶MIMO而变得更加复杂的时候,物理层基于OFDMA的方案更加具有吸引力。

因此,与WiMAX类似,LTE下行链路也采用了OFDMA技术;但是在上行链路中,LTE采用的是SC-FDMA(单载波频分多址)。OFDMA中一个传输符号包括M个正交的子载波,实际传输中,M个正交子载波采用并行方式进行传输,从而真正体现了多载波的概念。在单载波频分多址系统中,也使用M个不同的正交子载波,但这些子载波在传输中是以串行方式进行的。

(3) 网络架构

LTE 网络架构被称为 3GPP EPS(Evolved Packet System,演进分组系统)。EPS 网络架构主要包括 UE(用户设备)、E-UTRAN(演进通用陆地无线接入网络)和 EPC(Evolved Packet Cores,演进分组核心网)。E-UTRAN 由通用陆地无线接入基站(eNB)组成,实现 E-UTRAN 用户面和控制面的处理。EPC 包括三部分:MME(Mobile Management Entity,移动管理实体)、SGW(System Architecture Evolution Gateway,系统架构演进网关)、PDNGW(Packet Data Network Gateway,分组数据网管)。

(4) 安全性

LTE 安全性定义了一种全新的扩展密钥等级的体系架构。它禁止 SIM 模式接入,而使用 USIM 模式。它包含 128 位的主密钥,以后还可能扩展到 256 位。

目前,LTE 作为 3G 与 4G 之间的一个过渡,能力仍在不断演进,以实现 IMT-Advanced 和先进的 LTE 的需求。

LTE 包括 TD-LTE 和 FDD-LTE(通常简称为 LTE)两种技术标准。TD-LTE 是 TDD 版本的 LTE 技术;FDD-LTE 是 FDD 版本的 LTE。两者之间的差别在于 TD 采用的是不对称频率、时分双工方式;FDD 采用一对频率实现频分双工。通常 TD-LTE 被认为是 TD-SCDMA 的长期演进,但是 TD-SCDMA 采用的是 CDMA 技术,TD-LTE 采用的是 OFDM 技术,二者不能对接。

中国目前已经全面启动了 TD-LTE 产业与国际 LTE 产业基本同步,而且已被国际广泛接受。TD-LTE 将为中国在引领移动通信产业的发展带来很重要的机遇。

TD-LTE 一方面继承了 TD-SCDMA 的中国自主知识产权的技术;另一方面,由于中国企业在国际标准组织中的实力不断增强,且参与 LTE 的研发工作较早,从而在一些 3G 时代并不占的技术领域获得了新的专利。因此,从总体来看,TD-LTE 有望实现中国自主专利整体比重的进一步提升。

6.11.3 3GPP2 的超移动宽带

3GPP2 的超移动宽带(UMB)是基于 OFDMA 和全 IP 网络来完成 ITU 关于下一代业务愿景的技术,以实现 IP 语音、宽带数据、多媒体、信息技术、娱乐以及消费型电子的融合。UMB 的设计基于对超低时延需求、低抖动、高频谱效率的多种业务提供有效支持,以解决现代移动宽带业务中的混合业务方面的需要。

UWB 由美国 Qualcomm 所主导,是 CDMA 技术的演进标准。在移动通信环境下,下行速率可以达到 288 Mbit/s;上行速率可以达到 75 Mbit/s。然而,Qualcomm 公司在 2008 年 11 月宣布结束发展 UMB 技术,转而支持其他的 4G 技术。

6.11.4 WiMAX2

2010 年 5 月,英特尔、摩托罗拉、三星、Alvarion、Beceem、GCT Semiconductor、Sequans、XRONet、中兴以及台湾研发机构工业技术研究院共同发起成立了 WiMAX2(之前称为 IEEE 802.16m)合作倡议组织(WCI),旨在加速基于 IEEE 802.16m 标准的

WiMAX2 系统间的互用性。

WCI 的目标包括开展技术合作,制定统一的性能标准;共同测试基于 WiMAX2 解决方案的 4G 应用;网络互用性前期测试;开展测试和互操作性检测工作,为 WiMAX 论坛认证做准备。

作为 IEEE 802.16e 标准的升级标准,IEEE 802.16m 无线界面定义最早开始于 2006 年。IEEE 802.16m 标准基于 IEEE 802.16e 标准,在保留后向兼容功能的同时,还具备了其他一些新功能,符合国际电信联盟对 IMT-Advanced 的要求。这项标准在 20 MHz 下行链路通道中速率高达 300 Mbit/s,并具有较低的延迟。

6.12　第五代移动通信系统

6.12.1　5G 内涵

第五代移动通信技术(5th Generation Mobile Communication Technology,5G)是具有高速率、低时延和大连接特点的新一代宽带移动通信技术,5G 通信设施是实现人、机、物互联的网络基础设施。

国际电信联盟(ITU)定义了 5G 的三大类应用场景,即增强移动宽带(eMBB)、超高可靠低时延通信(uRLLC)和海量机器类通信(mMTC)。增强移动宽带(eMBB)主要面向移动互联网流量爆炸式增长,为移动互联网用户提供更加极致的应用体验;超高可靠低时延通信(uRLLC)主要面向工业控制、远程医疗、自动驾驶等对时延和可靠性具有极高要求的垂直行业应用需求;海量机器类通信(mMTC)主要面向智慧城市、智能家居、环境监测等以传感和数据采集为目标的应用需求。

6.12.2　5G 关键技术

作为新一代的移动通信技术,5G 远比前几代通信网络更加复杂,要求更高,应用场景也更多,因此 5G 需要大量技术(如毫米波、微基站等)的集合才能得以实现。

1. 毫米波

5G 毫米波技术是 5G 应用中一项重要的基础技术。毫米波是指频率为 30～300 GHz、波长为 1～10 mm 的一种特殊电磁波。相对于 6GHz 以下的频段,毫米波具有大带宽、低空口时延和灵活弹性空口配置等独特优势,可满足未来无线通信对系统容量、传输速率和差异化应用等方面的需求。

毫米波的引入带来了技术上的巨大突破。5G 以前,在 3GPP 的国际标准中从来都没有使用过毫米波。从世界范围看,6 GHz 以下(Sub-6)频谱资源在大部分国家都非常紧缺。因此,各国把目光投向更高频的频谱。

进入 2022 年以来,全球市场对于毫米波频谱和技术的测试和关注越来越多。例如,联发科的首款 5G 毫米波芯片问世;中兴通讯联合 AIS、高通完成全球首个基于 Sub-6 GHz 和高频 26 GHz 毫米波的 5G 高低频双连接测试(NR-DC)。由此可以看出,从底层的终端芯片支持,到网络设备就绪,再到政府政策提供支持,毫米波生态和产业的成熟正在加速。

2. 微基站

微基站即微型化的基站,通常指在楼宇中或密集区安装的小型基站。与宏基站相比,微基站体积小、覆盖面积小、承载的用户量比较低。

与 4G 网络相比,5G 采用高频波段,具有频道宽、传输快、低时延等优点;但同时也存在一定的局限,如绕物能力与穿透能力弱、长距离传输易受干扰等。若 5G 依旧沿用 4G 的方式,受建筑物阻挡,室外宏基站的信号到室内将严重衰减,从而形成室内 5G 信号盲点。因此,5G 大量布局微基站,其主要功能之一就是"补盲"。5G 微基站体积小,布设简单,可以充分部署在宏基站无法触及的末梢,深度覆盖人口热点区域,有效解决室内 5G 信号盲点。

3. 波束赋形

波束赋形(Beamforming)又叫波束成型、空域滤波,是一种使用传感器阵列定向发送和接收信号的信号处理技术。波束赋形技术通过调整相位阵列的基本单元的参数,使得某些角度的信号获得相长干涉,而另一些角度的信号获得相消干涉。波束赋形既可以用于信号发射端,又可以用于信号接收端。

在通信系统中,基站拥有多根天线,形成大规模天线阵列,通过调节各个天线单元发射信号的振幅和相位,使其在手机接收点形成电磁波的叠加,从而达到提高接收信号强度的目的。通过这一技术,发射能量可以汇集到用户所在位置,而不向其他方向扩散,并且基站可以通过监测用户的信号,对其进行实时跟踪,使最佳发射方向跟随用户的移动,保证在任何时候手机接收点的电磁波信号都处于叠加状态。

4. 终端直通

终端直通(Device to Device,D2D)技术是指两个对等的用户节点之间直接进行通信的一种通信方式。在由 D2D 通信用户组成的分散式网络中,每个用户节点都能发送和接收信号,并具有自动转发消息的功能。在 D2D 通信网络中,用户节点同时扮演伺服器和客户端的角色,用户能够意识到彼此的存在,自组织地构成一个虚拟或者实际的群体。

D2D 可以应用于基于邻近特性的社交。例如,用户借助 D2D 的发现功能寻找邻近区域的感兴趣用户,进行内容分享、互动游戏等邻近用户之间数据的传输。此外,基于邻近特性,可以开展精确定位的本地广告服务,如向用户推送本地商品打折促销、影院新片预告等信息。

D2D 通信技术与物联网结合,能产生真正意义上的互联互通无线通信网络。车联网中的 V2V(Vehicle-to-Vehicle)通信就是典型的物联网增强的 D2D 通信应用场景。

本 章 小 结

本章从无线通信入手,介绍了四种常用的无线通信技术:微波通信、卫星通信、红外通信和移动通信。其中,移动通信是本章研究的重点。

在本章中,如无特殊说明,移动通信特指蜂窝式公用陆地移动通信系统,它由交换系统、基站、移动台及局间和基站间中继线等要素组成。

简而言之,移动通信和有线通信的区别有两点:信道不同;接口不同。尽管这两个不同看似简单,却给移动通信带来了重重问题。本章将这些问题简要归纳为六点:如何实现电磁波覆盖;基站如何区分同时接收到的各路信号;手机如何找到基站;基站如何找到手机;如何鉴别手机用户身份;如何保证移动过程中的传输质量。

与 PSTN 不同,在移动通信系统中,由于用户的移动性,需要四种号码才能实现对用户的有效识别、跟踪和管理,即移动台号簿号码、国际移动台标识号、国际移动台设备标识号和移动台漫游号。

从技术角度,可以将移动通信的发展历程分为 1G、2G、3G、4G 和 5G 等。本章从第 6.4 节起较为详细地对各个时期的典型移动通信系统进行了介绍,并比较了它们之间的异同。

习　题

(1) 简述常用的四种无线通信技术及其使用频段。
(2) 简述一般移动通信系统的组成。
(3) 简述移动通信常用的四种编号技术。
(4) 简述 GSM 系统的演进历程。
(5) 简述 CDMA 技术的特点。
(6) 简述 cdma2000 系统的演进历程。
(7) 简述分集的含义及分类。
(8) 简述硬切换、软切换、更软切换和接力切换之间的异同。

第 6 章知识要点思维导图　　第 6 章知识要点讲解

思政天地

心得示例：

中国共产党自诞生以来，以实现民族复兴为己任，在一百多年来的实践中成功探索出中国式现代化道路。历史和实践都充分证明，中国式现代化是实现中华民族伟大复兴唯一正确的道路。在推进理论创新的同时，以习近平同志为核心的党中央致力于实践探索，中国式现代化以其举世瞩目的成就彰显出强大的生命力。"5G之花"的绽放，是中国式现代化的伟大创造及其重大贡献的典型代表之一。中国的移动通信产业，十多年来一直处于"与时间赛跑"的状态，为占据产业发展制高点，我国移动通信实现了从3G突破、4G同步到5G引领的跨越。长期以来，我国通信行业的专家砥砺奋进，践行着中国式现代化，推动我国移动通信技术实现了从落后、跟随到超越的完美蜕变。

第7章 无线网络规划与优化

思政天地

科教兴国：以"三个第一"提升国家创新体系整体效能

习近平总书记在党的二十大报告中强调，必须坚持科技是第一生产力、人才是第一资源、创新是第一动力，深入实施科教兴国战略、人才强国战略、创新驱动发展战略，开辟发展新领域新赛道，不断塑造发展新动能新优势。这一论述深刻揭示了科技进步、教育发展、经济社会前行三者之间相互推升、彼此促进的耦合关系，也为提升国家创新体系的整体效能指明了方向和路径。

进入新发展阶段，提升国家创新体系整体效能的目的很明确，就是要面向世界科技前沿、面向经济主战场、面向国家重大需求、面向人民生命健康，不断催生基础研究和应用基础研究的原创性成果，持续突破"卡脖子"的关键核心技术，在保障国家总体安全，推动经济社会高质量发展，以及满足人民群众日益增长的美好生活需要方面，体现出必要的响应能力和供给质量。

提升国家创新体系整体效能，涉及多元主体协同、各类要素整合、各种能力集成以及多重机制联动，是一项具有较高复杂程度的系统工程。其中，科技、教育、经济社会三个子系统的作用尤为显著。科技子系统的功能是确保"第一生产力"的有效供给，即不断推动高质量的科学研究和技术发明；教育子系统旨在培育"第一资源"，为科技创新和经济社会发展持续稳定地输送各类人才；经济社会子系统的功能，主要是通过创新这个"第一动力"推动科技成果转化，这既指向经济增长的动能塑造，也包括社会治理的能量补给。三个子系统之间存在紧密互动的逻辑关联。首先，在"第一生产力"的形成和"第一动力"的转化过程中，"第一资源"发挥着基础性和先导性作用，可以清楚地识别出人才强→科技强→产业强→经济强→国家强的递进逻辑。其次，人才作为"第一资源"，其培育和成长，必须高度嵌入"第一生产力"形成和"第一动力"转化的过程，千锤百炼始成金。第三，人才是科技进步和创新发展的主导者，同时也扮演着科技创新供给侧与需求侧之间的"链接"角色。"第一生产力"和"第一动力"只有通过"第一资源"的起承转合，方能在高水平互动中不断推升彼此的能级。第四，

"第一生产力"的供给质量、"第一资源"的保障能力,决定了"第一动力"的能级高低。

党的二十大报告明确提出"提升国家创新体系整体效能"的工作要求,而科技、人才、创新这"三个第一"恰好为我们提供了认识和把握国家创新体系的完整理论视角,并指出了体系效能提升的可循路径。

——陈强

节选自:陈强. 二十大精神关键词解读⑩|科教兴国:以"三个第一"提升国家创新体系整体效能[EB/OL].(2022-11-04)[2022-12-16]. 上观新闻 https://export.shobserver.com/baijiahao/html/546098.html.

头脑风暴

结合本章内容,如何理解"科教兴国:以'三个第一'提升国家创新体系整体效能"?

7.1 无线资源管理

无线资源管理(Radio Resource Management,RRM)是指在有限带宽的条件下,为网络内无线用户终端提供业务质量保障。无线资源管理基本出发点是在网络话务量分布不均匀、信道特性因信道衰弱和干扰而起伏变化等情况下,灵活分配和动态调整无线传输部分和网络的可用资源,最大限度地提高无线频谱利用率,防止网络拥塞和保持尽可能小的信令负荷。

无线资源管理的研究内容主要包括:功率控制(详见第 6.5.2 小节)、信道分配、调度技术、切换技术(详见第 6.2.3 小节、第 6.5.2 小节、第 6.9.3 小节)、呼叫准入控制、负载控制、端到端的 QoS 和自适应编码调制等。

根据研究对象不同,无线资源管理可以分为面向连接的 RRM 和面向小区的 RRM。面向连接的 RRM 以确保连接的 QoS,并使该条连接占用的无线资源最小为目的,主要考虑信道分配、功率控制、切换技术等内容。面向小区的 RRM 是指在确保该小区稳定的前提下,能接入更多的用户,提高系统容量,主要考虑码资源管理、负载控制等内容。

7.1.1 信道分配

在无线蜂窝移动通信系统中,信道分配技术主要包括三类:固定信道分配(FCA)、动态信道分配(DCA)和混合信道分配(HCA)。

(1) 固定信道分配

固定信道分配是指整个服务区域被划分为一定数量的小区,每个小区根据一定的信道复用形式配置一定数量的信道,相当于在一个小区群的不同小区间对信道完全隔离。

固定信道分配方式的优点是信道管理容易,信道间干扰易于控制;缺点是信道无法最佳化使用,信道效率低,而且各接入系统间的流量服务统一控制,会造成频谱浪费。为了使蜂窝网络可以随流量的变化而变化,在固定信道分配算法的基础上,提出了信道借用方案。信道借用的核心思想是将邻居蜂窝不用的信道用到本蜂窝中,以达到资源的最大利用。

(2) 动态信道分配

动态信道分配是指所有的信道资源放置于中心存储区中,信道可以完全共享,若有新的呼叫,则按一定的算法选择合适的信道。

动态信道分配是一种全局性策略,具有极好的业务自适应性和高度灵活性,弥补了固定信道分配的不足。但是,计算和控制复杂度很高,当系统负荷很大时,动态信道分配效率不如固定信道分配。

动态信道分配算法主要分为两类:集中式 DCA 和分布式 DCA。集中式 DCA 一般位于移动通信网络的高层无线网络控制器(RNC)中,由 RNC 收集基站和移动台的信道分配信息;分布式 DCA 则由本地决定信道资源的分配,这样可以大大地减少 RNC 控制的复杂性,该算法需要对系统的状态有很好的了解。

(3) 混合信道分配

将固定信道分配和动态信道分配方案组合起来,就产生了混合信道分配方式。在混合信道分配中,将一部分信道固定地分配给各小区,另一部分信道作为各小区均可使用的动态信道资源。各小区优先使用分配给它的固定信道,当固定信道不够用时,再按动态信道分配方式使用空闲的动态信道。混合信道分配方式在不同小区移动用户产生的话务量发生变化时,能对信道分配作相应的调整,使在个别小区的大量呼叫不致发生阻塞。

7.1.2 调度技术

移动通信系统中存在大量的非实时性的分组数据业务,一个基站内所有用户速率总和往往会超过基站拥有频带所能传输的信道容量,因此必须有调度器(Scheduler)在基站内根据用户 QoS 要求,判断该业务的类型以便分配信道资源给不同的用户。

与有线网络相比,无线网络的频谱资源有限,无线链路环境具有可变性,因此调度算法的重要性更加凸显。在调度算法中,有两个主要的性能指标:吞吐量和公平性。吞吐量一般用每小区单位时间内成功传输的数据量来衡量;公平性则是考虑对所有请求传输的用户而言,每个用户得到服务机会的概率。

目前,移动通信系统常用的调度算法包括轮询算法(Round Robin,RR)、最大载干比算法(Maximum Carrier to Interference,Max C/I)、正比公平算法等。其中,轮询算法为每个用户提供了相同的服务机会,保证了公平性,但不能充分利用无线资源;最大载干比算法使系统达到最高的传输速率,吞吐量最高但不能保证用户的公平性;正比公平算法则兼顾公平性与吞吐量,调度概率既与传输速率成正比,也与用户最近一段时间内接收到的数据总量成反比,即前段时间内被调度次数越多,这次被调度的概率越小,从而保证了系统的公平性。

载干比与信噪比	（1）载干比 载干比是指接收到的有用信号电平与所有非有用信号电平的比值。载干比反映了信号在空间传播的过程中，接收端接收信号的好坏。 （2）信噪比 信噪比是指在接收机接收到信号经各级放大、解调最终到达终端（如扬声器）上的信号与噪声的比值。信噪比的高低与接收机本身的性能关系密切相关。考核接收灵敏度大小时以信噪比为依据。信噪比越大，接收的效果越好。

7.1.3 呼叫准入控制

呼叫准入控制（Call Admission Control,CAC）是指在呼叫设置时网络所采取的步骤，以便决定是否接受连接请求。

以语音业务为主的呼叫准入控制决定是否接受新用户呼叫是相当简单的问题，在基站有可用的资源时，即可满足用户的要求。然而，在 CDMA 网络中，使用软容量的概念，每个新呼叫的产生都会增加所有其他现有呼叫的干扰电平，从而影响整个系统的容量和呼叫质量。第三代及未来移动通信系统要求支持低速话音、高速数据和视频等多媒体业务，因此呼叫准入控制也就变得较为复杂。

一般而言，呼叫准入控制需要同时考虑以下几方面的问题：呼叫来自于新用户还是越区切换；各类呼叫的业务类型；呼叫对本小区和相邻小区的影响。

（1）呼叫来源

移动通信系统中的呼叫准入控制需要充分考虑用户的移动性。在处于连接的状态下，用户可能发生多次越区切换。对用户来说，由于切换失败而导致正在进行的呼叫中断，要比拒绝一次新呼叫请求的负面影响更大。因此，需要将切换发起的连接请求与新呼叫发起的连接请求区别对待，并给予前者更高的优先级。目前算法的核心思想是预留一部分容量仅供切换分配使用。最优的预留容量与系统负荷密切相关，它应该随着系统负荷的变化而变化。因此，动态的、自适应的呼叫准入控制算法已成为当前的一个研究热点。

（2）业务类型

当系统中存在大量具有不同 QoS 要求的多类业务时，一个好的呼叫准入控制策略应该考虑到不同业务的特性，进行区别处理。其基本的处理方法是：使有较高优先级的业务比低优先级业务在接纳时获得更多的优先权。

（3）小区干扰

在 CDMA 系统中，呼叫准入控制时不仅需要检查新呼叫对本小区可能增加的干扰，同时也需要检查给相邻小区增加的干扰，只有在所有小区都允许的情况下，才能接纳呼叫。

7.1.4 负载控制

在 CDMA 系统中,过高的负载将导致网络性能无法满足通信质量的要求,所以必须将空中接口的负载保持在预定义的阈值之下,否则会产生网络达不到覆盖要求、容量下降、通信质量恶化等情况,而且过高的空中接口负载还可能使网络产生不稳定的状况。通过负载控制可以将系统负载维持在正常范围内,从而保证系统的服务质量。

系统的负载状态可以分为正常、初级拥塞与过载拥塞。初级拥塞是指系统稳定,但资源紧张,留给新用户可用资源少,需要进行负载重整,留出准入空间。过载拥塞是指系统不稳定,可能发生过载掉话,需要进行快速过载控制,降低系统负载。在初级拥塞与过载拥塞状态下,需要分别进行不同的处理,从而使系统返回正常状态。

对于初级拥塞可以通过负载重整方式,将负载降低,减小准入拒绝率,提高服务质量。负载重整的主要方式如下。

① 异频负载切换:通过将用户切换到负载较轻的频点来降低本小区负载。
② BE(Best-Effort)业务降速:通过对 BE 业务重配置带宽实现降速。
③ QoS 协商降低负载:通过对当前分配速率大于保证速率的业务的 QoS 再协商,调整业务的速率,达到降低负载的效果。
④ 异系统负载切换:通过将业务切换至 2G 系统中降低本系统的负载。

对于过载控制,拥塞控制算法必须快速且可控地使系统的负载恢复到正常的水平,从而保证系统的稳定以及用户的 QoS 要求。对于反向,过载控制表现为底噪抬升过高,功率控制无法跟上用户实际需要功率的变化,业务质量无法保证;对于前向,过载控制表现为用户发射功率接近最大发射功率,升功率要求无法满足,产生掉话。在系统处于过载拥塞时,可采取直接准入拒绝;忽略增功率的指示,只降不升等措施。

在实际系统中,可能会出现各小区负载不平衡的现象,即当某些小区负载较重时,另一些小区可能处于空闲状态,未得到充分利用。为避免这种情况的出现,就需要对资源的选择和利用进行控制,如负载均衡。

负载均衡(Outbound Load Balancing)建立在现有网络结构之上,提供一种廉价、有效、透明的方法扩展网络设备和服务器的带宽,增加吞吐量,加强网络数据处理能力,提高网络的灵活性和可用性。

负载平衡算法主要包括异频负载平衡和同频负载平衡。异频负载平衡算法的优先级高于同频负载平衡算法,一般情况下,只打开异频负载平衡。同频负载平衡算法的基本思想是:当负载增加时,减小覆盖范围,以降低负载;当负载减小时,增大覆盖范围,为周围小区分担负载。异频负载平衡算法是将用户从负荷较重的小区调配至负荷较轻的共站点异频小区,使用条件是若最重负载载频超过"重负载载频负载门限",且最重负载和最轻负载载频的负载差值超过"轻重负载载频负载差值门限"。

7.1.5 端到端 QoS

未来的移动通信网络要求多样化的业务建立在以客户为中心的基础上,传统业务、信息流业务以及交互式业务对网络性能的要求是有差别的,因此必须具有明确的 QoS 保障。

所谓端到端的 QoS 就是网络运营商为保证用户的数据在整个网络的传送过程中（从源端到目的端）得到所需要的 QoS 服务。这实际体现的是一种网络能力，即在网络上针对各种应用的不同需求，为其提供不同的服务质量。例如，在 cdma2000 中，系统定义了四种业务类型：会话级、流级、交互级和后台级，如表 7-1 所示。

表 7-1　cdma2000 四种业务类型及其 QoS 属性要求

业务类型	对 QoS 属性的要求	典型应用
会话级（Conversational）	双向、低时延、低丢包率、低抖动	语音、可视电话
流级（Streaming）	单向、对时延更不敏感、低丢包率、带宽要求可能较高	音频流、视频流
交互级（Interactive）	双向、时延要求适中、丢包率要求适中、突发的、可变带宽、部分可纠错、请求应答模式	网页浏览
后台级（Background）	能够容忍大的时延和丢包率，有可变带宽	E-mail、FTP 下载

为实现 QoS 要求，网络必须具有以下三个部分。

(1) QoS 网络实体

要实现端到端的 QoS 保证，需要通信双方经过的各个承载网络都能够支持。各个承载网络的 QoS 实现体系有所不同，所以必须把用户应用程序提出的 QoS 要求映射到各个承载网络的各个层次实现，从而才能最终实现端到端的 QoS。

(2) QoS 信令技术

QoS 信令技术用于协调端到端之间的网络结点，主要包括两种：带内（in-band）技术和带外（out-band）技术。带内信令技术使用的是 IP 优先级，通过每个 IP 包携带的 IP 优先级，通知结点为这个报文提供相应服务；带外信令通过一个独立的资源预订（RSVP）协议，来为不同的报文申请网络资源。IP 优先级和 RSVP 协议为端到端的 QoS 信令提供了灵活的解决方案，将是未来两种主要的 QoS 信令解决方案。

(3) QoS 策略和管理功能

端到端 QoS 实现过程，除包括各个设备内部 QoS 控制和实施外，还应包括 QoS 的策略监管过程，用于控制和管理网络上端到端通信、网络管理和计费等功能。主要表现如下：

① 策略服务器根据业务呼叫要求的 QoS 和用户签约的服务等级协议（Service Level Agreement，SLA）信息生成对应的 QoS 策略，并按照该 QoS 策略对用户进行收费；

② 网管根据网络资源的利用情况，下发给各个设备有关 QoS 实施策略，对网络资源进行宏观上的调配和管理，对 QoS 实施过程进行监控。

7.1.6　自适应编码调制

无线信道具有时变特性和衰落特性。无线信道的容量也是一个时变的随机变量，要最大限度地利用信道容量，只有使发射速率随信道容量的变化而变。自适应编码调制技术的基本原理就是当信道状态发生变化时，发射端保持发射功率不变，而随信道状态自适应地改变调制和编码方式，从而在不同的信道状态下获得最大的吞吐量。

7.2 无线网络规划

7.2.1 网络规划的指标

按照网络建设阶段,无线网络规划可以分为已有网络扩容规划和新建网络规划两种。无论何种网络规划,其目标均是基于一定成本,在满足网络服务质量的前提下,建设一个容量和覆盖范围都尽可能大的无线网络,并能适应未来网络发展和扩容的要求。因此,在进行网络规划时,最为重要的四个指标是覆盖范围、系统容量、服务质量和性价比。

(1) 覆盖范围

覆盖形状与实地环境有关,但在工程上通常按照标准的蜂窝组网结构,即六边形来计算。尽管这种方法并不是十分精准,但符合大多数基站的平均覆盖水平。常用的站型包括全向站和定向站(一般三个扇区,称为三叶草站)。全向站按照一个标准的正六边形计算;三叶草站按照3个正六边形之和计算,如图7-1所示。

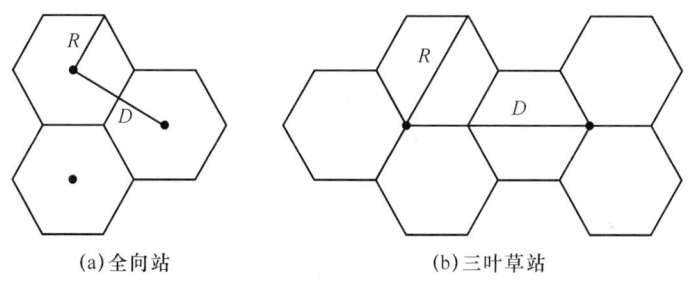

(a) 全向站　　　　　　　　(b) 三叶草站

图 7-1　标准蜂窝组网的覆盖面积

若设小区的覆盖半径为 R,站间距为 D,覆盖面积为 S,借助基本的几何知识可以得出覆盖半径、站间距和覆盖面积之间的关系,如表7-2所示。

表 7-2　标准蜂窝组网的覆盖面积计算

站型	站间距	覆盖面积
全向站	$D=\sqrt{3}R\approx 1.7R$	$S=\dfrac{3}{2}\sqrt{3}R^2\approx 2.6R^2$
三叶草站	$D=1.5R$	$S=\dfrac{9}{8}\sqrt{3}R^2\approx 1.95R^2$

由表7-2可知,欲求基站的覆盖范围需要知道小区的覆盖半径。在不同无线环境下,小区的覆盖半径存在较大的差异,从而导致基站的覆盖范围有所不同。

小区的覆盖半径与系统的最大允许路损有关。若小区覆盖半径为 d_m,则在农村较为空旷的环境中,其与最大允许路损 L 之间的关系为:

$$L = 38.45 + 30\lg d_m$$

因此,若知道系统的最大允许路损,则可以求出小区的覆盖半径,即:

$$d_m = 10^{\frac{L-38.45}{30}}$$

最大允许路损与发射功率 P_{out}、各类损耗 L_{all}、系统增益 G 和系统最小接收电平 P_{min} 密切相关,且为保证接收的可靠性还应留有一定的余量 M:

$$L = P_{out} + G - L_{all} - P_{min} - M$$

(2) 系统容量

系统容量包括数据业务容量(上下行数据流量)、语音业务容量(忙时平均话务量)、混合业务容量等。为保证系统容量,需要确定用户数量和业务需求,以及未来的发展趋势,既要满足前期覆盖和质量目标,同时也要兼顾后期的容量发展,便于扩容。

为了确保系统容量可以满足要求,需要构建话务模型。话务模型由用户行为和业务模型两部分构成。其中,用户行为是指人使用业务的行为;业务模型指业务本身的特性,如图 7-2 所示。

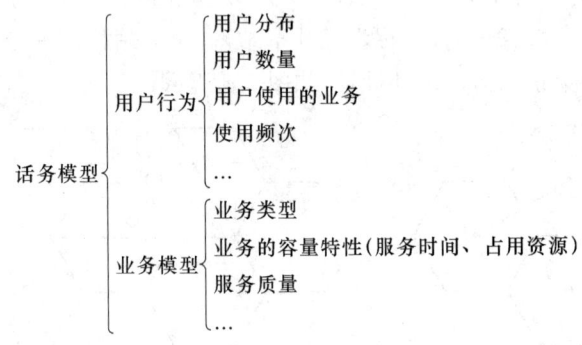

图 7-2 话务模型

通过用户行为和业务模型可以确定网络的话务模型,再将多种话务模型进行综合考虑和计算,最终来确定网络的系统资源配置。通常,系统的容量必须满足最繁忙时的需求,因此在建立话务模型时,需要考虑忙时情景。

(3) 服务质量

衡量语音业务质量的指标主要包括覆盖连续性、接入成功率、掉话率和切换成功率等;衡量数据业务质量的指标主要包括传输速率和业务时延等。

(4) 性价比

需要同时考虑网络短期和长期性价比。为实现性价比最大化,需要在充分、有效地利用现有资源的基础上,根据地理信息进行基站的合理规划配置;根据覆盖目标采用合理的覆盖手段;根据不同需求合理设置基站。

为了使未来的网络可以满足上述四个指标的要求,在无线网络规划时,应遵从如图 7-3 所示的流程。

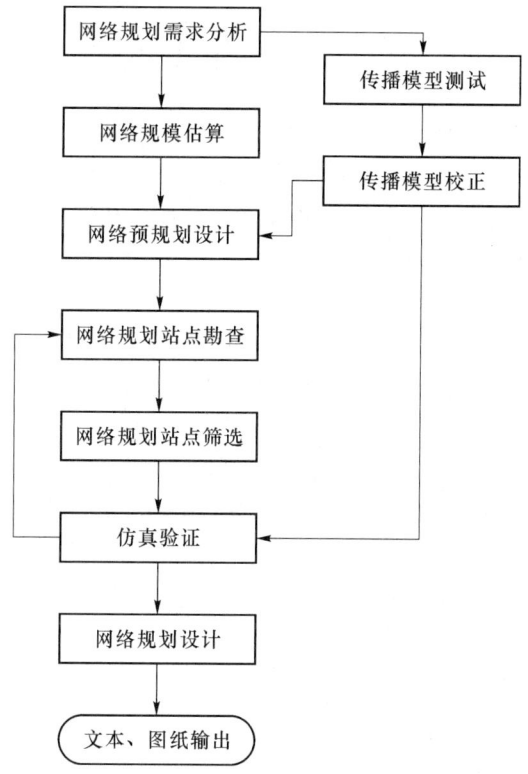

图 7-3　无线网络规划流程图

7.2.2　网络规划需求分析

在网络规划时，需要首先了解客户组网的各种要求；其次，了解客户现有网络运行状况及发展计划；再次，调查当地电磁波传播环境；然后，调查服务区内话务需求情况；最后，需要对服务区内近期和远期的话务需求进行合理预测。

7.2.3　传播模型测试与校正

传播模型测试与校正的目的是得到预规划区域的无线传播特性，在整个网络规划中具有非常重要的作用。传播模型的准确度直接影响无线网络规划的规模、覆盖预测的准确度以及基站的布局情况。采集到足够多的有效数据来校正出一个好的传播模型，是无线网络规划的基础。

在传播模型测试之前，通常先进行清频测试。清频测试的目的是找出当前规划项目准备采用的频段是否存在干扰并找出干扰方位及强度，从而为合适频点的选取提供参考。

7.2.4　网络规模估算

网络规模估算的实质是确定需要多少个基站以实现覆盖目标。确定网络规模，首先需要进行覆盖估算和容量估算。

(1) 覆盖估算

应结合各个区域自身特点和类型及相应的覆盖方案进行链路预算,计算出各个区域的小区半径,从而得出所需基站个数。

链路预算是覆盖规划的前提,通过链路预算能够知道规划区内小区的半径设置、所需基站的数目和站址的分布。链路预算的主要工作就是在保证通话质量的前提下,确定基站和移动台之间的无线链路所能允许的最大路径损耗。从链路预算给出的最大路损,结合传播模型计算出小区的覆盖范围。

(2) 容量估算

对系统容量的评估需要针对具体的网络应用业务进行,因为不同业务各自具有的特性会给系统带来不同的业务负荷,从而影响整个系统性能的评估。

容量估算应考虑非理想功率控制、话音激活、其他小区对本小区的干扰等因素,在确定的业务模型下计算出上下行每小区、每载频业务的理论容量上限,根据此值估计出小区可以支持的用户数。再根据预计用户到达数,就可以得出满足该条件下的基站规模。

通过对覆盖、容量的估算,取其中最大值作为规划网络规模。考虑到实际情况,往往最终站点规模会略高于理论计算值。

7.2.5 网络预规划设计

网络预规划设计包括模拟布点、网络仿真两个主要步骤。

(1) 模拟布点

根据规模估算,在电子地图上进行模拟布点。通常按三扇区定向三叶草模型进行布局,尽量利用原有的基站地址。

(2) 网络仿真

通过仿真软件对规划区域进行仿真,给出基站的布局和基站预选站址的大致区域和位置,为勘查工作提供勘查的指导方向。

7.2.6 网络规划站点勘查

网络规模确定后,根据在电子地图上的站点分布,再结合网络仿真结果进行实地勘查。一般情况下,初次勘查量应略大于实际规模,留出一些备选站点以供后期调整。

网络站点勘查主要包括无线方面和非无线方面。

无线方面勘查准则包括:天线挂高高于周边建筑物平均高度 5 m 左右;同一覆盖区内的站点高度相对较为一致;周围无对覆盖区形成阻挡的高大物体;主瓣方向场景开阔;地形可见性好;有足够的天线安装空间。

非无线方面勘查准则包括:是否有合适的机房;是否可以新建机房;是否有可用的传输、电源等配套;是否有适合安装天线的位置;天线安装位置能否牢靠地架设抱杆。

在前期勘查过程中,会遇到许多问题致使无法对原先确定站点进行勘查工作,如某些特殊区域无法进入;业务阻挠;周围环境发生变化等。为此需要根据实际情况进行相应的站点调整。

7.2.7 网络仿真验证

网络仿真的目的是：验证网络站点布局能否达到网络的覆盖、容量和服务质量三者的良好平衡；指出站点布局中存在的问题，指导进一步的站点勘查。

网络仿真验证的工作相对于先前站点选择时仿真更加细化，可以分为四个步骤：无线环境仿真、模拟布点、网络环境仿真和通话过程仿真。

（1）无线环境仿真

无线环境仿真是根据站点勘查结果对实际无线传播环境的模拟，如地物的位置、大小、高度等。无线环境仿真需要选择合适的坐标系统三维地图，并针对不同的地理区域选择合适的无线传播模型。

（2）模拟布点

根据规模估算及实际勘查结果，在电子地图上修正预规划设计时的模拟布点结果。

（3）网络环境仿真

仿真输入参数中关于站点信息及工程参数（方位角、下倾角等）均以实际查勘反馈结果为准。

（4）通话过程仿真

需要进行不同业务的用户行为模拟，同时输出上、下行业务的仿真结果。

值得注意的是，上述各步骤是一个循环的过程，直至网络站点布局能够在控制网络投资的同时，满足网络覆盖、容量和网络服务质量。

通过无线规划方案的仿真，可以得出该方案的覆盖效果图、干扰分布图、负荷分布图、切换分布图等。仿真结果为进一步完善规划方案提供了依据。

7.2.8 网络规划设计

在上述七个步骤研究结果的基础上，网络规划设计从宏基站设计、室内覆盖设计、无线系统干扰分析、无线基站设计勘查等角度展开。

（1）宏基站设计

宏蜂窝基站是解决覆盖最主要的技术手段，它可为移动通信网络提供一个全面的、基本的网络覆盖，同时也是解决容量需求的主要手段。

在进行宏基站设计时，应采用修正后的传播模型，按照对所规划网络各个典型场景分别进行链路预算，并根据站点勘查的实际情况，测算出覆盖半径，作为无线基站选址的依据。

（2）室内覆盖设计

随着各地城市的建设发展，涌现出越来越多楼层高、纵深范围大的建筑物，以及地铁、地下停车场等地下建筑。建筑物楼板、隔断的高穿透损耗造成周边宏蜂窝基站信号难以穿透形成有效的覆盖；而对于高层建筑物，靠近外窗的房间即使信号强度足够高，但由于能够收到周边大量宏站信号而形成严重干扰，也很难保证网络覆盖质量。另外，这些楼宇往往是高话务需求的区域，从市场需求和网络形象考虑，均应提供良好的网络覆盖。因此,建设室内分布系统、提供深度覆盖成为最佳的选择。

室内覆盖场景按需求可以分为弱覆盖区或盲区(如电梯、地下室等)、切换频繁的室内区域(如高层建筑的中高层部分,同时收到功率相近的多个基站信号)、高话务区大型室内场所(如大型写字楼、机场、车站、购物中心等);按建筑类型可以分为写字楼、居民小区、商业类建筑、医院、宾馆、校园区、交通枢纽、厂房、地下停车场、地铁等。

根据不同的室内覆盖场景可以选取不同的室内分布系统信源引入方式。室内分布系统信源引入方式主要分为两类:基站和直放站。

直放站	直放站是一种中继产品,是解决通信网络延伸覆盖能力的一种优选方案。 直放站的基本功能是射频信号功率增强器。直放站在下行链路中,从主天线现有的覆盖区域中拾取信号,通过带通滤波器对带通外的信号进行极好的隔离,将滤波后的信号经功率放大后再次发射到待覆盖区域。在上行链接路径中,将覆盖区域内移动台的信号以同样的工作方式由上行放大链路处理后发射到相应基站,从而实现基站与手机的信号传递。 直放站可以在不增加基站数量的前提下保证网络覆盖;同时其造价远远低于有同样效果的微蜂窝系统。因此,直放站广泛用于难于覆盖的盲区和弱区,如商场、宾馆、机场、码头、车站、体育馆、娱乐厅、地铁、隧道、高速公路、海岛等各种场所。

基于实现"无缝"覆盖的目标,室内分布项目实际是一个系统工程,其设计方案应当结合周边宏基站的优化调整协同考虑。

(3) 无线系统干扰分析

干扰分析方法采用系统间最小耦合损耗(MCL)的计算方法。系统间最小耦合损耗算法研究的是最坏情况下,邻信道干扰的大小,适用于研究基站与基站之间的干扰。通过使用最小耦合损耗计算法可分析各无线系统间干扰,从而确定极限情况下的隔离度指标(如空间隔离、频率隔离等)。

(4) 无线基站设计勘查

无线系统网络勘查的内容包括无线网络控制器/基站控制器查勘、宏基站查勘和室内覆盖勘查。基于勘查指导原则,对各类勘查对象现状进行了解,并对勘查结果汇总,对变化的情况进行反馈及及时调整。

7.3 无线网络优化

随着网络的飞速发展,用户数的不断增多,如何提高网络的服务质量,越来越受到运营商的关注。完善的网络规划是网络成功运营的基石,尤其对于无线网络建设网络优化具有非常重要的意义。网络优化存在于整个网络运行周期内,可以根据运营商对网络的要求最大限度地发挥网络的功能,带来更好的效益,因此网络优化的重要性日益凸显。

7.3.1 网络优化流程

无线网络优化主要分为网络开通之前的工程优化阶段和网络开通之后的运维优化阶段两个阶段,此外还包括对新增站点的加站优化。

(1) 工程优化阶段

工程优化阶段的主要工作任务是覆盖调整。覆盖调整的效果将长期影响网络性能,是网络性能的基础。工程阶段的覆盖优化,是网优工作的重中之重。

在给定无线环境下,一个小区覆盖多大范围,很大程度上取决于相关发射功率的设置。与覆盖相关的参数主要包括小区功率配置的参数、业务功率配置的参数、信道功率配置的参数等。同时,还应通过覆盖调整避免出现信号盲区、覆盖空洞、无主导小区等问题。

除此之外,工程优化阶段还需针对以下方面进行优化:簇优化(对于密集城区和一般城市,选择开通基站数量大于80%的簇进行优化)、业务优化(如切换成功率、接通率和掉话率等)、无线网络控制器(RNC)内优化和边界优化、重点道路重点区域优化。

(2) 运维优化阶段

网络开通后的优化工作不仅仅是确保网络运行正常、提升网络性能指标,更重要的是发现网络潜在的问题,为下一步网络的变化提前做好准备。

网络开通前,由于缺少用户投诉数据和操作维护中心(OMC)数据,很多问题都被屏蔽了。因此,网络开通以后,网络优化重点关注的内容有所变化。OMC数据、告警数据和用户投诉数据将会成为网络优化的重点参考依据。

(3) 加站优化

加站优化是指在前期已经完成优化的片区中新增站点后所做的优化工作。加站优化分为新开通站点的优化和新增加站点的优化。

新开通站点的优化主要发生在工程优化阶段,主要指片区中个别站点由于物业或施工进度等原因导致不能与周围站点同时开通优化,站点开通后有针对性的优化工作。

新增加站点的优化主要指在工程优化阶段的后期和运维优化阶段中基于覆盖和容量补点的需要而新增加基站后,对其进行的针对性优化。新加站点优化的重点是考虑在利用新增加站点解决覆盖和容量问题的同时还要合理地融入周围已经优化好的网络中。合理融入的关键是新加站和周围站点覆盖范围的优化。为防止解决了旧问题,又出现了新问题,通常采用对新加站点周围相关区域作为一个整体统一测试、统一优化的方法。

7.3.2　2G网络优化指标体系

2G网络目前已经形成了一套比较标准的无线网络优化流程,并且形成了一套关键指标体系来反映网络的整体情况,包括容量指标、覆盖指标、质量指标、接入指标、成功率指标和切换指标。

- 容量指标:反映容量的指标是上、下行负载和吞吐量。
- 覆盖指标:反映覆盖的指标有PCCPCH、接收功率、发送功率和覆盖里程比等。其中,PCCPCH强度是反映覆盖质量的关键参数;覆盖里程比是反映网络整体覆盖状况的综合指标。覆盖的问题主要有无(弱)覆盖、越区覆盖、无主覆盖等;覆盖异常容易导致掉话和接入失败,是优化的重点。
- 质量指标:不同类型业务的质量指标有所不同,如对于数据业务反映业务质量的指标一般是吞吐率和时延等。
- 接入指标:反映接入指标的参数是业务接入完成率。移动台发起接入请求,如果在规定时间内移动台不能建立相应的业务连接,则认为接入失败。
- 成功率指标:反映成功率指标的参数是业务的掉话率。
- 切换指标:反映切换指标的参数是切换成功率。

7.3.3　3G网络优化指标体系

对于四类主流3G技术,由于技术本身存在着差异,因此优化的重点也有所不同。尽管如此,各类网络优化的目标是一致的,即对投入运营的网络进行参数采集、数据分析,找出影响网络质量的原因,通过技术手段,使网络达到最佳运行状态、网络资源获得最佳效益;同时,为网络发展、扩容提供依据。网络优化的工作思路都是首先做好覆盖优化,其次在保证覆盖的基础上进行业务性能优化,最后过渡到整体性能优化。

(1) 最佳的系统覆盖

在系统覆盖区域内,通过调整天线、功率等手段,使最多的区域信号满足业务所需的最低电平,尽可能利用有限的功率实现最优的覆盖。

(2) 合理的切换带的控制

通过调整切换参数,使切换带的分布趋于合理,如对同频网络,需要控制切换带的导频电平,如果太高,对其他小区的干扰将增大,全网的干扰水平也会增大;如果太低,切换带容易产生掉话和呼叫失败。

(3) 系统干扰最小

调整功率控制参数降低系统干扰。调整各种业务的初始功率参数,降低业务初始建立时产生的干扰。调整慢速DCA参数,尽可能将干扰影响最小化,如同一地点的用户分配在不同时隙或不同载波。

(4) 均匀合理的基站负荷

通过调整基站的覆盖范围,合理控制基站的负荷,使其负荷尽量均匀。

在3G系统中，网络关键性能指标(Key Performance Indicator，KPI)通常是网络层面的可监视、可测量的重要参数。在当前移动网络的网络管理中，KPI被理解为网络性能，也是当前移动网络优化的着力点。通常无线网络子系统的KPI体系包括呼叫建立特性指标、呼叫保持特性指标、系统资源类指标和移动性管理指标等，如图7-4所示。

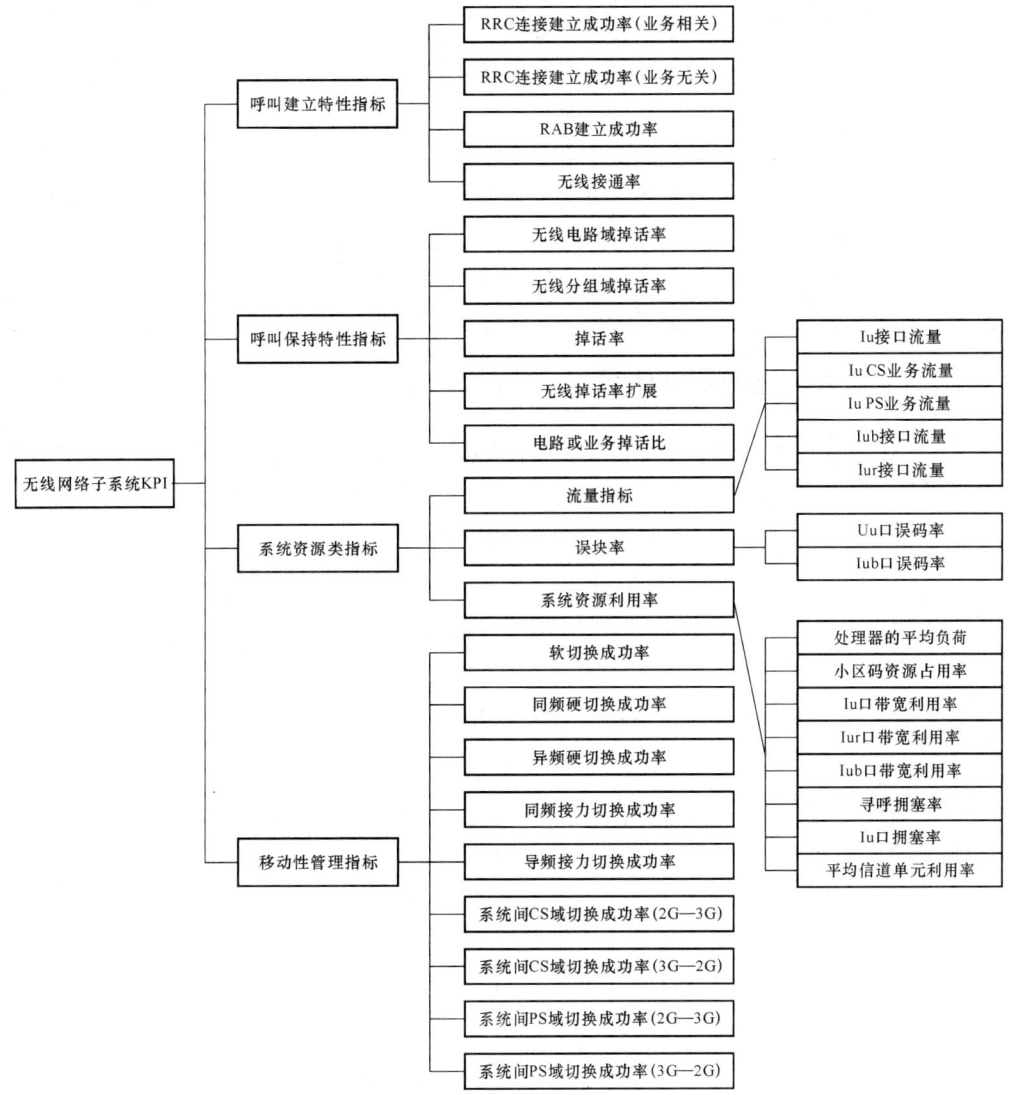

图7-4　3G网络优化指标体系

7.3.4　4G网络优化指标体系

4G网络优化延续了3G的思路，并结合4G技术特征进行了取舍与改进。以TD-LTE为例，网络优化的指标主要包括七类：接入性指标、保持性指标、移动性指标、业务量指标、产品运行类指标、系统可用性指标和网络资源利用率指标，如表7-3所示。

表 7-3 TD-LTE 优化指标体系

指标分类	KPI 指标
接入性指标	RRC 连接建立成功率
	ERAB 建立成功率
	无线接通率
保持性指标	无线掉话率(ERAB 异常释放)
移动性指标	小区 eNodeB 内切换成功率
	小区 eNodeB 间切换成功率
业务量指标	上、下行业务平均吞吐量
	上、下行 PRB 平均利用率
产品运行类指标	单板 CPU 最大占用率
	单板 CPU 平均占用率
系统可用性指标	无线网络退服比例
网络资源利用率指标	上行 PRB 资源使用的平均个数
	下行 PRB 资源使用的平均个数

7.3.5　5G 网络优化的指标体系

5G 网络关键性能指标(KPI)体系主要包括接入能力(接通率)、移动性(切换成功率)、保持性(掉话率)、完整性(上、下行吞吐率)、利用率和可用性等,如图 7-5 所示。

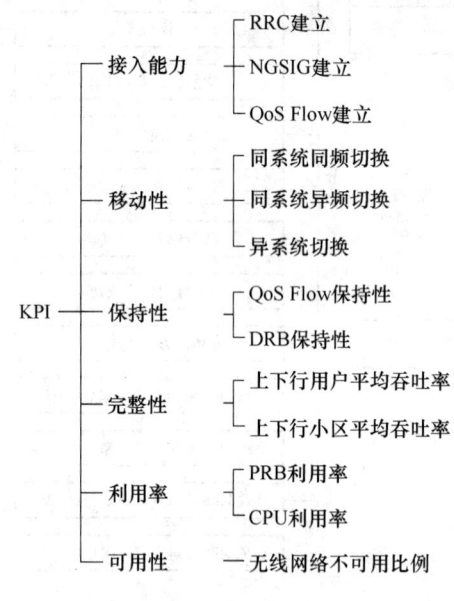

图 7-5　5G 网络优化指标体系

本 章 小 结

由于无线的网络资源是有限且稀缺的,因此本章着重介绍了无线资源管理、无线网络规划和优化。

无线资源管理是指在有限带宽的条件下,为网络内无线用户终端提供业务质量保障。本章主要介绍了无线资源管理中的信道分配、调度技术、呼叫准入控制、负载控制、端到端的 QoS 和自适应编码调制等,此外的功率控制、切换技术在第 6 章已做介绍。

无线网络规划的指标是覆盖范围、系统容量、服务质量和性价比。本章在分析网络规划需求的基础上基于无线网络规划流程对各个关键环节进行了介绍。

本章最后介绍了无线网络优化的相关内容。虽然完善的网络规划是网络成功运营的基石,但是网络优化对于无线网络建设也具有非常重要的意义。本章在介绍无线网络优化流程的基础上,分别对 2G、3G、4G 和 5G 网络优化的指标体系进行了分析。

习　　题

（1）简述信道分配的三种类型。
（2）简述呼叫准入控制需要着重考虑的内容。
（3）简述系统负载状态的分类。
（4）简述无线网络规划的指标。
（5）试绘制无线网络规划流程图。
（6）简述无线网络优化流程。
（7）简述 2G 网络优化指标体系。
（8）简述 3G 网络优化的目标及工作思路。

第 7 章知识要点思维导图　　　第 7 章知识要点讲解

思政天地

心得示例：

当今世界国际竞争日趋激烈,人才培养与争夺成为焦点,科技创新与突破成为关键,时代越是向前,国家对科学知识和卓越人才的渴求就越发强烈。党的二十大报告一个重要的理论创新是将教育、科技、人才放在战略任务中进行统筹部署,第一次将科教兴国战略、人才强国战略、创新驱动发展战略摆在一起,将教育、科技、人才整合到一起进行系统谋划,共同服务于创新型国家建设,具有重要的现实意义和深远的战略考量。虽然我国 5G 实现了引领,但是只有实施科教兴国战略,不断为信息技术发展输送卓越人才,持续创新,才能把握未来发展的主动权。

参 考 文 献

[1] 孔英会. 通信系统原理[M]. 北京:机械工业出版社,2011.
[2] 马华兴. 大话移动通信网络规划[M]. 北京:人民邮电出版社,2011.
[3] 丁奇,阳桢. 大话移动通信[M]. 北京:人民邮电出版社,2011.
[4] 宋祖顺,宋晓勤,宋平. 现代通信原理[M]. 北京:电子工业出版社,2010.
[5] 唐朝亮. 现代通信原理[M]. 北京:电子工业出版社,2010.
[6] 丁奇. 大话无线通信[M]. 北京:人民邮电出版社,2010.
[7] 杨波,周亚宁. 大话通信——通信基础知识读本[M]. 北京:人民邮电出版社,2009.
[8] 樊昌信. 现代通信原理[M]. 北京:人民邮电出版社,2009.
[9] 陶亚雄. 现代通信原理与技术[M]. 北京:电子工业出版社,2009.
[10] 张亮. 现代通信技术与应用[M]. 北京:清华大学出版社,2009.
[11] 苗长云. 现代通信原理及应用[M]. 北京:电子工业出版社,2009.
[12] 王兴亮. 现代通信原理与技术[M]. 北京:电子工业出版社,2009.
[13] 李晓峰. 通信原理[M]. 北京:清华大学出版社,2008.
[14] 曹志刚,钱亚生. 现代通信原理[M]. 北京:清华大学出版社,2008.
[15] 南利平. 通信原理简明教程[M]. 北京:清华大学出版社,2007.
[16] 毛京丽,李文海. 现代通信网[M]. 北京:北京邮电大学出版社,2007.
[17] 李文海,毛京丽,石方文. 数字通信原理[M]. 北京:人民邮电出版社,2007.
[18] 郑少仁. 现代交换原理与技术[M]. 北京:电子工业出版社,2006.
[19] 沈保锁,侯春萍. 现代通信原理[M]. 北京:国防工业出版社,2006.
[20] 拉帕波特. 无线通信原理与应用[M]. 北京:电子工业出版社,2006.
[21] 卞佳丽. 现代交换原理与通信网技术[M]. 北京:北京邮电大学出版社,2005.
[22] 曹达仲,侯春萍. 移动通信原理、系统及技术[M]. 北京:清华大学出版社,2004.
[23] 许辉,王永添,陈多芳. 现代通信网技术[M]. 北京:清华大学出版社,2004.
[24] 爆点 A 科技. 敲黑板!知识点:什么是 ROADM? 你 get 到了吗[OL]. https://baijiahao.baidu.com/s? id＝1673079436853067547＆wfr＝spider＆for＝pc, 2020-07-24.
[25] 酷扯儿. 什么是全光交换(OXC)? [OL]. https://baijiahao.baidu.com/s? id＝1688381736278672731＆wfr＝spider＆for＝pc, 2021-01-09.
[26] 世讯电科. 软交换系统的体系结构[OL]. https://www.dsliu.com/wenti/4883.html, 2019-09-09.

[27] 世讯电科. 软交换和 IMS 的发展关系[OL]. https://www.dsliu.com/wenti/5006.html,2019-12-27.

[28] 梦想百万. 5G 关键技术-波束赋形[OL]. https://www.jianshu.com/p/887d5b537243,2021-11-28.

[29] 无线深海. 波束赋形,这种 5G 黑科技,让你畅享飞一样的网速![OL]. https://zhuanlan.zhihu.com/p/144971077,2020-06-01.

[30] Kevin-K 先森. 5G 关键技术之 D2D 通信技术[OL]. https://blog.csdn.net/love_xiaozhao/article/details/109101175,2020-10-15.

[31] 陈爱军. 深入浅出通信原理[M]. 北京:清华大学出版社,2018.

[32] ZIEMER R E,TRANTER W H. 通信原理——调制、编码与噪声[M]. 7 版. 北京:电子工业出版社,2018.

[33] 纪越峰. 现代通信技术[M]. 5 版. 北京:北京邮电大学出版社,2020.

[34] 秦浩. 无线通信基础与应用[M]. 陕西:西安电子科技大学出版社,2022.

[35] 周圣君. 通信简史[M]. 北京:人民邮电出版社,2022.

[36] 黄文准. 现代通信原理教程[M]. 陕西:西安电子科技大学出版社,2022.

[37] 于秀兰. 通信原理学习指导[M]. 北京:电子工业出版社,2022.